图 1-2 扎哈·哈迪德设计的北京望京 SOHO

图 1-5 鸟巢

图 1-6 水立方表皮

图 1-8 格罗塔住宅

图 1-12 意大利某市镇设计

图 1-13 美国华盛顿特区宾州大道上的西向广场

图 1-14 哈佛大学已婚学生宿舍

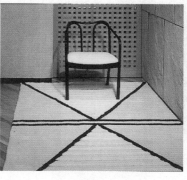

图 1-17 家具与地毯的搭配 图 2-49 日本东京代代木游泳馆与球赛馆

图 2-52　加拿大多伦多市政厅

图 2-55　巴西利亚三权广场市政中心

图 2-59　纽约中央公园卫星图

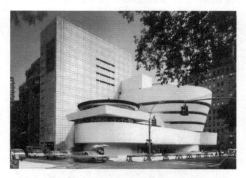

图 3-14　美国古根海姆博物馆

图 3-45　德国某银行大厅直跑楼梯

图 3-61　古根海姆博物馆的室内坡道

图 3-63　Blue Cross Blue Shield 公司
伊利诺伊州总部大楼入口的雨篷和门廊

图 3-69　日本横滨某茶室

图 3-71　美国地铁华盛顿大学站底层架空的设计

图 3-73　法国巴黎卢浮宫博物馆扩建工程中庭

图 4-6　埃及金字塔

图 4-7　罗马斗兽场

图 4-8　米兰大教堂

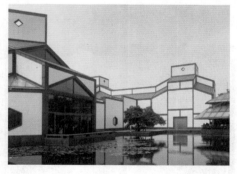

图 4-12　苏州博物馆

图 4-16　巴塞罗那圣家族教堂

图 4-17　埃及神庙建筑

图 4-18　希腊神庙建筑

图 4-19　罗马万神庙

图 4-21　巴黎圣母院室内空间

图 4-22　佛罗伦萨圣母百花大教堂

图 4-24　颐和园谐趣园

图 4-25　巴塞罗那博览会德国馆

图 4-30　华盛顿林肯纪念堂

图 4-31　悉尼歌剧院

图 4-32　颐和园的长廊

图 4-41　北京人民大会堂的顶棚

图 4-45　葡萄牙波尔图音乐宫地铁站的顶棚设计

图 4-57　现代建筑室内空间分隔示例

图 4-70　北京地铁国家图书馆站

图 4-77　天坛祈年殿

图 4-79　意大利那不勒斯地铁大教堂站

图 4-80　武汉地铁商务区站

图 4-83　泰姬·马哈尔陵

图 4-84　中国革命历史博物馆

图 4-86　TWA 航站楼

图 4-87　美国古根海姆美术馆

图 4-90　巴西国会大厦

图 4-92　意大利威尼斯总督府

图 4-93　巴西萨尔瓦多地铁 2 号线站

图 4-95　西安小雁塔

图 4-102　天安门城楼

图 4-106　挪威奥斯陆地铁站

图 5-4　某框架结构公共建筑

图 5-18　美国空军礼拜堂

图 5-20　金属管材网架结构

图 5-31　石家庄国际会展中心鸟瞰图

图 5-32　石家庄国际会展中心标准展厅外立面

图 5-33　石家庄国际会展中心标准展厅室内

图 6-3　日本九州产业大学美术馆展厅

图 6-44　布罗德维尤 100 号大厅内部空间

图 6-45　拱门博物馆外观

图 6-46　拱门博物馆室内

图 6-48　穆斯岛度假村扩建项目外观

图 6-49　建筑室内坡道

图 7-13　济南交通学院图书馆

图 7-17　西班牙巴塞罗那的 Endesa Pavilion

图 7-19　阿拉伯世界文化研究中心内景与外观

普通高等教育建筑类专业系列教材

公共建筑设计原理

主　编　初　妍
副主编　徐冰华
参　编　李晓帆　朱昊东

机械工业出版社

本书结合现当代公共建筑设计的现状和发展趋势，以可持续发展建筑观为导向，对公共建筑设计中的基本原理和核心问题进行了介绍。全书共7章，第1章介绍了公共建筑的基本概念、设计理念和基本原则，第2~7章分别聚焦公共建筑设计的六个核心问题：环境、功能、艺术、经济技术、无障碍设计和可持续发展。本书系统性、实用性、可读性强，注重理论和实践的结合以及教材和教学的结合，内容深度上适合本科层次的教学要求。

本书可作为普通高等院校建筑学专业，以及其他建筑类、艺术类与土木类相关专业的教材，也可作为建筑设计从业人员的参考书。

图书在版编目（CIP）数据

公共建筑设计原理/初妍主编. —北京：机械工业出版社，2024.4
普通高等教育建筑类专业系列教材
ISBN 978-7-111-75180-9

Ⅰ.①公… Ⅱ.①初… Ⅲ.①公共建筑-建筑设计-高等学校-教材 Ⅳ.
①TU242

中国国家版本馆 CIP 数据核字（2024）第 043044 号

机械工业出版社（北京市百万庄大街 22 号 邮政编码 100037）
策划编辑：马军平　　　　　　责任编辑：马军平
责任校对：甘慧彤　张　薇　　封面设计：马若濛
责任印制：任维东
北京瑞禾彩色印刷有限公司印刷
2024 年 4 月第 1 版第 1 次印刷
184mm×260mm · 15 印张 · 4 插页 · 367 千字
标准书号：ISBN 978-7-111-75180-9
定价：49.80 元

电话服务　　　　　　　　　　网络服务
客服电话：010-88361066　　机　工　官　网：www.cmpbook.com
　　　　　010-88379833　　机　工　官　博：weibo.com/cmp1952
　　　　　010-68326294　　金　书　网：www.golden-book.com
封底无防伪标均为盗版　机工教育服务网：www.cmpedu.com

前　言

　　"公共建筑设计原理"是建筑学专业的核心课程，是建筑设计系列课程的理论基础。通过对该课程的学习，学生可以熟悉公共建筑设计的一般规律与方法，掌握建筑空间组合的基本准则和公共建筑设计的基本方法，深入理解和把握公共建筑的环境、功能、艺术、技术、经济、可持续发展问题及其相互关系，并能将其应用于设计实践中。课程同时具备理论性和实践性，其教学内容为以后的理论学习与设计实践构筑专业知识平台。

　　本书结合现当代公共建筑设计的现状和发展趋势，以可持续发展建筑观为导向，对公共建筑设计中的基本原理和核心问题进行了介绍。在编写过程中，我们秉承可持续发展的建筑观，注重理论和实践的结合、知识和方法的结合、教材和教学的结合，力求通过研究建筑的本质来掌握公共建筑设计的基本知识和设计方法并解决公共建筑设计中的实际问题这一教学过程，使学生建立正确的建筑观和获得公共建筑设计的能力。全书共7章，分别是第1章公共建筑基本知识，第2章公共建筑的总体环境布局，第3章公共建筑的功能关系和空间组合，第4章公共建筑的造型艺术，第5章公共建筑的技术经济分析，第6章公共建筑的无障碍设计，第7章公共建筑与可持续发展。

　　本书授课计划为32~48学时，教师采用本书作为教材时，可根据各专业的具体情况，酌情取舍。

　　本书由山东科技大学、青岛农业大学、山东农业大学、山东航空学院联合编写。本书由初妍（山东科技大学土木工程与建筑学院）担任主编，徐冰华（青岛农业大学建筑工程学院）担任副主编，李晓帆（山东农业大学水利土木工程学院）和朱昊东（山东航空学院建筑工程学院）担任参编。第1章由初妍、徐冰华编写，第2~4章由初妍编写，第5章由初妍、徐冰华编写，第6章由初妍、李晓帆编写，第7章由初妍、朱昊东编写，全书由初妍审核并统稿。在本书编写过程中，曲可兴、崔佳仪、李军军等参与了本书插图的绘制、拍摄和整理工作。

　　本书在编写过程中参考了很多文献，在此向所有文献的作者表示感谢。

　　由于时间仓促及编者水平有限，书中不足之处在所难免，恳请广大读者批评指正。

编　者

目 录

第1章

公共建筑基本知识

1.1 建筑概述

建筑作为人类的一种实践活动几乎与人类存在的历史一样长，但作为一门学科从18世纪诞生至今仅有两个世纪的时间。在此过程中，人们对建筑的认识不断发展和深入，逐渐形成较为科学全面的建筑观。

1.1.1 建筑的概念

"建筑"这个名词经常出现在日常生活中，一般人大多数时间都生活在不同类型的建筑物中，如住宅、学校、商店、办公楼、医院等。因此，人们对"建筑"非但不陌生，而且具有丰富的个人经验。但是"建筑物"是否就是"建筑"？可以说既是又不是。

在字典中查阅"建筑"的概念可以得到两个具有代表性的定义。《辞海》对建筑的定义是筑造房屋、道路、桥梁、碑、塔等一切工程。而《韦氏英文字典》则将建筑解释为：设计房屋与建造房屋的科学及行业；构造的一种风格。综合东西方词典对"建筑"的定义，结合建筑理论和实践可以得到建筑的基本概念，即建筑是为了满足人类社会活动的需要，利用物质技术条件，按照科学法则和审美要求，通过对空间的塑造、组织与完善所形成的物质环境。

建筑可以泛指建筑物和构筑物。二者的差别在于建筑具有较完整的围护结构和较高的审美要求，如住宅、学校、影剧院、办公楼等；构筑物的围护结构不完整，审美要求不高，如水塔、凉亭、站台等。有的建（构）筑物虽然没有完整的围护结构和内部空间，但具备一定的体量和艺术性，也可称为建筑，如纪念碑等。

1.1.2 建筑的属性

根据建筑的概念可以得到建筑的四个基本属性。

1. 建筑是一门工程

建筑的目的是为人们提供活动的场所，因而建筑必须是实际建造起来的室内外空间环境。

所以建筑是一门工程，而不仅仅是停留在纸面上的艺术（paper architecture），如图1-1、图1-2（见书前彩图）所示。这种区别可以通过同样采用参数化方式设计的学生作业和已建成的建筑师作品显示出来。建筑学生的课程作业展示出了学生对于设计任务的理解和回应，设计的理念和方法具有鲜明的时代感，建筑的空间与形态体现出的创造性并不逊色于建筑师的建成建筑。但是学生作业要从纸面走向建筑，还需要接受实践的检验。建筑设计与其他类型艺术设计的不同之处在于建筑设计是一项工程设计。建筑设计不是纸上谈兵，其目的是付诸工程实践，是为了最终把建筑按照设计图样建造起来。因此，效果图画得漂亮的设计是好的"画册"，但不一定是好

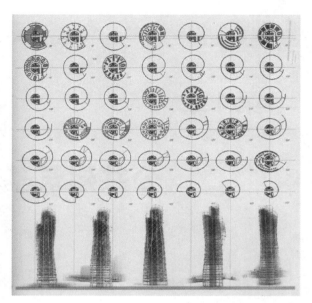

图1-1　高层建筑设计学生作业

的设计。好的设计不是凭空想象、任意创作的，它需要在实施的过程中不断修改、调整，并且要综合考虑技术、经济、材料、场地、时间等现实因素，最终要在建造实践中得到检验。

2. 建筑是一门科学

建筑涉及人类活动行为、设计行为、建造行为等，一直受到相关学科发展的影响而持续演进。首先，建筑是一种物质资料的生产过程和结果，因而离不开建筑材料和建造技术。远古时期，人们使用泥土、木、石等自然界的原始材料来建造房屋，出现了石屋、木骨泥墙等简单的房屋（图1-3）。随着生产力的发展，人们逐渐学会了制造砖瓦，利用火山灰制作天然水泥，提高了对木材和石材的加工技术，发明了构架、拱券、穹顶等施工方法，建筑变得精美和复杂起来（图1-4）。工业时代以后，人类社会的生产力水平迅速提高，新型建筑材料如钢筋混凝土、金属、玻璃、塑料逐渐代替砖、瓦、木、石成为主要建筑材料，建筑的建造技术也得到飞速提升。如今，科学的发展使得超高层建筑和大跨度建筑的建造成为现实

图1-3　半坡遗址

图1-4　古罗马拱券结构空间形式

（图 1-5，见书前彩图），新型建筑材料和建筑设备的使用极大地改善了建筑的环境质量（图 1-6，见书前彩图）。

另外，建筑设计本身也是一门具有严谨科学性的过程。2021 年 11 月 3 日，2020 年度国家科学技术奖励大会在北京举行，由东南大学建筑学院王建国院士牵头的"中国城镇建筑遗产多尺度保护理论、关键技术及应用"项目荣获国家科技进步奖一等奖，这是我国建筑学领域的第一项国家科技成果一等奖。该项目首次揭示了城镇建筑遗产多尺度保护的内在机理，建立了基于城市—街区—建筑遗产多尺度连续性的城镇建筑遗产保护理论和技术体系，突破了城镇建筑遗产"多尺度"保护的关键技术瓶颈，创建了新旧共生的历史城市与本土建筑设计方法。特别是，该项目很好地解决了城镇建筑文化遗产保护、传承与发展之间的关系，实现了历史环境下本土建筑设计的文化传承和当代创新。该项目致力于解决当前全球城镇建筑遗产保护领域面临的关键科学问题，就全球共同面临的城镇建筑遗产的多尺度连续、本体复杂广泛和环境多样的特性，如何进行整体和科学保护这一重大挑战和技术难题给出了中国答案。

3. 建筑是一个行业

建筑在社会分工中扮演着重要角色，是一个行业（profession）。在西方发达国家，建筑业与钢铁工业、汽车工业并称为国民经济的三大支柱产业。建筑业是一个围绕建筑的设计、施工、装修、管理运营、改造更新而展开的行业（图 1-7）。建筑业是国民经济的重要物质生产部门，它具有产业链长、劳动人口多、生产规模大、生产周期长、经济贡献率高等特点，因而与整个国家（经济体）的经济发展、人民生活水平有着密切关系。

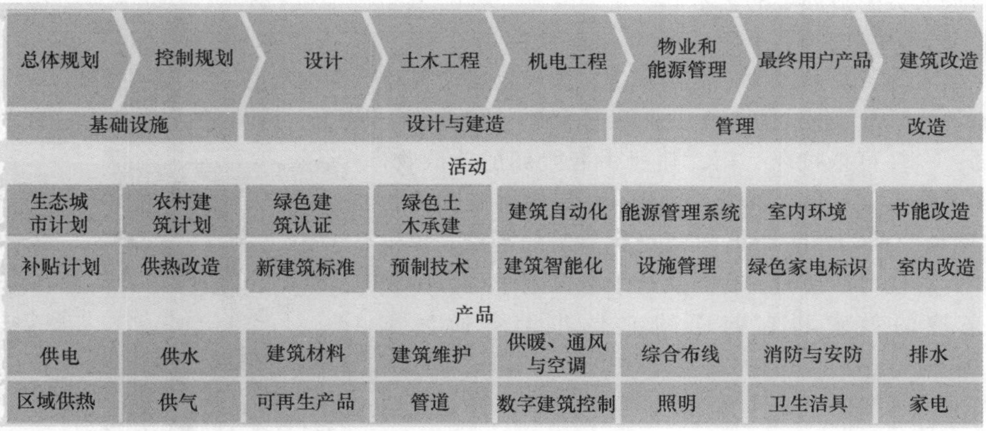

总体规划	控制规划	设计	土木工程	机电工程	物业和能源管理	最终用户产品	建筑改造
基础设施		设计与建造			管理		改造
活动							
生态城市计划	农村建筑计划	绿色建筑认证	绿色土木承建	建筑自动化	能源管理系统	室内环境	节能改造
补贴计划	供热改造	新建筑标准	预制技术	建筑智能化	设施管理	绿色家电标识	室内改造
产品							
供电	供水	建筑材料	建筑维护	供暖、通风与空调	综合布线	消防与安防	排水
区域供热	供气	可再生产品	管道	数字建筑控制	照明	卫生洁具	家电

图 1-7 建筑行业的组成

4. 建筑有风格可言

美国当代著名的建筑理论家弗兰姆普敦在其《建筑文化研究》一书中，将建筑学称为"诗意的建造"。这个表述既指出了建造的物质要素是建筑的基础，又说明了建筑作为一门艺术所具有的美感，强调建筑师应当像诗人那样，在建筑设计的过程中充分发挥创造性。

作为一门艺术，建筑必然会呈现出多种风格，这些风格除了受到历史、地域、民族、文化的影响，建筑师个人设计风格的影响也不容忽视，有时甚至是决定性的。如同样是建在相

似的自然环境中的两座别墅，却呈现出完全不同的建
筑风格。理查德·迈耶设计的格罗塔住宅沿袭了他的
一贯风格，简洁的几何形状，稳定的轴线关系，丰富
的光影层次和细腻的立面材质肌理共同造就了又一个
白色派的经典建筑形象（图1-8，见书前彩图）。建
筑师费伊·琼斯作为赖特的学生，其作品埃德蒙逊住
宅则展现出典型的自然主义风格（图1-9）。建筑建
于丛林的山坡上，掩映在高大的树木之间。建筑屋顶
为坡屋顶，向四面伸展开，配合若干宽大的露台和阳
台，整个建筑形体深入树丛之中。建筑色彩和材质运
用了来自自然的暖黄色和咖啡色木质材料，最大程度
地与周围环境取得协调。

图 1-9　埃德蒙逊住宅

　　正如维克多·雨果在其文学巨著《巴黎圣母院》
中所述："从世界的开始到15世纪，建筑学一直是人类的巨著，是人类各种力量的发展或
才能发展的主要表现。"可以说，建筑是最高形式的艺术。

1.1.3　建筑的本质

　　建筑是创造空间和环境的一门科学和艺术，即建筑创作的目的是创造人们生产、生活多
需的舒适和谐的空间和环境。狭义来讲，可以说建筑是"盖房子"的技艺；广义来讲，建
筑是塑造人类生活环境的艺术。

1. 建筑的狭义本质

　　原始人为了躲避风雨，抵御寒暑，躲避自然灾害和野兽的侵袭，需要一个赖以栖身的场
所（空间），是为建筑的起源。亚里士多德（Aristotle）认为，房屋的本质是由这样的公式
决定的：一件可抵抗风、雨、热所引起毁坏的遮蔽物。
法国学者隆吉（Marc-Antoine Laugier）将这种空间称为
"基本屋舍"（primitive hut）。可见，建筑的本质是提供
适合人们居住与活动的屋舍。从这个意义上来说，围护
结构完整的教堂和它前面的凉亭并无本质区别
（图1-10）。

　　要成为这样的"基本屋舍"，有些建筑部件是完全
必要且不能省略的，如柱子、屋顶，在很多情况下还包
括墙面。这些部件是所有建筑形式共同具备的元素，哲
学上称它们为本质的特性（essential properties）。至于
柱子是圆形还是方形，用木头还是金属；阳台的栏杆用
直线的还是弧线的。诸如此类的考虑则会因为不同的建
筑类型、不同的环境、不同的文化、不同的建筑师或不
同的业主需求而有极大的差异。这些差异并不影响建筑
的本质，仅是具体情境下的变化，在哲学上称之为偶然
的特性（accidental properties）。

图 1-10　美国亚利桑那州与墨西哥
边境的教堂与凉亭

建筑设计就是先满足人类居住和活动的本质特性，而后从各种偶然特性中寻求变化的行为。这样的设计准则不仅适用于建筑设计，也适用于其他的实用艺术。需要特别指出的是，虽然设计作品的特性有本质与偶然之分，但二者却没有重要性方面的差别，它们均是设计作品得以成功的必要条件，缺一不可。

2. 建筑的广义本质

狭义的建筑是以人与建筑物为范围，而广义的建筑则是指整个人居环境。吴良镛先生在广义建筑学理论中将建筑的广义本质定义为人居环境科学（Sciences of Human Settlements）。可见，广义的建筑其实就是我们的环境，它是一个整体，一个环环相扣、尺度由小到大、紧密配合的层次关系（hierarchy），如图 1-11 所示。大到整个城市设计与城市规划（图 1-12，见书前彩图）及城市中广场与公园的设计和景观的规划（图 1-13，见书前彩图），渐次缩小到建筑群的设计（图 1-14，见书前彩图）及建筑单体设计（图 1-15），再缩小到室内空间的设计（图 1-16），甚至室内空间一隅的家具设计（图 1-17，见书前彩图），这些都与我们的生存环境息息相关，也都是广义建筑所涉及的内容。

这些建筑的不同层面，尽管在尺度上有极大的差异，但其内在需求却是一致的，即创造适宜人们活动和生活的环境。例如，一把椅子舒适美观，便为整个空间的合适条件提供基础；室内设计符合空间使用和艺术感受的目标，便为整栋建筑的合适条件提供基础。以此类推，一栋建筑在实用性和美感方面的推敲，以及一个街区与公园绿地的规划和设计都应当环环相扣，相互配合，最终成就一个和谐的城市或整体人居环境。

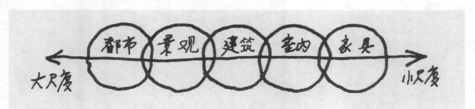

图 1-11　广义建筑的层次关系

图 1-15　美国波特兰市公共服务大楼

图 1-16　奥利维提展览馆室内环境设计

1.2 建筑的分类与分级

1.2.1 建筑的分类

1. 按建筑的使用功能分类

建筑按使用功能分为民用建筑、工业建筑和农业建筑三类（图1-18）。民用建筑又分为居住建筑和公共建筑（表1-1）。

1）居住建筑。供人们居住生活的建筑，如住宅、宿舍、公寓等。

2）公共建筑。供人们进行公共活动的建筑，如办公建筑、商业建筑、金融建筑、文化建筑等。

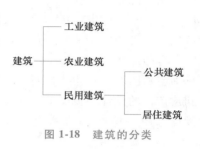

图 1-18 建筑的分类

表 1-1 民用建筑分类

分类	建筑类别	建筑物举例
居住建筑	住宅建筑	住宅、公寓、别墅、老年人住宅等
	宿舍建筑	集体宿舍、职工宿舍、学生宿舍、学生公寓等
公共建筑	办公建筑	各级党政、团体、企事业单位办公楼、商务写字楼等
	商业建筑	商场、购物中心、超市等
	饮食建筑	餐馆、饮食店、食堂等
	休闲、娱乐建筑	洗浴中心、歌舞厅、休闲会馆等
	金融建筑	银行、证券交易所等
	旅馆建筑	旅馆、宾馆、饭店、度假村等
	科研建筑	实验楼、科研楼、研发基地等
	教育建筑	托幼、中小学校、高等院校、职业学校、特殊教育学校等
	观演建筑	剧院、电影院、音乐厅等
	博物馆建筑	博物馆、美术馆等
	文化建筑	文化馆、图书馆、档案馆、文化中心等
	纪念建筑	纪念馆、名人故居等
	会展建筑	展览中心、会议中心、科技展览馆等
	体育建筑	各类体育场馆、游泳馆、健身场馆等
	医疗建筑	各类医院、疗养院、急救中心等
	卫生、防疫建筑	动植物检疫、卫生防疫站等
	交通建筑	地铁站、汽车、铁路、港口客运站、空港航站楼等
	广播、电视建筑	电视台、广播电台、广播电视中心等
	邮电、通信建筑	邮电局、通信站等
	商业综合体	商业、办公、酒店或公寓为一体的建筑

（续）

分类	建筑类别	建筑物举例
公共建筑	宗教建筑	道观、寺庙、教堂等
	殡葬建筑	殡仪馆、墓地建筑等
	惩戒建筑	劳教所、监狱等
	园林建筑	各类公园、绿地中的亭、台、楼、榭等
	市政建筑	变电站、热力站、锅炉房、垃圾楼等
	临时建筑	售楼处、临时展览、世博会建筑

3）工业建筑。工业生产所需的各类建筑，如厂房、仓储等建筑。

4）农业建筑。农、牧、渔业生产和加工所需的各类建筑，如农机站、温室、农副产品仓库等。

2. 按建筑的数量与规模分类

1）大量性建筑。单幢建筑规模不大，但建造数量多，分布较广的建筑，如住宅、中小学校、幼儿园、中小型商店等。

2）大型性建筑。规模大、标准高、耗资多的建筑，如大型体育馆、影剧院等。

3. 按建筑的层数分类

1）GB 50096—2011《住宅设计规范》规定：低层，1~3层；多层，4~6层；中高层，7~9层；高层，10层及以上。

2）GB 50016—2014《建筑设计防火规范（2018年版）》（以下简称《建筑设计防火规范》）规定：建筑高度大于27m的住宅建筑和建筑高度大于24m的非单层厂房、仓库和其他民用建筑称为高层建筑。高层建筑分为四类：第一类，9~16层（最高50m）；第二类，17~25层（最高75m）；第三类，26~40层（最高100m）；第四类，层数超过40层，高度大于100m。第四类高层建筑又称为超高层建筑。

1.2.2 建筑的等级划分

1. 按建筑的耐久年限

以主体结构确定的建筑耐久年限等级见表1-2。

表1-2 以主体结构确定的建筑耐久年限等级

建筑等级	耐久年限	适用建筑类型
一级	100年以上	重要建筑和高层建筑
二级	50~100年	一般性建筑
三级	25~50年	次要建筑
四级	25年以下	临时性建筑

2. 按建筑物的耐火等级

按照建筑物的耐火程度，建筑物的耐火等级分为四级。耐火等级标准依据房屋的主要构件（如墙、柱、梁、楼板、屋顶、楼梯等）的燃烧性能和它的耐火极限来确定。构件的燃烧性能分为燃烧体、难燃烧体、非燃烧体三类。耐火极限是指按规定的火灾升温曲线，对建筑构件进行耐火试验，从构件受到火的作用起到构件失掉支持能力或发生穿透性裂缝或背火一面温度升高到220℃时止的这段时间，以小时计（表1-3）。

表 1-3　建筑物的燃烧性能和耐火极限　　　　　　　　　（单位：h）

构件名称		耐火等级			
		一级	二级	三级	四级
墙	防火墙	非燃烧体 4.00			
	承重墙、楼梯间、电梯井墙	非燃烧体 3.00	非燃烧体 2.50		难燃烧体 0.50
	非承重外墙	非燃烧体 1.00		非燃烧体 0.50	非燃烧体 0.25
	疏散走道两侧的隔墙				
	房间隔墙	非燃烧体 0.75	非燃烧体 0.50		难燃烧体 0.25
柱	支承多层的柱	非燃烧体 3.00	非燃烧体 2.50		难燃烧体 0.50
	支承单层的柱	非燃烧体 2.50	非燃烧体 2.00		燃烧体
梁		非燃烧体 2.00	非燃烧体 1.50	非燃烧体 1.00	难燃烧体 0.50
楼板		非燃烧体 1.00		非燃烧体 0.50	难燃烧体 0.25
屋顶承重构件		非燃烧体 1.50	非燃烧体 0.50	燃烧体	燃烧体
疏散楼梯			非燃烧体 1.00		
吊顶（包括吊顶格栅）		非燃烧体 0.25	难燃烧体 0.25	难燃烧体 0.15	

3. 按建筑的规模和复杂程度

民用建筑工程设计按照建筑的规模大小和复杂程度可划分为六个等级（表1-4）。

表 1-4　民用建筑工程设计等级分类

工程等级	工程主要特征	工程范围举例
特级	1. 列为国家重点项目或以国际性活动为主的高级大型公共建筑； 2. 有国家和重大历史意义或技术要求特别复杂的中小型公共建筑； 3. 30 层以上高层建筑； 4. 高大空间有声、光等特殊要求的建筑	国宾馆、国家大会堂、国际会议中心、国际体育中心、国际贸易中心、大型国际航空港、国际综合俱乐部、重要历史纪念建筑，国家级图书馆、博物馆、美术馆、剧院、音乐厅，三级以上人防工程
一级	1. 高级、大中型公共建筑； 2. 有地区历史意义或技术要求复杂的中小型公共建筑； 3. 16 层以上 29 层以下或高度超过 50m（8 度抗震设防区超过 36m）的公共建筑； 4. 建筑面积 10 万 m² 以上的居住区、工厂生活区	高级宾馆、旅游宾馆、高级招待所、别墅，省级展览馆、博物馆、图书馆，科学实验研究楼（包括高等院校）、高级会堂、高级俱乐部、大型综合医院、疗养院、医疗技术楼、大型门诊楼、大中型体育馆、室内游泳馆、室内滑冰馆、大城市火车站、航运站、候机楼、综合商业大楼、高级餐厅，四级人防、五级平战结合人防工程等
二级	1. 中高级、大中型总高不超过 50m（8 度抗震设防区不超过 36m）的公共建筑； 2. 技术要求较高的中小型建筑； 3. 建筑面积不超过 10 万 m² 的居住区、工厂生活区； 4. 16 层以上 29 层以下的住宅	大专院校教学楼、档案楼、礼堂、电影院、省级机关办公楼、300 张床位以下（不含 300 张床位）医院、疗养院、地市级图书馆、文化馆、少年宫、俱乐部、排演厅、报告厅、风雨操场、中等城市汽车客运站、中等城市火车站、邮电局、多层综合商场、风味餐厅、高级小住宅等

（续）

工程等级	工程主要特征	工程范围举例
三级	1. 中级、中型公共建筑； 2. 高度不超过 24m（8 度抗震设防<13m）、技术要求简单的建筑以及钢筋混凝土屋面、单跨<18m（采用标准设计 21m）或钢结构屋面单跨<9m 的单层建筑； 3. 7 层以上 15 层以下有电梯住宅或框架结构的建筑	重点中学、中等专科学校、教学实验楼、电教楼、社会旅馆、饭馆、招待所、浴室、邮电所、门诊所、百货楼、托儿所、幼儿园、综合服务楼、1~2 层商场、多层食堂、小型车站等
四级	1. 一般中小型公共建筑； 2. 7 层以下无电梯住宅、宿舍及砖混结构的建筑	一般办公楼、中小学教学楼、单层食堂、单层汽车库、消防车库、消防站、蔬菜门市部、粮站、杂货店、阅览室、理发室、公共厕所等
五级	1~2 层单功能、一般小跨度结构建筑	1~2 层单功能、一般小跨度结构建筑

1.3 公共建筑的创作准则

1.3.1 国内外建筑的创作准则

1. 西方建筑的创作准则

世界范围内最早提出建筑创作准则的是公元前一世纪古罗马建筑师维特鲁威。维特鲁威是罗马帝国初期著名建筑师和工程师，他于公元前 32—公元前 22 年写出了西方历史上第一部建筑学专著《建筑十书》。《建筑十书》总结了罗马共和国之前在建筑设计、工程技术和建筑机械方面的成就和经验，阐述了建筑科学的基本理论，主张一切建筑物都应当恰如其分地考虑"三要素"，即坚固、实用、美观。其中坚固是指建筑物的稳定性与持久性，它关系到静力学、结构及材料的运用；实用是指建筑的有用性和功能性；美观则是指建筑要有优雅悦人的外观，其核心是比例与均衡。《建筑十书》对后世建筑学影响深远，直至今天，"实用、坚固、美观"作为"建筑三要素"都是评价建筑和创作建筑的基本依据。

2. 我国建筑方针

（1）20 世纪 50 年代建筑方针　我国的建筑方针为"适用、经济、在可能条件下注意美观"。该建筑方针指出了建筑创作的功能、经济和艺术这三个核心问题及三者在具体历史环境下的相互关系。

（2）20 世纪 80 年代建筑方针　随着社会的发展与进步，在 1986 年由建设部制定并发布的《中国建筑技术政策》中，明确指出了"建筑业的主要任务是全面贯彻适用、安全、经济、美观的方针"。

（3）21 世纪初代建筑方针　2016 年，《中共中央国务院关于进一步加强城市规划建设管理工作的若干意见》（以下简称《意见》）提出了新的八字方针："适用、经济、绿色、美观"。相较于 20 世纪 50 年代的建筑方针，新的八字方针将建筑设计的"绿色"提到了前所未有的高度，符合社会和建筑发展的趋势。《意见》要求大力推进建筑节能技术，提高建筑节能标准，完善绿色节能建筑和建材评价体系，推崇绿色节能建筑和建材，同时要实施城市节能工程。

1.3.2 当代公共建筑的创作准则

根据古今中外建筑的创作准则/方针的变迁可见，人们对建筑的要求是动态的，它随着时代和社会的变迁而变化。但是，人们对建筑的核心诉求及建筑的基本构成要素是不变的。结合不同时代、民族、地域的人类社会的建筑创作准则，在当今全球可持续发展的语境下，当代公共建筑的创作准则可以归结为环境、功能（包括安全）、艺术、技术、经济、绿色六个方面。其中，环境、功能（包括安全）和艺术（内外）三者是建筑的目的；技术和经济是支撑和制约条件；绿色则是公共建筑可持续发展的内在要求（图1-19）。创作准则的六个要素是辩证统一的关系，对于不同性质的建筑，要素之间的辩证关系会发生改变，关键是要看建筑师对辩证关系的把握。实践证明，优秀的建筑作品都能体现各要素之间良好的辩证关系。

图 1-19 当代公共建筑的创作准则

1. 环境

环境是指建设用地范围内外及其所处城市对所设计的建筑具有影响的诸因素，包括自然的、社会的各种影响公共建筑设计的因素。自然因素如用地附近的生态、地形地貌、地质、地下水、地下状态，当地气候、地理、自然灾害（洪水、地震、风雪、泥石流、滑坡）等。社会因素（文脉）如当地历史文化、风俗习惯、城镇特点、文物古迹等。

环境作为公共建筑创作的准则，体现的是人们对建筑创造良好人居环境的本质要求，这既包括人们对新建设环境的物质要求，也包括精神要求；既包括近期要求，也包括远期要求。

2. 功能

功能主要是指建筑的用途和使用要求，即人们对建筑内部空间的使用要求与安全要求，这是建筑的主要目的。不同类型的建筑有着不同的建筑特点和使用要求，如影院要求有良好的视听环境，汽车站要求车流和人流线路通畅，工业建筑则要求符合产品的生产工艺流程等。建筑不仅要满足各自的使用要求，还应满足人体各种活动尺度的要求，以及人的生理和心理要求，为人们创造一个舒适、安全、卫生的环境。

（1）人体各种尺度的要求 人体的各种活动尺度与建筑空间有着十分密切的关系。为了满足人体活动的需要，应该了解人体活动的一些基本尺度，例如：幼儿园建筑的楼梯踏步高度、窗台高度、黑板的高度等，均应满足儿童的使用要求；对于医院建筑中的病房设计，通道必须保证移动病床能够顺利进出；家具的尺寸要反映出人体的基本尺度，不符合人体尺度的家具会给使用者带来不舒适感。

（2）人的生理要求 人对建筑的生理要求主要包括人对建筑的朝向、保温、防潮、隔热、隔声、通风、采光、照明等方面的要求，这些是人们生产与生活所必需的基本条件。

（3）人的心理要求 建筑中对人的心理要求主要是研究人的行为与人所处的物质环境之间的相互关系。不少建筑因无视使用者的需求，对使用者的身心和行为都产生了各种消极影响。例如，老年居所与青年公寓由于使用主体的生活方式和行为方式存在巨大差异，所以对具体的建筑设计应有不同的考虑，如果千篇一律，必会导致使用者心理上的不接受。

随着社会的发展，人们对建筑的功能要求也在不断变化与扩展。因此，建筑师在设计公共建筑时，应根据建筑性质及经济条件最大限度地为人们创造更适用、更方便、更安全的适应现代人生活与工作的环境。

3. 艺术

艺术是指满足人们对建筑内外及其环境的精神要求。这一项创作准则在过去常用"美观"一词。由于社会的发展，人们对公共建筑及其环境的精神要求已提升到一个新的更高的层次，不但要求好看，对部分建设项目还上升到"意境"的层次，即建筑的艺术性。

建筑艺术主要是通过建筑群体或单体建筑的空间组合、造型设计及细部处理等方面来体现的。建筑的形象问题涉及文化传统、民族风格、社会思想意识等多方面的因素，并不单纯是美观的问题。建筑艺术要素处理得当，不仅会产生良好的艺术效果，还可以满足人们对审美和精神功能的要求。

4. 技术

建筑技术是建造房屋的手段，包括建筑结构、建筑材料、建筑施工和建筑设备等内容。建筑不可能脱离建筑技术而存在，建筑结构和建筑材料构成建筑的骨架，建筑设备是保证建筑物达到某种要求的技术条件，建筑施工是保证建筑物实施的重要手段。公共建筑创作的技术原则是指建筑设计涉及的技术是否可行及是否合理。设计应满足各有关专业，包括施工的主要技术要求，并注意建筑投入使用后维护管理等方面的技术可行性及合理性。

（1）建筑结构 建筑结构是建筑的骨架。建筑结构为建筑提供使用空间，承受建筑物自身的全部荷载，并抵抗自然界作用于建筑物的活荷载，以及地震、地基沉陷、温度变化等影响。建筑结构的强度直接影响建筑物的安全与寿命。梁板柱结构和拱券结构是人类最早采用的两种结构形式。钢筋混凝土材料的使用使梁和拱的跨度大大增加，这两种结构目前仍然是较常采用的结构形式。随着科学技术的发展与进步，人们能够对结构的受力情况进行演算与分析，相继出现了桁架、网架、壳体、悬索和膜结构等大跨度结构形式。

（2）建筑材料 建筑材料是建筑的物质基础。建筑材料决定了建筑的形式和施工方法。建筑材料的数量、质量、品种、规格、外观、色彩等，都在很大程度上影响着建筑的功能和质量，影响着建筑的适用性、艺术性和耐久性。新材料的出现促使建筑形式发生了变化，结构设计方法得以改进，施工技术得到革新。现代材料科学技术的进步为建筑学和建筑技术的发展提供了新的可能。

为了使建筑满足适用、坚固、耐久、美观等基本要求，材料在建筑的各个部位应充分发挥各自的作用，分别满足各种不同的需求。例如：高层或大跨度建筑中的结构材料，要求是轻质、高强度的；冷藏库建筑必须采用高效能的绝热材料；防水材料要求致密，不透水；影院、音乐厅为了达到良好的音响效果，需要采用优质的吸声材料；大型公共建筑及纪念性建筑的立面材料，要求有较强的装饰性与耐久性。

材料的合理化使用和最优化设计，能够使用于建筑的所有材料最大限度地发挥其本身的效能，合理、经济地满足建筑的各种功能要求。在建筑设计中，还常常通过对材料和构造的处理来反映建筑的艺术性，通过对材料造型、线条、色彩、光泽、质感等多方面的综合运用来实现设计构思。

（3）建筑施工和建筑设备　人们通过施工将建筑从设计变为现实。建筑施工一般包括两个方面：一是施工技术，即人的操作熟练程度、施工工具和机械、施工方法等；二是施工组织，即材料的运输、进度的安排、人力的调配等。装配化、机械化、工厂化的建筑施工和建筑设备可以大大提高建筑施工的速度，但它们必须以设计的定型化为前提。目前，我国已逐步形成了设计与施工配套的全装配大板、框架挂墙板、现浇大模板等工业化体系。

建筑完成土建施工后还必须安装相应的设备才能满足其基本的功能需求。建筑设备主要包括物理环境控制系统、给水排水系统、暖通空调系统、电气及供电系统、火灾自动报警系统等系统。

总之，建筑科学技术的发展给建筑功能与艺术的实现创造了有利条件，为建筑师开辟了更广阔的创作空间。对新技术、新材料的合理应用已成为建筑创作活动的重要组成部分。

5. 经济

经济是指营造本项目（包括环境）的投资合理使用及允许条件。经济既包括建造时的第一次投资，也包括建成后的长期维护、管理等方面的费用。公共建筑的运营、管理和维护的费用支出非常可观，不容忽视。

6. 绿色

在人类社会发展过程中始终贯穿着人与自然的相互作用，这种相互作用关系的演进强烈地制约着建筑与自然的协调。工业社会以来，科技突飞猛进的发展使人们无视自然规律、单纯追求社会经济的增长，建筑活动成为人类改造自然的强悍手段。许多事实表明，建筑是自然资源消耗的主要责任者，建筑物消耗的能源占全部的 40% 以上，排放的二氧化碳占全部的 50% 以上。这种发展模式导致了环境问题的爆发，严重威胁了人类的社会生活及社会发展。当代社会发展中，人们开始重新审视自然环境与经济发展的关系，谋求人类发展与自然环境保护的统一。用可持续的发展方式取代工业社会的发展模式，使社会发展步入良性循环，渐渐成为人们的共识，并汇集成全球共同的行动。社会发展观的重大变革对当代建筑的发展产生了深刻的影响。人们开始在宏观上协调建筑与自然的关系，将建筑发展与自然生态保护紧密地结合在一起，进而促进了建筑与自然共生共存的可持续性发展的建筑理念：既满足当代需求，又为将来的发展留有充分的余地。

绿色建筑体系正是建筑界为了实现人类可持续发展战略所采取的重大举措，是建筑师们对国际潮流的积极回应。绿色建筑指的是在建筑的全寿命周期内，最大限度节约资源，节能、节地、节水、节材、保护环境和减少污染，提供健康适用、高效使用，与自然和谐共生的建筑。绿色建筑的发展遵循可持续发展原则，体现绿色生态平衡理念，实现建筑规划合理、资源利用高效循环、建筑功能灵活多样和人居环境健康舒适的目标，以能源的可持续发展和有效利用来保障社会发展。

1.4 公共建筑的设计流程

1.4.1 建筑活动的阶段划分

建筑活动大致可以分为以下6个阶段：

1）建设项目的拟定，建设计划的编制与审批。

2）基地的选定、勘察与征用。

3）设计。

4）施工。

5）设备安装。

6）交付使用与总结。

建筑师的工作包括参加建设项目的决策，编制各设计阶段的设计文件，配合施工并参与验收与总结等。其中最主要的工作是设计前期的准备与各阶段的具体设计。

1.4.2 设计前期的准备工作

1. 接受任务，核实并熟悉设计任务的必要文件

1）建设单位的立项报告，上级主管部门对建设项目的批准文件，包括建设项目的使用要求、建筑面积、单方造价和总投资等。

2）城市建设部门同意设计的批复。批文必须明确指出用地范围（在地形图上画出建筑红线），以及城市规划、周围环境对建筑设计的要求。

3）工程勘察设计合同。

2. 结合任务，学习有关方针政策和文件

这些政策文件包括有关的定额指标、设计规范等，它们是树立正确的设计思想，掌握好设计原则和设计标准，提高设计质量的重要保证。

3. 根据任务，做好收集资料和调查研究工作

（1）收集有关的原始数据和设计资料

1）自然条件与环境条件中的数据及地形图、现状图、规划文件、地质勘探报告等。

2）同类建筑设计的论文、总结与设计手册等。

（2）调查研究

1）对建设单位及其主管部门的调查，包括使用要求、建设标准等。

2）对同类建筑的调查，包括设计的成败得失等。

3）对材料供应商和施工企业的调查，包括材料供应情况、施工条件和施工水平等。

4）对本地传统建筑经验与生活习俗的调查，这种调查也可以和行为建筑学的调查结合起来。

5）现场踏勘，包括核对地形图与现状图，了解历史沿革与现状中存在的有利和不利因素，并可以初拟建筑物位置与总平面布局。调查研究应注意去粗取精，去伪存真，进行分析归纳，找出设计中要解决的主要矛盾和问题。

1.4.3 公共建筑的设计流程

为了保证设计质量，避免发生差错和返工，建筑设计应循序渐进，逐步深入，分阶段进行。建筑设计通常分为初步设计、技术设计、施工图设计三个阶段。对规模较小、比较简单的工程，也可以把前两个阶段合并，采取初步设计和施工图设计两个阶段。

1. 初步设计

初步设计又称方案设计，工作侧重于建筑空间环境设计，设计成果包括总平面图、各层平面图、主要立面和剖面图、投资概算、设计说明等。为了提高表现力，重要工程需绘制彩色图、透视图或制作模型。

2. 技术设计

技术设计在已批准同意的建筑设计方案基础上进行。除建筑师外，建筑结构与建筑设备各工种设计人员也共同参加工作。建筑设计的成果包括总平面图、各层平面图、各立面图和剖面图、重要构造详图、投资概算与主要工料分析、设计说明等。在绘制的各个图样上，应有主要尺寸。建筑构造做法应做原则性规定。其他工种设计人员也应编制相应的设计文件，确定选型、布置、材料用量与投资概算等，重要的技术问题还应进行必要的计算。各工种与建筑设计之间的矛盾应由项目负责人（多由建筑师担任）统筹解决，避免在施工图阶段造成较大的返工。

3. 施工图设计

施工图设计在已批准同意的技术设计基础上进行。施工图是提供给施工单位作为施工的依据，所以必须正确和详尽。建筑设计绘制的图样包括总平面图、各层平面图、各立面图、各剖面图、屋顶平面图等基本图，还包括建筑的各种配件与节点的构造详图，它们都应有详尽的尺寸和施工说明。施工图的设计说明也应详尽具体，把图样中未能充分表达的内容交代清楚。建筑结构与建筑设备各工种设计成果也包括基本图、详图、设计说明等内容。此外，施工图阶段应做设计预算。

拓展阅读

建筑的角色

作为人们生活的庇护所，建筑在自然及社会体系中扮演着举足轻重的角色。与工业设计产品相比，它更是人类所必需的；同绘画、文学、音乐、表演等艺术形式相比，它受到更多的约束。建筑不仅可以创造具体的生活构架，也可以折射出人类文明的进程。

首先，建筑是一种"功利性"的艺术。它以实用为目的，创造利益，彰显社会财富。最初，原始人类筑巢建屋都是基于"遮风雨""避群害"的功利性目的，千百年之后，建筑仍然以居住为起因和结果，仍然以实用为目的。

其次，建筑不是简单的机能性复制品，而是有生命的构筑物。德国诗人荷尔德林曾写到，"人，诗意地居住在大地上"。哲学家海德格尔认为，"诗意地居住"赋予了建筑更多情境相融的精神功能。科林·圣约翰·威尔逊则认为，建筑必须完成从它的实用功能到神圣意义的转变，也就是说，建筑不仅是人们维持生活的"容器"，以高效、充满智慧的方式服务于人类，它还通过形式表达思想、升华情感，鼓励人们积极参与，唤起大众的期许与想象。

再次，建筑属于世界，也"述说"着世界。它通过特有的语言构成空间形态，以指示性意义诠释自然，以象征性途径宣扬某种社会价值，表现美学意蕴，甚至影响道德伦理。

总之，建筑的权威在于它使建筑、气候、文化相互妥协，达成一致。它立足于多个领域，横跨艺术和科学、美学和实践；它尊重传统的普遍规律，满足人类实践与情感的需要；它凝聚诸多社会要素，代表文化繁荣和时代进步的方向，是一种伟大的综合艺术。

思 考 题

1. 通过学习建筑的本质和建筑活动的内容，思考作为一名合格的建筑师需要具备哪些能力和素质，以及担当什么样的职业使命？
2. 查阅资料，思考如何在设计实践中践行可持续发展的建筑观？
3. 查阅资料，思考中国传统文化中"天人合一"的环境观在公共建筑设计中都有哪些体现？

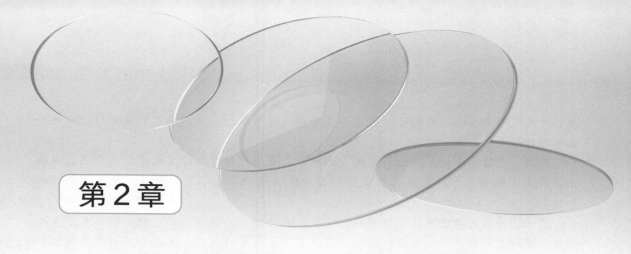

第2章

公共建筑的总体环境布局

作为建筑师，在开始创作公共建筑时，首先遇到的就是总体环境布局中的问题。一幢好的公共建筑设计，其室内外的空间环境应是相互联系、相互延伸、相互渗透和相互补充的关系，使之构成一个统一而又和谐完整的空间体系。

2.1 公共建筑总体环境布局的基本组成

室外空间环境的形成一般需要考虑下列几个主要组成部分：建筑群体、广场道路、绿化设施、雕塑壁画、建筑小品、灯光造型的艺术效果等。公共建筑外部空间设计的任务就是有机地处理好个体与群体、空间与形体，以及场地、道路、绿化与环境小品之间的关系，使建筑的空间体形与周围环境相协调，从而增强建筑本身的造型美，丰富城市公共空间环境的艺术面貌。

2.1.1 总体环境布局与建筑

1. 总体环境布局的流程

一般公共建筑室外环境空间的构成，主是依据建筑或建筑群体的组合，而其他诸如道路、广场、绿化、雕塑及建筑小品等，作为不可或缺的重要因素来配合建筑和建筑群体。因此，在室外环境空间中的建筑，特别是主要的建筑，常位于明显而又主要的部位。当形成一定的格局之后，将对其他各项因素加以综合性的布局，使之构成一个完整的室外空间环境。

2. 建筑的布局形式

建筑是总体环境布局中的基本要素，建筑物的布置形式直接决定了场地上其他各项要素的布置形式，主要建筑物的布置方式也决定了附属建筑物的布置方式。不同类型的建筑会有不同的个性与功能，即使是同一类型的建筑，其内部空间的组合方式不同，呈现出来的基底平面形状也就不同，从而出现不同的总平面布局。总图设计中，常用的建筑布局形式有对称式、自由式、庭院式和综合式。

（1）对称式　对称式的显著特点是用一条主
要轴线来控制建筑组合的布局，形成对称的或基
本对称的平面与立面构图。主要轴线的对景，或
是主体建筑，或是某种人文景观（如纪念碑）与
自然景观（如山峰）。主要轴线的两侧，布置其他
建筑及绿化、建筑小品等；也可安排与之垂直的
次要轴线，形成更复杂的空间构图。空间处理可
以较封闭，也可以较开敞。典型实例如北京天安
门广场的建筑布局（图2-1）。

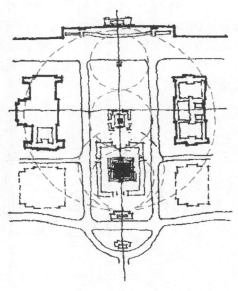

天安门广场以天安门为广场中轴线的重心，
在中轴线上布置了高耸的人民英雄纪念碑和雄伟
庄严的纪念堂，并与正阳门相对应，显示其广场
的宽阔和有节奏的尺度变化，再加之东西两侧的
人民大会堂和革命历史博物馆，将广场围合成为
大尺度的空间。另外，天安门至纪念碑之间，深
长而宽广的砌石广场铺地与周围松柏绿地的围合

图 2-1　北京天安门广场

处理，使室外空间的艺术效果更加突出。一些办公类的公共建筑也常采用对称式布局。一般
来说，对称式组合容易取得均衡、统一、协调、井然有序、方向明确的效果，但处理不好容
易显得呆板。

（2）自由式　自由式建筑群体组合不受对称性控制，可以根据建筑的功能要求和地形
条件机动地组合建筑。这种组合形式灵活性大，适应性广，但要防止杂乱无章。自由式建筑
布局的典型案例如意大利威尼斯的圣马可广场（图2-2），因建筑与空间组合得异常得体，
取得了无比完整的效果。这个广场空间环境在统一布局中强调了各种对比的效果，如窄小的
入口与开敞的广场之间、横向处理的建筑与竖向挺拔的塔楼之间、端庄严谨的总督宫与神秘
色彩的教堂之间，采用了一系列强烈对比的手法，使广场空间环境给人以既丰富多彩，又完
整统一的感受。美国建筑师老沙里宁（Eliel Saarinen）曾说过："许多不可分割的建筑物联
系成为一种壮丽的建筑艺术总效果——也许没有任何地方比圣马可广场的造型表现得更好的
了。"所以拿破仑曾把圣马可广场誉为"欧洲最美丽的客厅"，并无过誉。

图 2-2　圣马可广场

（3）庭院式　由若干幢建筑围绕着一个或几个庭院进行布置，便构成庭院式建筑群体组合（图2-3）。庭院的围合既可以是建筑，也可以是走廊或围墙。庭院式组合通过庭院使有关的单体建筑取得交通上和心理上的联系，当然对建筑的组合也产生了一定的约束。

（4）综合式　根据具体情况，不同部位采取不同的建筑群体组合形式，便构成了综合式建筑群体组合（图2-4）。

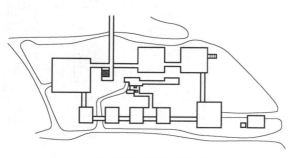

图2-3　庭院式建筑群体组合

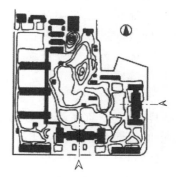

图2-4　综合式建筑群体组合

3. 建筑布局总体要求

1）不同类型、不同造型的建筑是千变万化的，但在总图布置中必须始终考虑主要建筑物的内部功能与流线、朝向和通风、内外人流的集散与交通、环境与景观、消防与疏散等各种因素。附属建筑物在总图布置中必须处理好主与次的关系，不与主要建筑物争朝向和位置，不妨碍主要建筑物的正常使用和美观造型等。

2）通过组合所形成的室外环境空间，应体现出一定的设计意图和艺术构思，特别对于某些大型而又是重点的公共建筑，在室外空间中需要考虑观赏的距离和范围，以及建筑群体艺术处理的比例尺度等问题。

2.1.2　总体环境布局与场地

公共建筑的室外场地可分为有明确使用功能的场地和无明确使用功能的场地。有明确使用功能的场地包括：①交通性场地，包括车站、码头、影剧院、体育馆前人流和车流的集散场地，以及机动车、非机动车的停车场地；②活动性场地，包括商业活动场地、休息活动场地、观赏活动场地、服务型院落等。无明确使用功能的场地包括因为日照、通风、安全、环境保护或其他原因所设置的场地。

在公共建筑总体环境布局中，有明确使用功能的场地占据主要地位，其中最主要的和常见的有集散广场、活动场地、服务型院落和停车场所四种。

1. 集散广场

（1）位置和作用　当公共建筑的人流量和车流量大而集中，交通组织比较复杂时，建筑物前面需要有较大的场地来满足人流、车流的集散要求，这种类型的场地称为集散场地（图2-5）。

图2-5　某公共建筑集散广场

（2）规模 集散场地的大小和形状根据公共建筑的性质、规模、体量、造型和所处的地段情况确定。如影剧院、会堂、体育馆、铁路旅客站、航空站等类型的公共建筑，因人与车的流量大而集中，交通组织比较复杂，所以建筑周围需要较大的空间场所，它们对于集散广场的面积要求也大于其他一般性的公共建筑。

（3）设计要求

1）集散广场设计的首要问题是解决好交通问题，具体包括组织好各种交通流线、人车分流等。集散广场的交通要求在交通类建筑中尤为重要。图 2-6 所示为某汽车站总平面布局，集散广场位于候车厅和场地主入口之间，集散广场东西两侧设置绿化带和绿地，东侧绿地将集散广场和车的进出口隔开，保证了旅客的步行流线和大巴车进出站流线不交叉。进站口和出站口之间也用绿化带分隔开。整个广场上人车分流，流线清晰。旅馆、宾馆、商店等类型的公共建筑，其人流活动具有持续不断的特点，因而交通组织相对简单，所以集散广场的布局可紧凑些（图 2-7）。

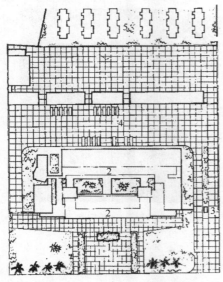

图 2-6 某汽车站总平面布局

1—站前广场 2—站房 3—进出车道

4—停车场 5—职工宿舍

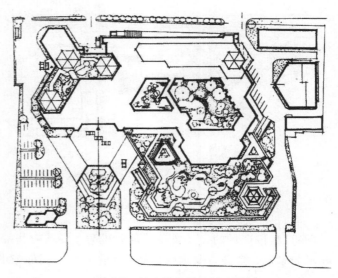

图 2-7 某宾馆总体环境布局

2）集散广场对城市面貌影响较大，在艺术处理上要求也比较高，因此需要充分考虑广场的空间尺度和立体构成等构图的问题，为人们观赏建筑景观提供良好的位置与角度。例如：当要求完整地观赏一个建筑立面时，观赏距离应大于或等于立面的长度，最佳水平视角为 54°左右（图 2-8）；在观赏建筑群体时，最佳竖直视角为 18°；观赏单个建筑时，最佳竖直视角为 27°；观赏建筑的最大竖直视角为 45°，过大会产生透视变形，并易使视力疲劳（图 2-9）。

图 2-10 所示为塘沽火车站总平面布局图，由于城市干道与广场斜交的特定状况，因而在考虑站前广场时，除了需满足集散人流与组织车辆交通的要求，还把圆形候车大厅的入口部分面对城市干道的轴线，人流在临近广场的干道上就可以看到车站主体建筑造型的全貌，做到广场总体布局与建筑空间体形紧密配合、完整统一。

3）有些公共建筑，因为城市规划的要求，安排在道路的交叉口处。在这种情况下，为

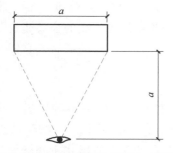

图 2-8　观赏建筑物的最短水平距离

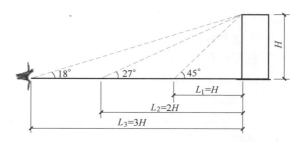

图 2-9　由竖直视角确定观赏建筑的距离

了避免主体建筑出入口与转角处人流的干扰，常将建筑后退，形成一段比较开阔的场所，这样处理有利于干道转角处车辆转弯时的视线要求，也有利于道路交叉口处的空间处理。图 2-11 所示的建筑与空间就是这样处理的例子。

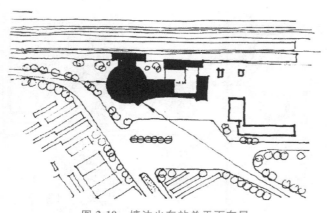

图 2-10　塘沽火车站总平面布局

图 2-11　位于道路交叉口的某公共建筑

4）集散广场的设计要在满足上述基本要求的基础上，结合室外空间构图的需要，安排一定的绿化、雕塑、壁画与小品，丰富室外空间的艺术效果。

2. 活动场地

有的公共建筑按照其使用要求需要设置各种供人们室外活动用的活动场地，如体育馆需要设置运动场地，学校需要设置运动场，幼儿园需要分别设置班级活动场地和全园活动场地。这些活动场地与室内空间的联系比较密切，它们应靠近主体建筑的主要部位（如比赛大厅、活动厅室）的出入口。室外空间场所的布置，除了需要与建筑密切配合，还应与绿化、道路、建筑小品、围墙等组成有机的整体。

图 2-12 所示为某幼儿园建筑总平面布局，按照活动场地的布置原则合理地设计了班级活动场地和全园活动场地的面积、位置和设施。图 2-13 则展示了体育馆和其附属活动场地——运动场地之间的位置关系。

3. 服务型院落

有的公共建筑根据其功能要求，需要在场地中设置服务型院落。服务型院落与建筑的某些辅助空间关系密切，因而位置一般紧临这些辅助空间，如锅炉房、厨房等。服务型院落通常比较杂乱，因而多布置在比较隐蔽的地方，以保持主体建筑室外空间环境的完整性。一般

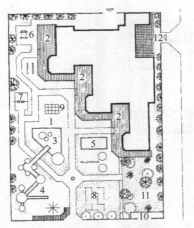

图 2-12　某幼儿园建筑总平面布局

1—公共活动场地　2—班组活动场地　3—涉水池
4—综合游戏设施　5—砂坑　6—浪船　7—秋千
8—尼龙绳网迷宫　9—攀登架　10—动物房
11—植物园　12—杂物院

图 2-13　某体育馆建筑俯视图

为了出入方便，服务型院落常设置单独的出入口。幼儿园建筑和餐饮建筑一般均应设置服务型院落（图 2-12）。

4. 停车场所

停车场地包括机动车（汽车）和非机动车（自行车）停车场，在建筑设计中，停车场应结合总体布局进行合理安排。

（1）机动车（汽车）停车

1）汽车停车的形式主要有停车场（位）、停车库（地上、地下）、立体停车（空中停车）、机械停车（图 2-14）等。

2）汽车停车场的位置要靠近建筑出入口，但要防止影响建筑物前面的交通与美观，因此一般设在主体建筑的一侧或后面（图 2-15）。

图 2-14　机械停车

图 2-15　某公共建筑停车场

3）汽车停车的排列方式可采用平行式、斜列式（倾角 30°、45°、60°）、垂直式或混合式（图 2-16）。

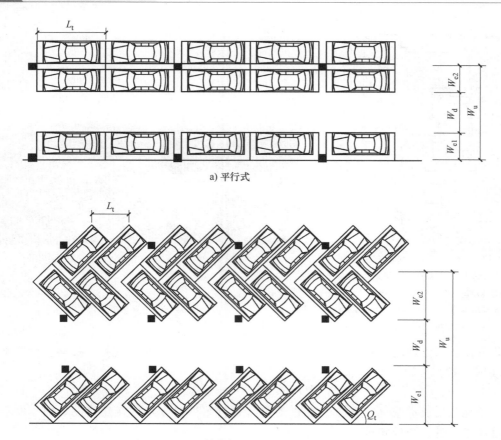

a) 平行式

b) 斜列式

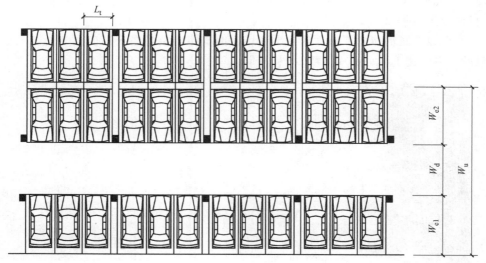

c) 垂直式

图 2-16　汽车停车排列方式

W_u—停车带宽度　W_{e1}—停车位毗邻墙体或连续分隔物时，垂直于通（停）车道的停车位尺寸　W_{e2}—停车位毗邻时，
垂直于通（停）车道的停车位尺寸　W_d—通车道宽度　L_t—平行于通车道的停车位尺寸　Q_t—机动车倾斜角度

4）车库（场）内通车道宽度应不小于3m，小型车的最小停车位、通（停）车道宽度宜符合表2-1的规定。机动车最小转弯半径应符合表2-2的规定。

表2-1　小型车的最小停车位、通（停）车道宽度

停车方式		垂直通车道方向的最小停车位宽度/m		平行通车道方向的最小停车位宽度 L_t/m	通（停）车道最小宽度 W_d/m
		W_{e1}	W_{e2}		
平行式	后退停车	2.4	2.1	6.0	3.8
斜列式	30° 前进（后退）停车	4.8	3.6	4.8	3.8
	45° 前进（后退）停车	5.5	4.6	3.4	3.8
	60° 前进停车	5.8	5.0	2.8	4.5
	60° 后退停车	5.8	5.0	2.8	4.2
垂直式	前进停车	5.3	5.1	2.4	9.0
	后退停车	5.3	5.1	2.4	5.5

表2-2　小型车的最小转弯半径

车型	最小转弯半径/m
微型车	4.50
小型车	6.00
轻型车	6.00~7.20
中型车	7.20~9.00
大型车	9.00~10.50

一般情况下，停车场的单个小型车停车位尺寸为3m×5m，单层独立车库的平面最小尺寸为4m×6m。

5）室外机动车停车场的停车数量和出入口数量的设置应符合表2-3的要求。

表2-3　室外机动车停车场的停车数量和出入口设置关系

停车数量	出入口设置		
	数量	形式	备注
50辆及以下	1	双向	无
51~300辆	2	双向	无
301~500辆	2	双向	各出入口间距不能小于15m
500辆以上	3	双向	各出入口间距不能小于15m

6）单向行驶的出入口宽度不应小于4.0m，双向行驶的出入口宽度不应小于7.0m。

7）机动车停车场的出入口不宜设在主干路上，可设在次干路或支路上，并应远离交叉口；不得设在人行横道、公共交通停靠站及桥隧引道处。出入口的缘石转弯曲线切点距铁路道口的最外侧钢轨外缘不应小于30m，距离人行天桥和人行地道的梯道口不应小于50m。

（2）非机动车（自行车）停车　在国家"双碳"战略的背景下，本着可持续发展的建筑观，在各类建筑布局中都应考虑自行车停放场，其主要设计要求如下：

1）自行车停车场的布置主要应考虑使用方便，因此应顺应人流来向，布置于靠近建筑

附近的部位。

2）大型自行车停车场和机动车停车场应分别设置，不能交叉。

3）自行车停车场出入口不应设在道路交叉口附近，出入口宽度不应小于2m，停车数大于300辆时应设置不少于2个出入口。

4）自行车停车每个车位按1.5~1.8m²计算。

5）自行车停放宜分段设置，每段长度15~20m，每段应设1个出入口，其宽度不小于3m。

2.1.3 总体环境布局与绿化

良好的建筑群外部空间组合，必定具有优美的环境绿化，它不仅可以改变城市面貌，美化生活，而且在改善气候等方面具有极其重要的作用。绿化植物给建筑空间创造出极其有益的生态环境。植物能制造新鲜氧气、净化空气，还可以调节温度、湿度，吸收和隔离空气中的污染，夏季可降温增湿、隔热遮阳，冬季可增温减湿、避风去寒。优美的绿化景观还能调节人的神经系统，使紧张疲劳得到缓和消除，使激动恢复平静。人们都希望在居住、工作、休息、娱乐等场所欣赏到植物与花卉的装饰，处处享受到植物的色彩与形态美，以满足其心理需求。

1. 绿化的布局

在考虑绿化设计时，应尽量根据原有的条件，结合总体布局的构思创意，选择合适的绿化布局模式。有些公共建筑的总体布局需要采用成行成片的林荫路，以创造严谨对称、肃穆庄重的气氛，如北京人民英雄纪念碑的绿化环境布置格局（图2-1）。有的公共建筑，需要采用小巧的庭院，运用绿化、水池、柱廊、假山、亭子及建筑小品等手法，以营造开朗欢快的气氛。如埃及开罗的尼罗希尔顿旅馆（图2-17），位于尼罗河畔，面向金字塔，其庭院设计紧密地结合这一环境特点，在绿化丛中布置了游泳池、空廊、水池及网球场地，使室外空间显得异常轻松活泼，并带有浓郁的非洲热带气氛和色彩。

图 2-17　埃及开罗的尼罗希尔顿旅馆

2. 绿化布置的形式

绿化布置的形式有小游园、庭园绿化、屋顶绿化、竖直绿化、零星地块绿化、道路绿化及草地与水面绿化、防护林等。

（1）小游园　小游园的绿化形式主要有规则式、自由式和混合式（图2-18）。

1）规则式。小游园中的道路、绿地均以规整的几何图形布置，树木、花卉也呈图案或成行成排有规律地组合。

2）自由式。小游园中的道路曲折迂回，绿地形状自如，树木花卉无规则组合。

3）混合式。在同一小游园中既采用规则式又采用自由式的布置形式。

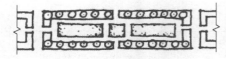
a) 规则式

b) 自由式

c) 混合式

图 2-18　小游园的绿化布置形式

（2）庭园绿化　建筑群体组合中的小园、庭园、庭院等统称为庭园。庭园绿化不仅可以起到分隔空间、减少噪声、减弱视线干扰等作用，还给建筑群增添了大自然的美感，给人们创造了一个安静、舒适的休息场地。庭园的绿化布置应综合考虑庭园的规模、性质和在建筑群中的地位等因素，并采取相应的手法。

（3）屋顶绿化　随着建筑工业化的发展，在建筑物屋顶结构中广泛采用了平屋顶形式。为了充分利用屋顶空间，给人们创造更多的室外活动场所，对于炎热地区，考虑屋顶的隔热，可以在屋顶布置绿化，并配以建筑小品而形成屋顶花园。

屋顶绿化的布置形式一般有以下三种：

1）整片式。在平屋顶上几乎种满绿化植物，主要起到生态功能与观赏之用。这种方式不仅可以美化城市、保护环境、调节气候，还具有良好的屋面隔热效果。

2）周边式。平屋顶四周修筑绿化花坛，中间的大部分场地用于室外活动与休息。

3）自由式。在平屋顶上自由地点饰绿化盆栽或花坛，形式多种多样，可低可高，可成组布局也可点组相结合，形成既有绿化植被又有活动场地的灵活多变的屋顶花园。

屋顶绿化也可布置在高层建筑的屋顶，可以增加在高层建筑中工作和生活的人们与大自然接触的机会，并弥补室外活动场所的不足。如广州东方宾馆屋顶花园（图 2-19）就为人们提供了一个很好的室外活动场所。

图 2-19　广州东方宾馆屋顶花园

3. 植物

（1）植物的功能与性态　植物依据形态不同可分为灌木、乔木、藤、竹、花、草等多种类型，有常绿、落叶及阔叶、针叶之分。常见植物的性态和功能见表 2-4。

表 2-4　常见植物的性态与功能

功能	性态	品种举例
组织绿荫	树冠宽大，树枝向四面扩展，叶密，落叶，无臭味	杨、柳、梧桐、榆、枫杨、洋槐
防风	树根坚硬，根部发达，性喜丛生，树叶不易被风吹落	洋槐、枫杨、马尾松、杨
防火	水分多树脂少	柳、芭蕉、珊瑚树
减少烟尘	抵抗毒害力强，雨后自然洗刷	冬青、黄杨、珊瑚树、竹、槐
隐蔽作用	树冠较密，树叶密生，不易透过视线，抗病虫害能力强	侧柏、垂柳、珍珠梅、杨
行道树	树冠整齐，冬天落叶，耐修剪，抗病虫害能力较强	杨、槐、合欢、柳、银杏、棕榈、椰树

（2）植物的间距　植物栽植要满足间距要求，见表2-5。

表 2-5　植物栽植参考间距

栽植类型		栽植间距/m
行道树		4.0~6.0
乔木群栽		2.0
乔木与灌木相间		0.5
双行行道树（棋盘式栽植）		间距：4.0；行距：3~5
灌木群栽	大灌木	1.0~3.0
	中灌木	0.75~1.5
	小灌木	0.3~0.8

植物与建筑物、构筑物也应该保持一定的间距，以免与地上边界及地下管线相互干扰。植物与建筑物、构筑物的水平距离见表2-6。

表 2-6　植物与建（构）筑物的水平距离

建（构）筑物名称	至植物的最小间距/m	
	至乔木中心	至灌木中心
有窗建筑物的外墙	3.0	1.5
无窗建筑物的外墙	2.0	1.5
挡土墙角	1.5	0.5
人行道边	0.75	0.75

（3）与建筑的空间关系　树木荫地既可作为景观要素或天然的活动场地，又可作为空间组成或过渡部分，其轮廓形态也能与建筑在造型、虚实及方向上产生对比（图2-20、图2-21）。

为了美化环境，绿化还应与水体、建筑小品、地面铺装等很好地结合起来。

a) 建筑物分散于树林中

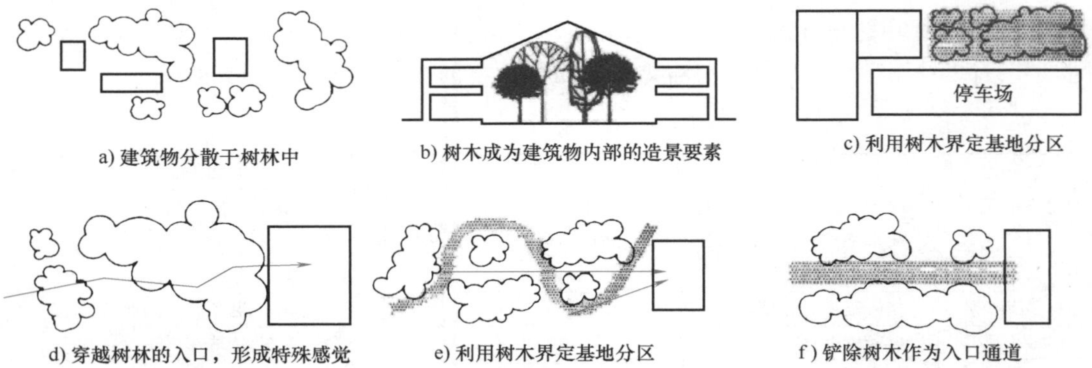

b) 树木成为建筑物内部的造景要素

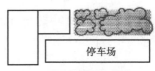
c) 利用树木界定基地分区

d) 穿越树林的入口，形成特殊感觉

e) 利用树木界定基地分区

f) 铲除树木作为入口通道

图 2-20　树木与建筑的平面关系

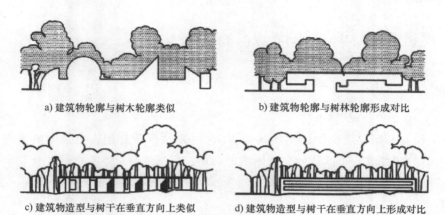

a) 建筑物轮廓与树木轮廓类似　　　　b) 建筑物轮廓与树林轮廓形成对比

c) 建筑物造型与树干在垂直方向上类似　　d) 建筑物造型与树干在垂直方向上形成对比

图 2-21　树木与建筑的立面关系

4. 建筑小品

在绿化环境布局中，依照公共建筑的不同性质，结合室外空间的构思意境，常以各种具有装饰性的建筑小品，突出室外空间环境构图中的某些重点，起到强调主体建筑、丰富空间艺术的作用。

建筑小品是指建筑群中构成内部空间与外部空间的那些建筑要素，是一种功能简明、体量小巧、造型别致并带有意境、富于特色的建筑部件，包括城市家具、种植容器、绿地灯具、污物储桶、环境标志、围栏护柱、小桥汀步、亭廊花架、雕塑壁画、喷泉水池等。它们的艺术处理、形式美的加工，以及与建筑群体环境的巧妙配置，都可构成一幅幅具有一定鉴赏价值的画面，形成隽永意匠的建筑小品。

建筑小品在室外空间环境中的作用主要有四个方面：

（1）利用建筑小品强调主体建筑物　在建筑群体布局中，结合建筑物的性质、特点及外部空间的构思意图，常借助各种建筑小品来突出表现外部空间构图中的某些重点内容，起到强调主体建筑物的作用。

（2）利用建筑小品满足环境功能要求　例如：庭院中的一组仿木坐凳，它不仅可供人们在散步、游戏之余坐下小憩，它还是外部环境中的一景，丰富了环境空间；小园中的一组花架，在密布的攀缘植物覆盖下，提供了一个幽雅清爽的环境，并给环境增添了生气。

（3）利用建筑小品分隔与联系空间　在建筑群外部空间的组合中，常利用建筑小品来分隔与联系空间，从而增强空间层次感。在外部空间处理时使用一片墙或敞廊就可以将空间分成两个部分或是几个不同的空间，在该片墙上或廊的一侧开景窗或景门，不仅可以使各空间的景色互相渗透，还可以增强空间层次感，达到空间与空间之间具有既分隔又联系的效果。

（4）利用建筑小品作为观赏对象　建筑小品在建筑群外部空间组合中，除了具有划分空间和强调主体建筑等功能，有些建筑小品自身就是独立的观赏对象，具有十分引人的鉴赏价值。对它们的恰当运用，精心地进行艺术加工，使其具有较大的观赏价值，可大大提高建筑群外部空间的艺术表现力。

当然，建筑小品也不可滥用，要符合总体设计的意图，结合环境空间布局的需要，根据建筑群外部空间的类型、性质及规模等，采用恰当的建筑小品的风格和形式，力求达到锦上添花的效果。

2.2 公共建筑总体环境布局的策略

2.2.1 建筑与环境

1. 环境的概念和分类

《中华人民共和国环境保护法》中明确指出："本法所称环境，是指影响人类生存和发展的各种天然的和经过人工改造的自然因素的总体，包括大气、水、海洋、土地、矿藏、森林、草原、湿地、野生生物、自然遗迹、人文遗迹、自然保护区、风景名胜区、城市和乡村等。"

环境既包括以空气、水、土地、植物、动物等为内容的物质因素，也包括以观念、制度、行为准则等为内容的非物质因素；既包括自然因素，也包括社会因素；既包括非生命体形式，也包括生命体形式。按环境的属性，通常可将环境分为自然环境、人工环境和社会环境。

自然环境（natural environment）是指未经过人的加工改造而天然存在的环境。自然环境按环境要素，又可分为大气环境、水环境、土壤环境、地质环境和生物环境等，主要指地球的五大圈——大气圈、水圈、土圈、岩石圈和生物圈。

人工环境（artificial environment）是指在自然环境的基础上经过人的加工改造所形成的环境，或人为创造的环境。人工环境与自然环境的区别，主要在于人工环境对自然物质的形态做了较大的改变，使其失去了原有的面貌。

社会环境（social environment）是指由人与人之间的各种社会关系所形成的环境，包括政治制度、经济体制、文化传统、社会治安、邻里关系等。

按环境的层次可以分为宏观环境、中观环境和微观环境。

2. 建筑与环境的关系

建筑是不能孤立存在的，它必然处于一定的环境之中，不同的环境会对建筑产生不同的影响。建筑师在设计建筑的时候必须周密地考虑建筑与环境之间的关系，力图使所设计的建筑能够与环境相协调，甚至与环境融合为一体。做到这一点就意味着已经把人工美与自然美巧妙地结合在一起，相得益彰，从而可以大大提高建筑艺术的感染力。反之，建筑与环境的关系处理得不好，甚至格格不入，不论建筑本身如何完美，都不可能取得良好的效果。

加拿大建筑师阿·埃里克森曾说过"……环境意识就是现代意识"，因此在研究与思考问题时，首先应把公共建筑的空间和环境之间的关系摆正，方能探索建筑空间与环境的问题。世界现代派第一代建筑大师勒·柯布西耶（Le Corbusier）对这个问题分析道："……对空间的占有是存在的第一表征；然而任何空间都存在于环境之中，故提高人造环境的物理素质及其艺术性，就必然成为提高现代生活质量的重要构成因素。"公共建筑的空间组合不能脱离总体环境孤立地进行，应把它放在特定的环境之中去考虑单体建筑与环境之间的关系，即考虑与自然的和人造的环境特点相结合，才有可能将建筑融于环境之中，做到两者水乳交融、相互储存，凝结成为不可分割的完美整体。在设计时，除了与周围的广场、道路、建筑、绿化、小品等要素应有密切的联系与组合，还应考虑周围的自然条件，如地形、地貌、朝向、风向等因素的影响，这些相互联系又相互制约的因素，通常又是公共建筑室内外空间组合不可缺少的依据条件。

3. 公共建筑设计的环境策略

公共建筑的总体环境布局是带有全局性的问题，应从整体出发，综合考虑空间的各种因素，并使这些因素能够取得协调一致、有机结合。单体建筑对于整体布局来说，是一个局部性的问题，按照局部服从整体的设计方法，通常在考虑建筑设计方案时，总是先从整体布局入手，解决全局性的问题，继而解决局部性的问题，只有这样才能使单体设计有所依据。当然随着局部问题的深入发展，也要修正总体设计方案的缺欠，使总体布局与局部设计相协调。经过这样的反复推敲，随着设计思路不断地深入发展，有可能引发出建筑创作思路灵感的爆发，继而能够创造性地捕获到较为优秀的和个性突出的设计方案。

公共建筑室外空间环境设计，概括起来有三个方面，即利用环境、改造环境与创造环境。当然，这三个方面不一定单独出现，也不一定同时出现，而应视具体情况而定。有的利用原有环境成分多一些，有的则需要更多地对原有的环境进行改造，也有的对原有的环境既利用又改造，甚至为了使总体布局更加完整，还需要创造环境。总之，无论处于哪种情况，都需要把建筑与周围的空间环境设计成为一个统一的整体，使之尽量完美。

2.2.2 利用环境的有利因素

1. "因"与"借"的辩证关系

通常我们说在设计中要充分利用环境中的固有特色，是指以全局的观念，提炼空间环境有利的因素，为当今的建筑创作服务，也就是造园学说中的因与借的辩证关系。早在17世纪，我国著名的造园家计成在《园冶》一书中曾指出过，造园要"巧于因借，精在体宜"，欲得其"巧"，就需要下一番取其精华、去其糟粕的功夫。如计成所云"俗则摒之，嘉则收之"的精粹所在，只有达到"摒俗收嘉"，才能使室外环境的空间布局收到得体合宜的效果。

在对环境的"因借"过程中常常出现两种倾向，一是强调客观的"因"而忽视主观的"借"，在环境设计中听任自然条件的支配，这必然使总体布局陷于自然主义或僵化呆板的地步；二是忽视客观的"因"，即自然景观中的有利因素，追求脱离环境氛围随心所欲的所谓"设计意图"，这样会使室外环境的空间组合产生矫揉造作、故弄玄虚的不良后果。这两种片面倾向，都会损坏室外环境空间的协调统一。正确的因借关系，或者说利用环境的正确途径，乃是在充分考虑公共建筑本身的基础上，运用周围自然环境景观的特点，使室外环境的空间组合达到水乳交融、有机联系的境界。

2. 环境条件的利用要素

（1）绿化 好的绿化要尽量保留，特别是古树严禁砍伐，如北京和平宾馆（图2-22）。和平宾馆是一所普通标准的旅馆，位于城市中心附近较为隐蔽的小

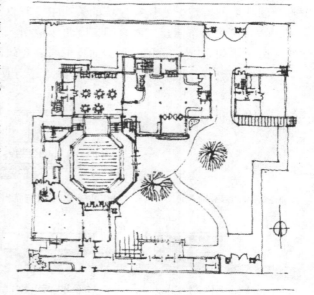

图 2-22 北京和平宾馆

街内，所处的地段异常狭窄。为了充分利用这一地形的特点，主体建筑采用了"一"字形布局，与前边的低层餐厅组合成为一个整体。前院留有一定的庭院空间，大楼后边设有停车及供应物品的场所。前后院的空间通过主楼东侧的过街楼沟通，使总体环境空间布局主次分明，建筑位置适中，院落大小得体，绿化配置有趣，道路联系方便。尤其在前院入口处，保留了原有的两株大树，这样处理不仅充分利用了原有的环境条件，做到了"多年树木，碍筑檐垣，让一步可以立根……"的造园原则，而且起到了画龙点睛、亲切宜人及丰富环境的良好效果，是利用环境特色、突出主体建筑的良好范例。

（2）地形　如建设用地位于山区或坡地，则应顺应地势的起伏变化来考虑建筑的布局和形式。一般依山就势，如果安排得巧妙，不仅可以节省大量的土石方工程量，还可以使建筑高低错落，别有情趣（图2-23）。有些建筑师十分注重并善于利用地形的起伏来构思方案，建筑的剖面设计与地形配合得很巧妙，标高也极富变化，这种效果的取得往往和地形的变化有密切的联系。

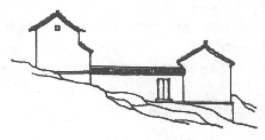

图 2-23　建筑对坡地的利用

当然，在利用地形的同时也不排除适当地予以加工、整理或改造，但这只限于更有利于发挥自然环境对建筑的烘托和陪衬作用。如果超出了这个限度，特别是破坏了自然环境中所蕴含的自然美，那么这种改造就只能起到消极的作用。

（3）水体　若场地内有水体，只要不影响卫生，对总体布置无大妨碍，便不要填为平地。一般情况下，室外环境中的山、水、石、木及空廊、墙垣、小径等小品均可与建筑体形相呼应。在建筑设计中，因水得佳景是常有的事。

水体作为建筑室外空间环境的构成要素，常与树木、植物和建筑小品一起完成用地内的室外空间环境的塑造。水体与建筑的关系主要有以下六种形式（图2-24）：①与建筑物自由交错；②几何化分布于建筑群之间；③将水域引入室内；④将建筑物延伸至水面上方；⑤将建筑横跨于水面之上；⑥利用水面的反射增强建筑的整体性。

（4）既有建筑　场地内的既有建筑如果还有使用价值，一般应尽量保留利用。新旧建

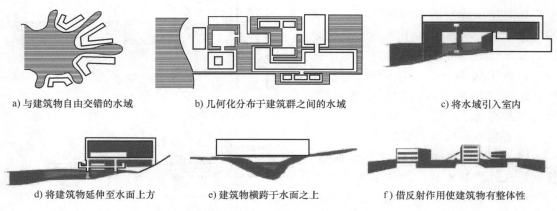

a) 与建筑物自由交错的水域　　b) 几何化分布于建筑群之间的水域　　c) 将水域引入室内

d) 将建筑物延伸至水面上方　　e) 建筑物横跨于水面之上　　f) 借反射作用使建筑物有整体性

图 2-24　场地中建筑与水体的关系

筑共存共处，或强调文脉的延续性，或
强调文化的多样性。如清华大学图书馆
（图 2-25），旧图书馆建于 20 世纪初，
采用的是欧洲古典主义风格，构图完
整，比例匀称，尺度亲切，色调淡雅，
环境静谧。新馆扩建在旧馆西翼。采用
了相似的比例尺度与形体组合手法，但
更新颖。两部分水乳交融，更显出旺盛
生机。

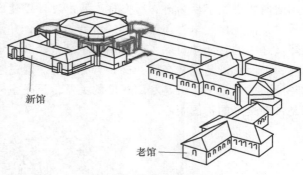

图 2-25　清华大学图书馆

（5）文物古迹　如果场地内有文
物古迹，需要重点保护，不能破坏或损害；如场地内有非文物的历史建筑，则应在充分调
研，确定其价值的前提下，根据当地政府的相关政策规定审慎制定保护与再利用方案，不能
任意拆除和改造。此外，在历史地段建造新建筑应充分尊重地段的历史环境，新建筑不能喧
宾夺主，应自然"织补"进既有地段，实现历史地段的再生。

3. 环境条件的利用方式

1）借助室外空间中的园林处理来延伸室内空间，构成一个综合的统一体。

在室外空间环境中，举凡山、水、
石、木及空廊、墙垣、小径等小品均可
与建筑体形相呼应，形成具有一定意境
的室外空间系统，使室内外空间相互渗
透、相互延伸、相互因借，达到景中有
室、室中有景的效果。广州东方宾馆
（图 2-26）运用我国传统的造园手法，
使建筑与环境之间形成了一个有机的联
系。平面呈"]"形，北楼与旧楼错开，
以半开敞式布局作为过渡性的绿化空间，
新旧楼之间形成一个既宽敞又幽静的庭
院环境。院内布置了水池、叠石、曲桥、
小径、绿化等小景，不仅显得格外生动，
而且底层的空廊、休息厅、冷饮厅、游
艺区非常连贯，比较自然地延伸了空间，
使之内外呼应，变化有序，于有限中见
无限。

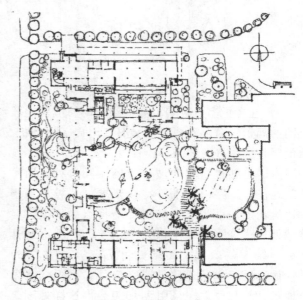

图 2-26　广州东方宾馆

2）在室外空间环境局部设计中，一般应以建筑为主，地段环境为辅，即环境布置只起
烘托作用。但有时主体建筑本身就是室外环境中不可缺少的一个组成部分，常可形成室外环
境中的重点。

广西桂林的月牙楼（图 2-27）是七星岩公园中的一个主要建筑，是主要游程中间的休
息站和餐饮点，位于普陀、骆驼、辅星、月牙诸山的腹地，是游人的主要活动场所，也是全
园的构图中心，又是公园入口的对景。另外，这一带山腰旧有的凉亭、岩洞、奇石皆隐匿于

古木浓荫之中，不易为游人所发现。所以月牙楼建成后，不但可以吸引游人，提高游览的景观效果，而且建筑本身还起到借景增色的作用，并使室外空间达到添景增韵的境界。处在这样环境之中的月牙楼，除了满足用餐、品茶及观赏景观，在空间处理上还兼有开敞与幽邃的意趣，因而它既是疏林高阁，又是岩谷回廊。通过对月牙楼的分析可以看出，建筑与室外空间环境的关系，不仅仅是利用环境的关系，更是室外空间环境中不可分割的一部分，甚至可以是带动全局的构图中心。

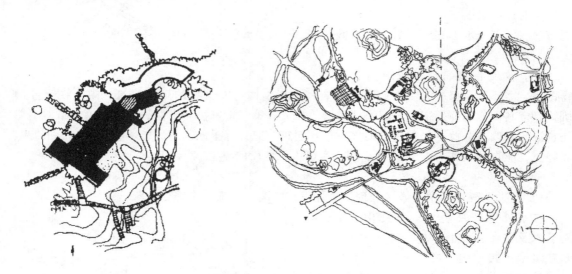

图 2-27 广西桂林的月牙楼

3）在考虑室外环境的空间组合时，应对地段周围的规划、道路及建筑等情况做出周密的分析，因地制宜地做好总体布局设计。

有的公共建筑建在城市道路交叉口处，为了满足地段、道路、街景等特殊要求，一般在不损害建筑功能的前提下，应以环境特点为依据，自然地处理建筑的空间与体形，使建筑与室外环境达到和谐统一的效果。天津贵和路中学（图 2-28）设计地段处于六条道路的交叉口处，为弧状三角形地形，因此教学楼采用 Y 形组合。这样处理既争取了好的朝向，又照顾了城市景观的完整性，达到了充分利用环境特点、丰富室外空间的目的。

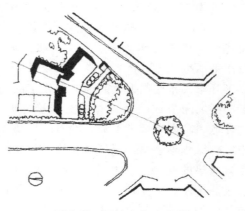

图 2-28 天津贵和路中学

总之，对于公共建筑来说，环境条件固然是个外部因素，但是室外空间组合能否有创造性，常常和利用环境的充分与否有关，要把握好"因"与"借"既是密不可分，又是相辅相成的特性，才有可能做好室外的环境设计。

2.2.3 改造和创造环境

在进行公共建筑室外空间的环境设计时，如果环境条件存在着一定的局限性，或多或少地与设计意图相矛盾，甚至有时环境现状与设计意图存在着极大的矛盾，这时就应强调在保留有利因素的基础上，着力改造原有环境中的不利因素，以适应环境设计的需要。古今中外对环境进行改造和创造的优秀建筑实例屡见不鲜。

1. 北京故宫

北京明清故宫，在创造空间环境气氛方面，是一个举世闻名而又异常突出的例子。故宫的总体布局，为了体现封建统治阶级威慑森严的意图，在室外空间中，创造了严谨对称的建筑空间环境。如图 2-29 所示，从正阳门到太和殿，长达 1700m 左右，安排了五座门和六个大小形状不同的封闭空间，其中天安门、午门及太和殿，是故宫建筑艺术处理上的三个高潮。这一系列组织室外空间的手法，是利用长的、横的和方的等不同形状的院落，与不同体形的建筑物相配合，构成不同气氛的封闭空间，使人们有节奏地由一个院落进入另一个院落，获得由低到高、步步紧扣的感觉。从空间构图的序列中，由南至北，前面是矮小的大清门，两侧是廊子，形成一个狭长低矮的空间。北端是一个横向展开的开阔的院子，北面矗立着高大的天安门，配以汉白玉的华表与金水桥，形成第一个高潮。继而入内，天安门与端门之间，是一个较小的方形院子，气氛顿觉收敛，然后又展现一个纵长的大院空间，以体形宏伟，轮廓多变

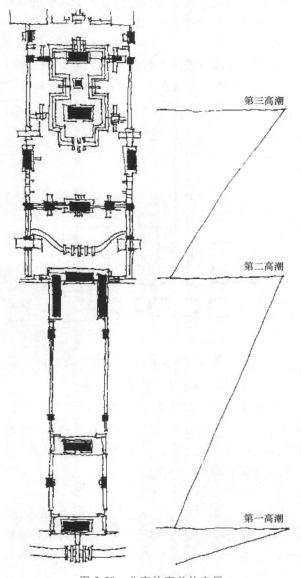

图 2-29　北京故宫总体布局

的午门构成第二个高潮。太和门前的横长院子，因不装点绿化，气氛极为肃穆。在院子两侧以高低错落、大小不同的建筑群，衬托北侧白石台基上雄伟壮丽的太和殿，形成了第三个高潮。从以上建筑群体布局中，可以看出室外空间的组合，为一定的设计意图创造环境的重要性。如上所述，为了有节奏地突出高潮，一般把前边的次要院子处理得较为窄小，建筑也安排得比较低矮，使之与主要建筑物之间形成鲜明的对比，以突出每一空间中的主题。

2. 布鲁塞尔国际博览会的德国馆

德国馆（图 2-30）由八个大小不同的方形场馆组成，依自然地形通过天桥，围成一个

比较生动活泼的庭园空间，使钢与玻璃筑成的展览馆建筑群，空间体形配合默契，庭园意趣盎然，有机地结合成一个整体。

3. 苏州留园

在运用造园技艺创造环境空间方面，我国古代的园林建筑尤为突出，以苏州园林留园（图 2-31）为例，可以看到我国古代建筑师和造园家在创造环境方面的卓越成就。

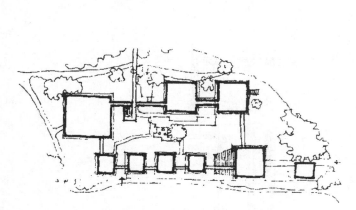

图 2-30　布鲁塞尔国际博览会的德国馆

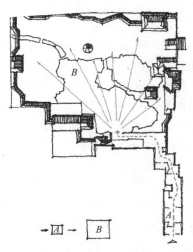

图 2-31　苏州留园

4. 上海西郊公园的金鱼廊

金鱼廊（图 2-32）以空廊围成半环状的开放空间，并在廊边堆以乱石，使观众在廊中观鱼的同时，观览庭园景色。同时廊子与湖边水榭相连，更增加了幽深而又丰富的意趣。这组新园既利用了湖边景色，又创造出新的环境，还运用了建筑空间的组合手段，创造了良好的休憩与观赏的室外环境。

5. 天津水上公园的茶室

茶室（图 2-33）位于水上公园的一处滨水地段，原始地段后侧虽有林木曲径，前有广阔水面，但是在水面的尽处，只能远眺对岸稀疏的景色，缺乏中景的层次感，若不对原有环境加以改造，势必造成单调乏味的后果。所以该设计在临湖一侧原有的窄长半岛端部设立花架，从而增添了湖中景色的层次，加之半圆茶厅延伸于水中，使游客在室内就能环顾水上碧波荡舟的生动景色，起到了开阔视野的作用。另外，茶室的室外造型也给广阔的湖面增添了观赏景点。

总之，建筑室外的具体环境条件，既有制约的一面，又有可利用的一面，也有经过加工改造可以创新的一面。在具体设计时，应对周围环境的基础条件做周密的调查与研究，从整体布局出发，充分利用环境的有利因素，排除其不利因素，根据需要改造环境，甚至创造环境，以满足设计创意的需求，使室外空间环境臻于完美。在解决问题的方法上，只能强调因地制宜与具体问题具体分析，这一点与画论中所说的"画有法，画无定法"的道理有不少相似之处。也只有这样，才能使公共建筑的室外空间环境设计得到较好的解决，沿袭这一思路探索室外空间环境问题，才有可能具有创造性。

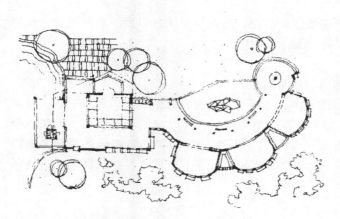

图 2-32 上海西郊公园的金鱼廊

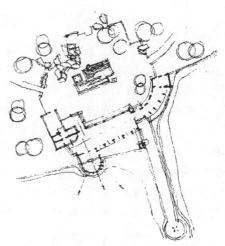

图 2-33 天津水上公园的茶室

2.3 公共建筑群体环境的空间组合

2.3.1 概述

建筑的群体组合是指把若干幢建筑相互结合组织起来，成为一个完整统一的建筑群体。通过组合所形成的室外环境空间，应体现出一定的设计意图和艺术构思，特别是对于一些大型的重点公共建筑，室外空间需要考虑观赏距离和范围，以及建筑群体艺术处理的比例尺度等问题。

合理的室外空间组合不仅能够解决室内各个空间之间适宜的联系方式，还可以从总体关系中解决采光、通风、朝向、交通等方面的功能问题和独特的艺术造型效果，并可做到布局紧凑和节约用地，产生一定的经济效益。

建筑群体组合的任务主要有以下三个方面：

1）根据具体的环境条件和城市规划的要求，统筹安排好地段内的各建筑物、道路系统、管网系统、绿化及各种场地，使之成为城市的一个有机组成部分。

2）根据各单体建筑的功能要求和它们之间的功能联系，确定它们的位置，使其都有良好的外部空间，解决好日照、通风、环境保护与安全等问题。

3）从整体到局部，创造良好的空间形象，以满足人们精神功能的需要。

实践证明，只有充分考虑整体环境的特色，才能处理好室外的空间关系。这是因为合理的总体布局，是取得紧凑的空间组合、良好的通风采光、适宜的日照朝向及方便的交通联系等的必要基础。另外，合理的总体布局能够使建筑与周围环境之间做到因地制宜、关系紧凑，从而具有一定的经济意义。再者，合理的总体布局，能够比较妥善地处理个体与整体在体量、空间、造型等方面的良好关系，使建筑与周围环境之间相互协调，既能为建筑创造优美的气氛，还能起到美化与丰富城市面貌的作用，这在建筑环境艺术问题上也是不容忽视的。

2.3.2 公共建筑群体空间布局的基本原则

建筑必须为人创造良好的、合乎卫生要求的环境，因此，解决好日照、通风问题，保护好环境，是公共建筑群体空间布局的基本原则。

1. 建筑日照

影响建筑日照的因素主要是建筑朝向和建筑间距。

（1）建筑朝向　按照地理位置，我国大多数地区为了获得良好的日照，建筑的朝向以南偏东、偏西15°以内为宜。南方地区要避免夏季西晒和东晒，所以建筑不宜朝西。如条件限制必须朝西时，建筑的平面组合或开窗方向可做适当调整（图2-34），或者采用绿化及遮阳设施来减少直射阳光的不利影响（图2-35）。严寒地区，为了争取日照和建筑保温，建筑可朝向南、东、西，主要使用空间不宜朝北。

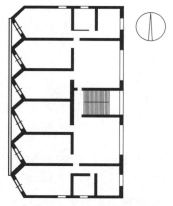

图 2-34　锯齿形的建筑平面

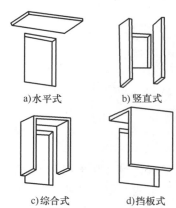

a)水平式　　b)竖直式

c)综合式　　d)挡板式

图 2-35　建筑的遮阳设施

图 2-34 所示为锯齿形的建筑平面，建筑朝西，为了防止西晒，建筑平面做锯齿形处理，窗朝西南向开，阳台也能起遮阳的作用。图 2-35 所示为建筑的遮阳设施，图 2-35a 为水平式遮阳，适用于南北向；图 2-35b 为竖直式遮阳，多用于东、西向；图 2-35c 为综合式遮阳，适用于东南和西南向；图 2-35d 为挡板式遮阳，适用于东、西向。遮阳有固定式、活动式两种，固定式多用钢筋混凝土制作，活动式可用布、竹、木及轻金属等制作。遮阳的形式和尺寸应根据地区、朝向、建筑功能确定，并同时考虑隔热、挡雨、通风、采光和立面处理等要求。

（2）建筑间距　为了争取冬季日照，改善房间的卫生条件，建筑之间应满足日照间距的要求。一般计算以冬至日中午 12 时，正南方向太阳能照射到建筑底层的窗台高度为依据；寒冷地区，则以太阳能照射到建筑墙脚为依据（图2-36）。在具体确定日照间距时，还要根据地形、建筑朝向及城市规划要求等加以调整。

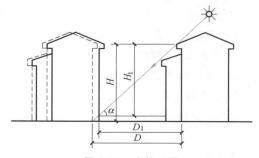

图 2-36　建筑日照

H—前排建筑檐口至地坪的高度

H_1—前排建筑檐口至后排建筑底层窗台之间的高度

D—太阳照到后排建筑墙角时的日照间距　D_1—太阳照到后排建筑底层窗台时的日照间距　α—当地冬至日中午太阳高度角，$D_1 = H_1/\tan\alpha$；$D = H/\tan\alpha$

2. 自然通风

良好的通风能给室内提供新鲜空气，在夏季还能降温除湿。在建筑室外空间设计中，自然通风要解决好以下三个主要问题：

（1）确定建筑朝向　除了要考虑日照，通风也是选择朝向的重要因素。对于单幢建筑，其朝向最好能垂直于夏季主导风向。如果建筑为Ⅱ形、Ⅲ形，则开口宜垂直于夏季主导风向。

（2）选择房屋的间距　当建筑垂直风向前后排列时，为了使后排建筑有良好的通风，前后排建筑距离视具体情况，最小值为（4~5）H，H 为前排建筑高度。但实际上这样的距离很难满足，所以常将建筑与夏季主导风向成 30°~60° 布置，使风进入两房屋之间，再形成房屋的穿堂风。这样，建筑间距可缩小到（1.3~1.5）H。

（3）选择适当的建筑排列方式　当建筑数量很多时，排列方式对建筑群内的通风影响很大。应当使夏季的风能顺畅地进入建筑群。而在严寒地区，则应减少冬季寒风的侵袭（图 2-37）。

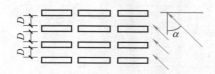

a) 建筑群采取行列式布置，α 为风的入射角，D 为通风间距

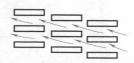

b) 建筑群采取行列式布置，但如果左右错开，风斜向送入，通风效果会更好

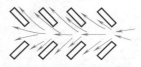

c) 建筑斜向布置，有利于自然风的引入

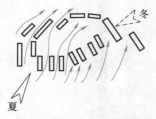

d) 严寒地区在建筑群布置时，既要有利于夏季风的引入，又要阻挡冬季寒风的侵袭

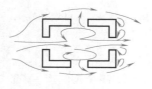

e) 当采取封闭式布置时，容易产生涡流，对通风不利

f) 行列式布置，与夏季主导风平行，室外通风好，但不易在室内形成穿堂风

图 2-37　建筑群的自然通风

3. 环境保护与安全

环境污染包括大气污染、水污染、土壤污染、生物污染、热污染、光污染、噪声干扰等，它们都会给人们的生产、生活带来危害，影响人们的健康。安全问题包括防火、防爆、防地震、防洪、防盗等，其中尤以防火、防爆为主。这些问题在外部空间设计中应妥善解决。

（1）合理布局　污染源、易燃易爆的建筑应布置在全年主导风的下风向，废水排放应在水流的下游，并对它们做相应的卫生处理或防护处理。较大的振动源和噪声源与其他地段要隔离，其防护距离应遵守有关的设计规范。当地段上有高压线穿过时，必须按规范规定设置防护走廊。

（2）设置防护绿带　在污染源、振动源、噪声源与其他地段之间宜设置防护绿带。这些防护绿带最好能与地段的景观设计结合起来。在有火灾危险的地段，不应栽种易燃树木。

（3）遵守《建筑设计防火规范》的有关规定 为了防止发生火灾时火势蔓延，以及保证疏散、消防所必需的场地，房屋之间应留出防火间距（表2-7、表2-8）。另外，街区内的道路应考虑消防车的通行，两道路中心线间距不宜超过160m。当建筑物的沿街部分长度超过150m或总长度超过220m时，均应设置穿过建筑物的消防通道。消防车道穿过建筑物的门洞时，其净高和净宽不应小于4m，门垛之间的净宽不应小于3.5m。超过3000个座位的体育馆、超过2000个座位的会堂和占地面积超过3000m²的展览馆等公共建筑，应设环形消防车道。建筑物的封闭内院，如其短边长度超过24m，应设有进入内院的消防车道。消防车道的宽度不应小于3.5m，道路上方遇有管架、栈桥等障碍物时，其净高不应小于4m。尽头式消防车道应设回车道或面积不小于12m×12m的回车场。沿街建筑还应设连通街道和内院的人行通道（可利用楼梯间），其间距不宜超过80m。

表2-7 民用建筑之间的防火间距 （单位：m）

建筑类别		高层民用建筑	裙房和其他民用建筑		
		一、二级	一、二级	三级	四级
高层民用建筑	一、二级	13	9	11	14
裙房和其他民用建筑	一、二级	9	6	7	9
	三级	11	7	8	10
	四级	14	9	10	12

注：1. 相邻两座单、多层建筑，当相邻外墙为不燃性墙体且无外露的可燃性屋檐，每面外墙上无防火保护的门、窗、洞口不正对开设且该门、窗、洞口的面积之和不大于外墙面积的5%时，其防火间距可按本表的规定减少25%。

2. 两座建筑相邻较高一面外墙为防火墙，或高出相邻较低一座一、二级耐火等级建筑的屋面15m及以下范围内的外墙为防火墙时，其防火间距不限。

3. 相邻两座高度相同的一、二级耐火等级建筑中相邻任一侧外墙为防火墙，屋面板的耐火极限不低于1.00h时，其防火间距不限。

4. 相邻两座建筑中较低一座建筑的耐火等级不低于二级，相邻较低一面外墙为防火墙且屋顶无天窗，屋面板的耐火极限不低于1.00h时，其防火间距不应小于3.5m；对于高层建筑，不应小于4m。

5. 相邻两座建筑中较低一座建筑的耐火等级不低于二级且屋顶无天窗，相邻较高一面外墙高出较低一座建筑的屋面15m及以下范围内的开口部位设置甲级防火门、窗，或设置符合现行国家标准《自动喷水灭火系统设计规范》GB 50084规定的防火分隔水幕或《建筑设计防火规范》第6.5.3条规定的防火卷帘时，其防火间距不应小于3.5m；对于高层建筑，不应小于4m。

6. 相邻建筑通过连廊、天桥或底部的建筑物等连接时，其间距不应小于本表的规定。

7. 耐火等级低于四级的既有建筑，其耐火等级可按四级确定。

2.3.3 公共建筑环境空间组合的类型

公共建筑群体空间组合一般分两种情况：一是某些类型的公共建筑在特定的条件下（如地形特点、建筑性质等），需要采用比较分散的布局而产生的群体空间组合；二是以公共建筑群组成各种形式的组团或中心，如城市中的市政中心、商业中心、体育中心、展览中心、娱乐中心、信息中心、服务中心及居住区中心等的公共建筑群等。

1. 分散布局形成的空间组合

有的公共建筑类型，因其使用性质或其他特殊要求，需将整个建筑功能和空间划分成若干单独的建筑进行组合，使之成为一个完整的室外空间体系，如医疗建筑、交通建筑、博览建筑、游览建筑等。

（1）医疗建筑　大型医院的建筑群，为了防止相互感染，争取较好的通风与朝向，创造益于医疗的绿化环境，多数采用分散式的空间组合形式（图2-38、图2-39）。大型医院的院区一般将门诊部、住院部、辅助部分及供应管理等划分成若干单独的建筑，并把它们有机地组织起来，构成一个既能隔离又能联系的整体医疗环境。如北京积水潭医院总平面布局能比较突出地反映这个特点（图2-40）。

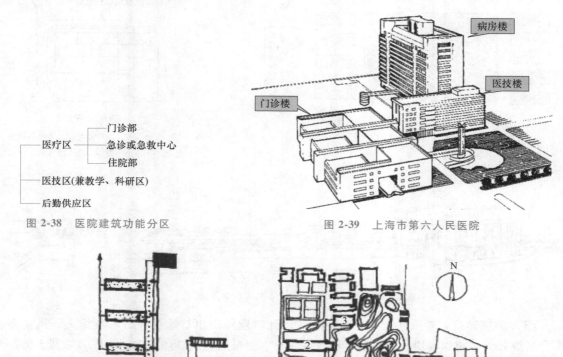

图2-38　医院建筑功能分区

图2-39　上海市第六人民医院

图2-40　北京积水潭医院总平面布局

1—门诊部　2—住院部　3—营养部

（2）交通建筑　交通建筑在总平面布局时要分区明确，使用方便，流线简捷，避免旅客、车辆及行李流线的交叉。汽车站的总平面布置应与城市交通干道密切配合，主要使用房间应位于旅客主要出入口的最前端；应与站房紧密结合，明确划分车流、客流路线，停车区域、活动区域及服务区域，确保旅客进出站路线短捷流畅（图2-41、图2-42）。

在外部空间环境塑造方面，塘沽火车站结合地段不对称的环境特点，采用分散的空间组合形式，在总体布局中通过空间与体形的处理，使建筑群与站前广场和站场比较自然地结合起来，并在建筑群之间布置庭园绿化，借以增强建筑环境空间的层次感（图2-43）。

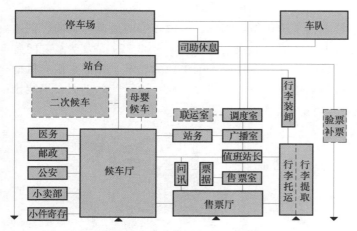

图 2-41　汽车站站务功能关系

图 2-42　重庆南坪汽车站平面
1—站前广场　2—站房　3—停车场　4—值班室
5—进出站口　6—食堂　7—修车台

图 2-43　塘沽火车站建筑群体组织

（3）游览建筑　游览性质的公共建筑在设计时应体现出造型优美、环境怡人、风格多样、活泼开朗、趣味健康、统一和谐的效果，有时也采用建筑群体的空间形式，以利于创造良好的休闲环境。游览建筑在建筑群体组合时，应紧密结合周围环境的特点，使周围环境与建筑群之间密切配合。例如：濒临湖边以求水映倒影、垂荫涟漪、相依相衬的效果；倚山傍谷以取丛林险露、幽深莫测、叶动惊鸟之境；处于山顶之巅则显其盘山径取、凌空俯瞰、招云揽雾之势。总之，在考虑游览建筑室外空间组合时，应掌握灵活多变、自由得体、变化中求统一的原则。传统建筑中的苏州网师园和现代建筑中的武汉东湖水族馆都是游览建筑室外空间组合的佳作（图 2-44、图 2-45）。

图 2-44　苏州网师园的空间布局

比较灵活的室外空间组合方法，不仅限于游览建筑，其他如疗养性的公共建筑群、风景区接待服务性质的建筑群等，为了创造轻松活泼的气氛，也常采用这种方法；又如展览陈列

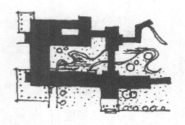

图 2-45　武汉东湖水族馆的空间布局

性质的建筑群常采用廊子、矮墙等手段，将分散的建筑群体组织在一起，达到和谐统一的效果。

在采用灵活开敞的室外空间组合形式时，须防止松散，应以紧凑的空间布局与优美的艺术气氛，作为设计的探索与追求的目标。

2. 建筑群形成的组团和中心

随着文明的进步和社会的发展，城市中出现各种具有不同功能的街区和中心，这些街区和中心以相同或相近功能的建筑群通过各种空间组合方式组织而成，有的甚至发展成为城市的功能区。这些组团和中心比较常见的有商业中心、体育中心、博览中心、文化中心、科技中心、市政中心等。

（1）商业中心　商业服务中心一般包括影剧院、百货商店、超级市场、冷饮店、照相馆、邮电局、书店等。为了满足人们活动的需要，在环境空间的中心地带，常安排广场、绿地、喷水池、建筑小品等休息活动空间。在进行室外环境设计时，应注意街景的轮廓线及欣赏点的造型处理，巧妙地安排绿化、雕塑、壁画、亭廊、路灯、招牌等设施，以体现室外空间组合的设计意图。

图 2-46 所示为某城市商业中心的设计，在总体布局中有电影院、商店、食品店、报刊亭等公共建筑群。该建筑群的组合手法采用了内广场的布局形式，步行区与车行道有明确的划分，实现人车分流。中心的群体建筑空间有大有小、有疏有密，体形有长有短、有方有圆，使整体的室外空间富于对比与变化和韵律强烈的节奏感。

瑞典斯德哥尔摩卫星城魏林比的商业中心也是典型的群体建筑空间组合的例子（图 2-47）。该中心占地 700m×800m，在步行道路系统中，安排了两个大型百货商店、70 个小型商店、饭馆、咖啡馆、照相馆和商业办公建筑等。距离商业中心不远，还布置了两座电影院、一座剧院、一座供晚会或集会用的厅堂建筑、一个诊疗所和一幢图书馆，其次还安排了一个供 400 辆汽车停放用的三层地下车库。该中心的室外空间同样显现出高低、大小、长短的体量对比与变化，并具备统一协调的整体性。

（2）体育中心　由于体育建筑的空间与体形及所需要的环境都具有异常的独特性，所以城市中的体育中心具有其他各种城市中心所不具备的独特形式。

伊朗德黑兰第七届亚运会体育中心（图 2-48）是一个典型实例。该中心距离德黑兰 14km，背靠海拔 5600m 的德马万德山，中间有一个水色碧绿的人工湖，四周环以高速公路，环境优美怡人。该体育中心可分为三个部分：第一部分是以运动场为核心的主体建筑群，第

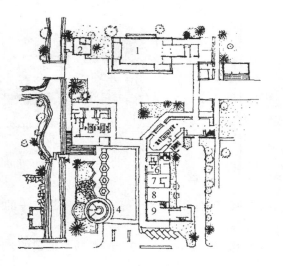

图 2-46　某城市商业中心

1—电影厅　2—茶室　3—食品商店　4—报刊亭

5—百货商店　6—书店　7—理发店

8—照相馆　9—饭店

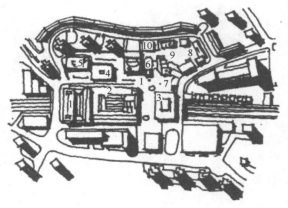

图 2-47　魏林比的商业中心

1—商店　2—商业中心　3—商店与地下车站

4—底层商店和诊疗所　5—剧院　6—电影院

7—会议厅　8—市政厅　9—图书馆　10—青年俱乐部

二部分是五个比赛馆组成的建筑群，第三部分是射击场群体布局。在这个总体布置中，显然第一部分最为突出，它以一条宽阔笔直的大道为主轴，将庞大的运动场与正门联系起来，给人以雄壮有力的感受。在林荫大道两侧错开布置了游泳馆、新闻中心及体育馆等建筑群，室外空间环境开阔豁达而又轻松活泼，突出地表现了体育建筑的性格特征。综上分析可以看出，在群体建筑室外环境的空间组合中，建筑物的多寡不是实质性的问题，关键在于空间组合方法要有条理性与创造性。

日本东京代代木游泳馆与球赛馆（图 2-49，见书前彩图）是体育中心的建筑群范例，其总平面图如图 2-50 所示。该建筑群中两建筑遥相呼应，构成完整的统一体。其中游泳馆容纳 15000 个座席，可兼做溜冰及日本柔道运动场地之用，屋顶是一个巨大的悬索结构体系，室内看台比较自然地形成倾斜的半月形，球赛馆可供篮球与拳击比赛等项活动使用，可容纳 4000～5000 人。两座建筑虽然采用了现代的技术与材料，但在造型方面却体现了日本建筑的风韵。另外，从整体上看，两组屋顶相映成趣，而且屋顶向外伸出的部分，比较自然地形成门厅入口处的标志，并与通往座席的坡道相联系，突出了体育建筑群的特色。

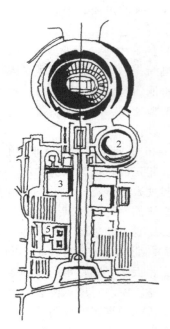

图 2-48　伊朗德黑兰第七届
亚运会体育中心布局

1—运动场　2—赛车场　3—游泳馆

4—体育馆　5—新闻中心

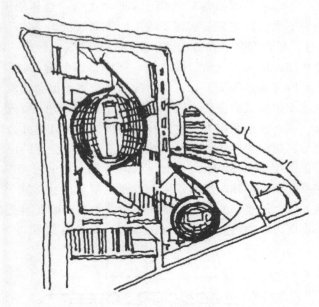

图 2-50 日本东京代代木游泳馆与球赛馆总平面图

（3）博览中心 博览建筑所构成的建筑群，特点虽然与上述商业中心、体育中心有某些共同性，但在性格及气氛上却有自身的特殊性。在设计时，需要密切结合展出的内容、形式及建筑技术的具体条件，组织室内外的空间与体形。

美国西雅图世界博览会（图2-51）是一个典型案例。该建筑群在总体布局中保留了原有的建筑，即市级礼堂、溜冰场、纪念性体育场和一个纪念碑。这个博览中心在室外空间组合设计中的突出特色是运用院落来组织空间。它利用院落将整个园区划分成若干个比较规则的空间，其中三组建筑群的分区极为清楚，即位于西入口处的"21世纪"世界展览馆、南入口处的美国科学展览馆和北入口处的作为西雅图市中心的公共建筑群，其中有剧院、展览馆、溜冰场和歌剧院等。在这三组建筑群中，无论是在功能分区与道路绿

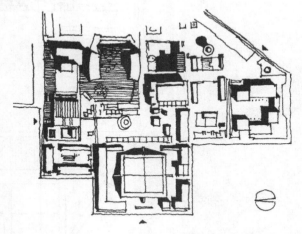

图 2-51 美国西雅图世界博览会总体布局

化布局上，还是在造型艺术处理上，都具有一定的独到之处。如高耸入云的瞭望塔与平缓连绵的展览馆，开敞的室外空间与封闭的庭园等形成的对比效果，均显得室外空间环境异常丰富，充分体现了博览建筑群轻松活泼的性格特征。

（4）市政中心 一些国家的市政中心采用群体建筑空间组合的形式。如加拿大多伦多市政厅（图2-52，见书前彩图），以两个弧状的高层办公楼环抱着一个圆形的大会议厅所组成的建筑群，居于一个长方形的台座上，并在台座下面布置了各类服务用房和车库，构成了

一个完整的空间体系。其总平面图如图 2-53 所示从性格上看，这样的组合方法与商业中心、体育中心及博览中心是不同的，它显然展现了端庄严肃的气氛。又如巴西的巴西利亚三权广场市政中心（图 2-54），将政府宫、高等法院、联邦院等建筑组合成一组建筑群环境，借以体现立法、行政与司法的象征。在三角形的广场空间中，每个角上各安排了一幢公共建筑，在三角形底部布置了政府宫和高等法院，三角形的顶部布置了国会建筑，这显然突出了国会建筑的重要性，再加之四周砌筑的虎皮石墙作为陪衬，更加表现出了极不寻常的壮观效果。其中政府宫分为四层，主要包括总统办公室、礼堂、接待厅和其他办公用房。其布局与室外空间环境的组合以及与三角形的广场处理极为统一和谐。而国会宫的设计尤为突出，将上院和下院两个集会场所布置在 200m×80m 的平台上，其一正一反的穹窿与 27 层高并联式的办公楼组合在一起，构成了新颖别致的造型效果。该建筑群显然在追求室外空间的对比效果，如高耸的办公楼与低平的会议厅、一正一反碗状厅堂、大玻璃墙面与乱石墙面质感等，这些都是丰富室外空间环境极为成功的艺术手法（图 2-55，见书前彩图）。

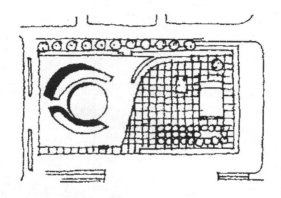

图 2-53　加拿大多伦多市政厅总平面图

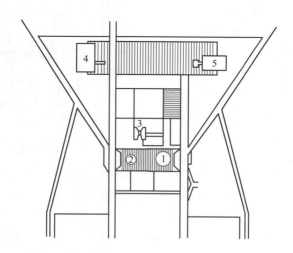

图 2-54　巴西利亚三权广场市政中心总平面布局

1—联邦院　2—参议院　3—办公楼　4—政府宫　5—高等法院

综上所述，公共建筑群体的空间环境所形成的各种类型的中心，在室外空间环境的组合设计时一般应遵循以下三条原则：

一是从建筑群的使用性质出发，着重分析功能关系，并加以合理的分区，运用道路、广场等交通联系手段加以组织，使总体空间环境的布局联系方便，紧凑合理。

二是在群体建筑造型艺术处理上，需要从性格特征出发，结合周围环境及规划的特点，运用各种形式美的规律，按照一定的设计意图，创造出完整而又优美的室外空间环境。

三是运用绿化、雕塑及各种小品等手段，增加群体建筑空间环境的艺术性，以取得多样统一的室外空间环境效果。

2.4 公共建筑场地设计

2.4.1 场地设计的概念与内容

1. 场地设计的概念

场地设计是指按照国家法律法规、技术规范及当地规划部门的要求和指标，根据建设项目的组成内容及使用功能要求，结合场地的自然条件和建设条件，综合确定建筑物、构筑物及其他各项设施之间的平面和空间关系，正确处理建筑布局、交通组织、绿化布置、管线综合等问题，使建设项目的各项内容或设施有机地组合成功能协调统一的整体，并与自然地形及周围环境相协调，设计出合理、经济、美观的场地总体布局方案。

场地设计具有很强的综合性，与设计对象的性质和规模、场地的自然条件和地理特征及城市规划要求等因素紧密相关，它密切联系着建筑、工程、风景园林及城市规划等学科，既是配置建筑物并完善其外部空间的艺术，又包括其间必不可少的道路交通、绿化布置等专业技术和竖向设计、管线综合等工程手段。

2. 场地设计的内容

场地设计主要涉及场地内主要建筑物及附属建筑物的布置、室外场地与道路的设计、场地的竖向设计、场地的绿化景观设计及场地的工程管线设计。不同的场地会有不同的设计要求与要点，针对不同的场地，必须全面调研，逐项分析，合理布局，使其适用、经济、美观，达到社会效益、经济效益和环境效益的统一。

一项建筑工程的场地规划和设计一般包括以下要素：建筑物（包括主要建筑物和附属建筑物）、道路交通系统（出入口、道路及停车场）、室外活动场地（广场、各种活动场地及服务场地等）、绿化景观设施（绿地、庭院、水系、山、石等）、管网系统（水、电、暖、风及信息系统）。

2.4.2 场地设计的要求与条件

影响和制约公共建筑场地设计的要求与条件主要有城市规划、相关建筑规范、设计任务书的要求及基地条件四个方面。

1. 城市规划的要求

建筑设计都是在城市规划、分区详细规划或控制性规划的指导下进行设计。城市中任何工程项目的设计，都需要得到规划局认可并画上建筑红线的地形图（一般地形图的比例以

1/1000~1/500 为佳），以及规划局对该项目所提出的规划要点。这些要点即规划设计的限定条件及要求，通常包括以下内容：

（1）用地性质和用地范围的控制　按照城市规划、分区详细规划或控制性规划，城市用地性质均是事前规划好的。它分为居住用地、商业用地、工业用地及文教、卫生及行政事业用地等，用地性质原则上是不能改变的。建筑师是在用地性质确定了的情况下进行建筑的设计。

用地范围的控制是由规划部门在地形图上画出的道路红线和要求基地各边界退让的建筑红线所限定。如图 2-56 所示是一个市图书馆工程设计项目所得到的地形图及规划要点所要求的建筑用地从边界退让的距离，剩下中间部分才是可以建造建筑的场地。该图书馆位于该市新城区文化广场的东北地块。基地大小：东西长 100m，南北长约 60m，西临广场，东、南、北三面面临城市道路，东西两边退让要求为 5m，南北两面要求各退让 3m。实际建筑用地范围则为 4860m² 。而且，建筑物退让道路红线是随着建筑物的高度而增加的，因此能建高层的建设区就更有限了，只有基地中间的一部分。

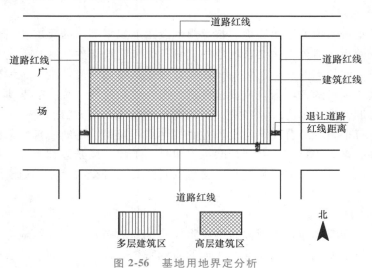

图 2-56　基地用地界定分析

（2）对用地强度的控制　规划对基地用地强度的控制是通过在规划要点中提出的相关指标［如建筑覆盖率（建筑密度）、建筑容积率及绿地覆盖率等］来体现的，建筑覆盖率和建筑容积率是提出最大值，绿化率是提出最小值，这样可使基地的土地使用强度（开发强度）控制在一个适当的范围内。

建筑覆盖率是指建筑底层占有的基地面积和基地总面积之比，一般以百分数（%）来表示，而且都要求百分比比例不要太大，以保证一定的绿地面积；公共建筑一般以不大于40%为宜；居住建筑以不大于30%为宜。

容积率是指地面上的建筑总面积（不含地下室建筑面积）与基地总面积之比。容积率越大，开发强度越大，反之则小。

绿地率是指公共建筑绿地和绿化场地之和的面积与基地面积之比。比例越高越好。现在的住宅区绿地覆盖率一般都要求在 35%以上。

（3）建筑高度的控制　城市规划部门对某个基地建筑高度往往提出限定要求，即高度不超过多少层或不超过多少米。其原因主要有以下几种情况：

1）航空高度的限定。建设场地在城市飞机航行线上，考虑飞机起落，有关航空管理部门对建筑高度提出了限定要求。

2）城市空间规划的要求。城市规划在不同的城市区域，根据城市用地的性质对建筑的高度也会提出一定的限高要求，如 24m 以下、30m 以下、50m 以下、100m 以下等。

3）高压线下建筑高度限定要求。根据 GB/T 50293—2014《城市电力规划规范》规定，城市架空电力线路接近或跨越建筑物的安全距离，在导线最大计算弧垂情况下应符合表 2-8 的规定。

表 2-8　架空电力线路导线与建筑物之间的安全距离

线路电压/kV	1~10	35	66~110	220	330	500	750	1000
垂直距离/m	3.0	4.0	5.0	6.0	7.0	9.0	11.5	15.5

4）在城市历史文化地段对新建建筑物的高度会提出一定的限定要求，如不超过地段的某个历史性的建筑物的高度等。

2. 相关建筑规范的要求

城市规划的要求是对基地使用方式和场地总体形态的控制，建筑设计规范的要求则是偏重于建筑物本身功能与技术要求，以及其与相邻场地和建筑物的关系上的限定。如建筑物的防火间距、消防车道、日照间距及建筑物朝向等要求。按照 GB 50352—2019《民用建筑设计统一标准》的规定，建筑物与相邻基地边界线之间应按建筑防火和消防等要求留出空地或道路，建筑物高度不应影响邻近建筑物的最低日照要求。这就是场地中建筑物布置与相邻基地关系的最基本的原则和方法。其他还有场地总体设计中有关消防通道的规定，可参见《建筑设计防火规范》等规范文件。

3. 设计任务书的要求

设计任务书的要求直接关系到投资者和使用者的切身利益，建筑师在设计前必须对建设单位（业主）提出的设计任务进行认真、周到、细微而全面的认识和了解，在规划设计中认真予以落实。这部分工作主要包含两个方面：

1）分析建设单位的一般要求和特殊要求。

2）分析内在要求与外在条件（基地条件）的矛盾，如建筑面积与场地大小的矛盾、基地方位与朝向的矛盾及朝向与景观方向的矛盾等。

4. 基地条件分析

（1）基地的区位　基地区位条件包括三方面：①基地在城市中的区位；②建筑在基地建成环境中的位置及周边建筑环境的状况（自然景点、人文景点等）；③基地周边的城市交通状况。

为了全面了解以上情况，在设计文件中除了基地地形图，还需了解该基地在城市中的位置、在建成区中的位置、周边建筑环境中的人文景观及自然景观的位置，以认识和了解设计对象与它们（建成的或规划中）的关系，了解城市交通网络中的交通状况等。通过以上认识以便能正确地确定设计对象在城市中、在建成环境中的地位与作用，以及认识它与周边建筑环境的关系，借此确定它在城市或基地建成环境中将扮演什么样的角色，是主角还是配角；正确地确定它的高度、体形和体量，乃至建筑造型；通过场地四周交通状况的分析，了解人流、车流的流量及来往方向，以确定基地对外的连接方式及人流、车流出入口的位置；如何规划基地内部道路，使之与城市道路交通网络有机地连接起来。

（2）基地的自然条件　基地自然条件对设计的影响是最直接和最具体的，对保护环境也是最重要的。这些条件包括以下五个方面：

1）基地的大小与形状。基地的大小和形状直接影响建筑物的体形、体量及其布局方式、方法，它与建筑容积率密切相关。当基地面积不大而建筑面积要求很大时，建筑布局必须采取紧凑的集中式布局，并尽可能向空中或地下发展；反之，建筑布局则可灵活自由一些。基地的形状如果是规整的，建筑布局相对比较容易，但也容易流于一般化布局；如果基地形状不规则，建筑布局相对就较困难一些，考虑的界面及四周的关系就复杂一些，但是它也可能激发某种赋有个性的建筑布置方式。

2）基地的地形与地貌。基地的地形和地貌是基地的形态特征。它是指地形的起伏，地面坡度大小、走向，地表的质地、水体及植被等情况。它们是有形可见的自然状况，对规划设计的影响具体而直接。规划设计中对基地的自然地形应以适应和利用为主，因地制宜进行设计。这样的设计可能比较复杂，但对环境景观的保护是有益的，既保护了生态环境，也经济合理。如果对自然地形进行较彻底的改造，用推土机将起伏的自然地形夷成平地，必将破坏基地的原始地形，带来巨大的土方工程量，使建筑造价大大增长。

地形对设计的制约作用巨大，它与地形自身的复杂度相关。当地形变化较小、地势较平坦、地块形状较规整时，它对设计的约束力就较轻，设计的自由度较大，建筑布局方式有较多的选择余地。反之，地形复杂、地形变化幅度增大，它对设计的约束力和影响力自然增强，它会影响到场地的建筑布局、建筑用地的分区、建筑物的定位与走向，影响内部交通组织方式、出入口的定位、道路的选线，影响广场及停车场等室外设施的定位和形式选择，会影响工程管网的走向、竖向设计和地面排水组织形式等。在地形复杂的条件下，对于场地的分区方式、建筑布局的空间结构关系，地形常常起着主导作用。

3）基地的地质与水文。基地的地质及水文情况也是设计者在规划设计前必须认真了解的。它包括地面以下一定深度土的特性、基地所处地区的地震情况、地表水及地下水的情况等。这些因素将影响建筑物的布局位置、建筑物的体量和形态及建筑造价等。如在地基承载力不高的基地上兴建高层建筑，会面临较高的造价和建筑下沉、开裂的隐患。

地震是不可避免的自然灾害。建筑规划和设计也必须考虑基地的地震强度及消防的要求。它影响着建筑物体形、体量的确定及结构方案的选择。基地中可能的不良地质现象有滑坡、断层、泥石流、岩溶及矿区的采空区等，它直接影响着建筑的布局。建筑物的布局一般宜避开这些地段，或采取相应的处理措施。

4）当地气候条件。在建筑面对的各种环境要素中，气候起着主导作用。气候一般指某一地区多年气候的综合表现，包括该地区历年的天气平均状态和极端状态。建筑是因气候而生，随气候而变的。建筑的原始功能就是为了给人类提供一个避风雨、避寒暑的庇护所。因而建筑与气候的关系天生而来、密不可分。各地的气候条件是各地建筑形态形成和演进的主导自然因素。不同的气候条件就要求有不同"庇护"方式，构成不同的"庇护"形态。气候的多样性必然造就建筑的多样性。特定地区的气候条件是地域建筑形态形成最重要的决定因素。

因此，任何公共建筑的规划与设计都应该充分地结合当地的气候条件，努力创造良好的小气候环境,特别是当地的常年主导风向。建筑物是集中布局还是分散布置,平面形态是敞开的还是封闭的,窗子开大点还是小点等,都应适应当地的气候特点,有关的建筑形态都要考虑寒冷或炎热地区的采暖保温或通风散热的要求。一般寒冷地区建筑物的布局宜采用封闭的集中式布局,比较规整和紧凑的平面形态可减少外墙长度,减少建筑物的体形系数,利于冬季保温;炎热地区的建筑宜采取开敞的分散式布局,这种平面形态有利于散热和自然通风。

5)基地及其周围建筑环境。建筑规划设计前除了了解、认识和分析基地的自然条件,还要对基地本身及其周围建筑环境(包括既有建筑物、道路、广场、绿化及地下市政设施等环境因素)有充分的了解和分析。这些"基地现状"都是影响和制约新规划设计的重要因素,甚至成为方案设计的决定因素。对待既有建筑物、道路、广场及绿化等是拆除还是保护,是保留原貌还是改造利用,是简单地保留还是新旧融为一体……这些都是设计时需要考虑的重要问题。

同样,基地的周边建筑环境也是对规划设计产生影响和制约的因素,包括基地周边的道路交通条件、建筑物的形态及城市肌理等。周围建筑环境影响着新建建筑物的布局形式、体形、体量的大小高低,乃至建筑物的形式、材料和色彩,以达到有机和谐。认识和分析了这些条件,就需进一步考虑新建筑与既有建筑环境的内在关联,是呼应、协调,还是对比、冲撞。不管采用何种关联方式,都不应该损害既有建筑环境,而应为其增色,更不应该影响周边建筑物的功能使用,如日照遮挡、噪声影响、有害气体污染等。

2.4.3　场地的平面设计

在总平面布置中,我们将场地作为一个有组织的结构,通过分析其构成元素的形态及元素之间的组织关系来确定场地的布局,使之更具有可操作性。总平面布置需要解决两个问题,一是确定各组成元素的形态,二是确定元素之间的组织关系。

1. 功能分区与布局

功能分区与布局是场地设计的重点,其主要任务是安排各种功能的空间领域。空间领域可分为人的领域和交通工具领域两大类,两类领域之间应相互隔离。人的领域又可分为运动用空间和停滞用空间两类。运动用空间供人散步、游乐、体育锻炼,停滞用空间供人静坐、眺望景色、交谈等。各种使用空间有自身的要求,应予满足,另外应处理好它们之间闹与静、清洁与污染等关系。

2. 建筑布置与流线组织

建筑应与场地有机地结合在一起,如文化气氛浓厚的场地周围宜布置图书馆、展览馆,商业场地周围应布置各类商店、饮食店,交通建筑前要有集散场地和停车场,住宅区内应有小孩和老人的娱乐休息场所。场地内的交通组织包括车行系统和人行系统,它们的设计也很重要。交通流线要安全、方便,人流、车流最好分开,并与城市的交通系统妥善衔接。交通流线是实现场地和建筑功能的重要保证。

3. 场地内的图底关系

图底关系理论、结构主义理论和文脉理论构成了20世纪建筑设计领域的三大整体理论。图底关系是总平面设计的一对重要关系,在建筑总平面设计中得到广泛关注和应用。图底理论(或称图形-背景分析、实空分析、虚实分析)主要研究的是作为建筑实体的

"图"和作为开敞空间的"底"的相互关系。它的理论基础主要来自格式塔心理学，又名完形心理学。

格式塔心理学认为，人的心理活动具有一种特殊的"整体性"的组织要求，即所谓的"格式塔性"。通过大量的心理实验，格式塔心理学首先提出一个假设，即人在观察事物时有一种最大限度地追求内心平衡的倾向，这是一种"格式塔需要"，也就是"格式塔性"。这种需要使得人在观看一个不规则、不完美的图形时总是倾向于将构图中的各种分离的要素朝着有规律性和易于理解的方向上重新组织。例如，如果不考虑数学上的原因，那么，两条呈85°或93°角的线段常常被看作是一个直角；轮廓线上有中断或缺口的图形也往往会自动地被补足成一个连续整体的完形，如图2-57中，不完整的圆形之间可以观察到一个完整的三角形。上述"格式塔需要"有时也被某些心理学家生动地称为"完形压强"。完形压强帮助我们发现图形从背景中分离出来的诸种条件和各种分离的要素组织成一个整体图形（完形）时所遵循的原则。例如，完形压强使得

图2-57 格式塔图形

图形的组织过程遵循着邻近原则、类似原则、共同命运原则、闭合原则、最短距离原则，以及连贯性、倾向性等原则。不难理解，作为一种观察方式，这些原则使得格式塔性具有两种基本特征：一是强调整体优先；二是与之相应的强调结构优先。

在总平面的设计中，人们经常出现的失误在于只将我们认为"有用的"方面（如建筑物实体所占据的位置及其轮廓特征，称为正形或"阳形"）展示给视觉，而对于与之相对应的建筑物之间的剩余空间（称为负形或"阴形"）却视而不见。显然，这是不符合格式塔性的。在当代建筑观念中，建筑内部空间与其外部空间具有同等的地位，这已经是一种共识。在建筑空间构图中，作为正形的"图"或作为负形的"底"有着不可分割的紧密联系，只有两者的结合才能真正构成一个"格式塔"。

日本现代建筑师芦原义信（1918—2003）在《外部空间论》（1960年）中曾把外部空间称为室内的"逆空间"，他认为可以这样幻想：把原来房子上的屋顶搬开，覆盖到广场上面，那么内外空间就会颠倒，原来的内部空间成了外部空间，原来的外部空间则成了内部空间。像这样内外空间可以转换的可逆性，在考虑建筑的室内外空间时是极具启发性的。建筑设计除了要考虑建筑内部空间，外部"逆空间"的大小、位置和图形特征也要满足设计意图，这无疑是合乎格式塔性的。如2000年在柏林举办的克利纳/策德尼克大街的住宅和商店设计邀请赛的前三名获奖作品（图2-58），一等奖方案成功之处在于外部空间设计（形态、尺度、完整性等）更能将环境中分离的各部分整合成一个整体。

在图底关系中，分离与划分是空间设计的基本手段。作为整体中的部分，封闭的面、面积较小的面都容易被看作是"图"而从背景中分离出来，而且每一个分离出来的重要部分都形成一个"局部整体"，从而又可以再次进行划分，这样在不同层次上构成了各自的图底关系。在更大的尺度，如街区、城市肌理中，图底关系的作用越发突出。如1856年由Frederick Law Olmsted 和 Calbert Vaux 两位风景园林设计师设计的纽约中央公园是一块完全人造的自然景观。公园宽800m、长4000m（占地约5000亩），由若干个层次分明的格式塔组合而成。城市级别、公园级别、内部绿地景观级别等，每个格式塔都是一个整体性组织系统

（图 2-59，见书前彩图）。

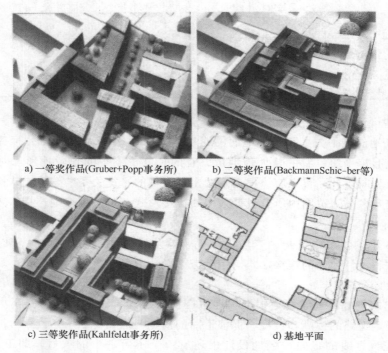

a) 一等奖作品(Gruber+Popp事务所)　　　　b) 二等奖作品(BackmannSchic-ber等)

c) 三等奖作品(Kahlfeldt事务所)　　　　d) 基地平面

图 2-58　2000 年克利纳/策德尼克大街的住宅和商店设计邀请赛前三名获奖作品

2.4.4　场地的竖向设计

1. 场地竖向设计要解决的问题

（1）场地的排水　场地排水有单面坡排水、双面坡排水、多面坡排水等。面积不大、地形坡向单一的场地，可单面坡排水。面积在 $1hm^2$ 以上的大中型场地，宜结合地形及道路情况采用双面坡或多面坡排水。场地排水一般采用雨水管系统，农村集镇也可用明沟。场地的分水线和汇水线宜尽可能平行于主要通道，并避免将汇水线布置在车辆和人流集中停靠、集散的地点，以防积水。雨水口应设在场内分隔带、导流岛和四周道路出入口的汇水处。当场地平坦，且一个方向尺寸在 100m 以上时，要根据当地降雨量计算，在场地中增设管线和雨水口。当主要通道排水坡向城市道路，且纵坡大于 0.4%，或通道与城市道路衔接处出现扭坡时，应考虑设置横向截流设施。雨水管的直径一般大于 300mm，纵坡应大于 0.3%。

（2）场地的坡度和标高　各种场地的适用坡度见表 2-9。当自然地形坡度大于 8%时，场地宜选用台地式。台地之间应用挡土墙或护坡连接。场地的标高一般应低于场地上主要建筑散水处的标高，并略高于相衔接的城市道路标高。当地形或现状条件限制而不能做到时，可提出修改衔接道路高程及设计坡度的建议；否则，就应在场地地面坡向主要建筑室外地坪最低点设置横向截流设施。

（3）场地的土石方平衡　在满足使用要求和排水要求的前提下，应尽量维持场地高程现状，以减少场地施工的土石方工程量。这样不但可以节约造价，也有利于保护环境。当确需填挖土方时，应尽量做到土石方平衡，避免异地取土、弃土。

表 2-9　各种场地的适用坡度

场地名称	适用坡度（%）		场地名称	适用坡度（%）
密实性地面和广场	0.3~3.0	室外场地	儿童游戏场	0.3~2.5
广场兼停车场	0.2~0.5		运动场	0.2~0.5
绿地	0.5~1.0		杂用场地	0.3~2.0
湿陷性黄土地面	0.5~7.0			

2. 场地竖向设计的主要任务

（1）确定场地的整平方式和设计地面的连接方式　建筑场地的情况会有各种各样的变化，有的场地地形较平缓，有的是坡地地形，有的是高低不平的丘陵地形。对于不同的场地，会有不同的竖向设计。首先应该根据工程土石方量的平衡关系、挖填方式确定场地的整平方式；其次应考虑场地范围内所有设计地面的连接形式，是采用坡地连接，还是采用台阶连接。

（2）确定各建筑物、构筑物、广场、停车场等设施地坪的设计标高　根据场地地形、场地的整平方式和设计地面的连接形式，综合考虑场地内各建筑物、构筑物、广场、停车场等设施地坪的设计标高。

（3）确定道路的标高和坡度　根据场地范围内各建筑物、构筑物、停车场等设施地坪的设计标高来确定道路的标高和坡度，保证道路的衔接与通畅。

（4）确定工程管线的走向　场地设计中还有一个不可缺少的项目，即工程管线系统，它包括各种设备工程的管线，如给排水管线、燃气管线、热力管线及强电、弱电电缆等。在场地设计阶段，应确定其铺设位置与走向，确保工程的安全性与合理性。

2.4.5　场地的道路设计

道路包括机动车道路、非机动车道路和人行道路。其功能应满足交通运输、安全防火、地面排水和市政管网敷设的要求。道路设计在建筑群体布置中是建筑与建筑地段、建筑地段与城镇整体之间联系的纽带，是人们在建筑环境中活动不可缺少的重要部分。

1）道路设计首先要满足交通运输的基本功能要求，要为人流、货流提供方便的线路，而且要有合理的宽度，使人流及货流获得足够的通行能力。运动场、车站、码头等建筑的道路设计，要特别重视人流的集散。商场、百货商店及旅馆等建筑的道路设计不仅要考虑人流，更要重视货物的运输。有许多建筑群时，要特别做好内部人流、货流的道路安排，如医院建筑的总体布置就要为病人、工作人员、污染物等提供分工明确的道路系统。

2）道路设计要满足安全防火的要求，要有符合消防要求的消防车道，使所有的建筑在必要时都有消防车可以到达。消防车道的道路宽度不小于3.5m，穿过建筑时不小于4m，净空高度不小于4m。建筑群内部道路的间距不宜大于160m；L形建筑的总长度超过220m时，应设置穿过建筑的车行道供消防车通过。连通街道与建筑内部院落的人行道，其间距不宜超过80m。

3）车行道的宽度应保证来往车辆安全、顺利地通行。车行道的宽度是以车道为单位的，决定车道宽度时要考虑车辆间的安全间隔，以及车辆与人行道间的安全间隔。一般，一条小汽车车道的宽度为3~3.2m，一条载重汽车和公共汽车车道的宽度为3.5~3.7m。为了便于提高行车速度和保证交通安全，车道常采用偶数。转弯半径是指在道路转弯或交叉口，道路内边缘的平曲线半径。小汽车和三轮车的转弯半径为6m，载重汽车的转弯半径为9m，而公共汽车和重型载重汽车的转弯半径为12m。采用尽端式道路布置时，为了满足车辆调头的要求，需要在道路的尽头或适当的地方设置回车场（图2-60）。

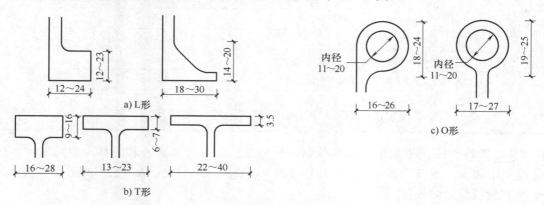

图 2-60　回车场的一般形式

4）道路设计要与城镇道路网有合理的衔接，要注意减少建筑地段车行道出口通向城市干道的数量，以免增加干道上的交叉点，影响城市的行车速度和交通安全。必要的车行道出口，要注意交叉角度与连接坡度，交叉角度以60°~120°为宜。道路交叉口应设圆弧形边缘，以满足车辆转弯的需要。

5）道路设计应满足建筑地段地面水的排除要求及市政设施管线的安排要求。道路必须有不小于0.3%的纵向坡度。

6）沿道路停车常采用三种形式（图2-61）。图2-61a中，停车方向与道路平行，这种方式所占的道路宽度最小，但在一定长度的停车道上所能停放车辆的数量比采用其他方式要少1/2~2/3。图2-61b中，停车方向与道路垂直，这种方式在一定长度的停车道上，能停放的车辆最多，但所占地带的宽度需达到9m。图2-61c中，停车方向与道路成一定的角度，采用这种方式停车，车辆停放、驶出最为方便，且所占道路宽度适中。

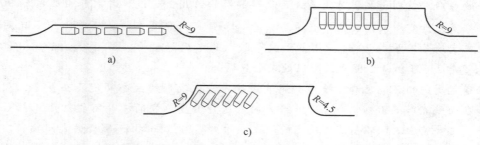

图 2-61　沿道路停车的常用形式（单位：m）

7）人行道一般布置在道路的两侧，个别布置在道路的一侧，人行道最好布置在绿化带与建筑红线之间，以减少灰尘对行人的影响，也可以保证行人的安全。人行道宽度是以通过的步行人数的多少为根据的，以步行带为单位，步行带宽度是指一个人朝一个方向行走时所需的宽度，通常采用0.75m作为一条步行带的宽度。根据若干城市建设的经验，人行道宽度（一侧）和道路总宽度之比为 1：5~1：7 比较合适（表2-10）。当人行道坡度大于6%时，应局部改做台阶式。

表 2-10　人行道宽度参考数据

项目	最小宽度/m	铺砌的最小宽度/m
设置电线杆与电灯杆的地带	0.5~1.0	—
种植行道树的地带	1.25~2.0	—
火车站、公园、城市交通终点站等行人集聚的地段	7.0~10.0	—
处于主干道上的大型商店及公共文化机构的地段	6.5~8.5	6.0
处于次干道上的大型商店及公共文化机构的地段	4.5~6.5	4.5
一般街道	1.5~4.0	1.5

8）在道路红线（限制建筑物的控制线）范围内，常要布置各种管线，包括给水、排水、电气、燃气、通信等，它们都有其自身的技术要求。建筑设计人员应与相关技术人员配合，完成管线综合的任务。

拓展阅读

植物对于绿色建筑环境的贡献

作为生态系统中的生产者（producer），植物以其强大的生产力发挥着调节温度、湿度、气流，净化空气，防噪，净化水体土壤，涵养水源，保护生物多样性等多种重要的生态功能作用。

绿化是缓解热岛效应、污染等现代城市问题最经济有效的方法。采用生态绿地、墙体绿化、屋顶绿化等多种形式，对乔木、灌木和地被、攀缘植物进行合理配置，形成多层次复合生态结构，做到人工配置的植物群落自然和谐，是绿色建筑规划设计中极为重要的内容。植物对绿色建筑环境的作用主要体现在以下五个方面。

1. 微气候调节与节能

植物在白天特别是高温时段要进行剧烈的蒸腾作用，通过叶片将根部吸收的90%以上的水分蒸发到空中。经北京市园林局测定：$1hm^2$ 阔叶林夏季能蒸腾250t水，比同样面积的裸露土地蒸发量高 20 倍，相当于同等面积的水库蒸发量。据测定，植物每蒸发1g水，能带走2260J热量。因此，降温效果十分显著。

从建筑周围的环境来看，植物有调节温度、减少辐射的生态功能。在夏季，人在树荫下和在阳光直射下的感觉，差异是很大的。这种温度感觉的差异不仅仅是3~5℃气温的差异，主要是由太阳辐射温度决定的。茂盛的树冠能挡住50%~90%的太阳辐射，经测定，夏季树荫下与阳光直射地方的辐射温度可相差30~40℃。不同树种遮阳降温的效果也不同。联合国环境署的研究表明，如果一个城市屋顶绿化率达70%以上，城市上空二氧化碳的含量将下降80%，热岛效应将会彻底消失。热岛效应的缓解（大面积植被吸收太阳紫外线）可减少空调的用电量，以减少发电厂二氧化碳的发生量。被绿化的屋顶除了在夏天对室外环境具有十分明显的降温和增湿作用，还可以大大降低屋顶外表面的平均辐射温度（一般可降低10~20℃），从而进一步改善城市的热环境。加拿大国家研究中心进行屋顶绿化节能测试后公布的数据表明，没有进行屋顶绿化的房屋空调耗能为6000~8000kW·h，同一栋楼屋顶绿化过的房间空调耗能为2000kW·h，节约了70%的能量，冬季能省50%的供暖能源。

2. 净化空气

植物具有放氧、吸收有害气体、滞尘、杀菌、释放负离子等一系列净化空气的作用。

植物可吸收二氧化碳，放出氧气。自然状态下的空气是一种无色、无臭、无味的气体，其含量构成为氮气78%、氧气21%、二氧化碳0.033%，此外还有惰性气体和水蒸气等。在人们吸入的空气中，当二氧化碳含量为0.05%时，人的呼吸就感到不适；达到0.2%时，就会感到头昏耳鸣，心悸，血压升高；达到10%时，就会迅速丧失意识，停止呼吸，以至死亡。当氧气的含量减少到10%时，人就会恶心呕吐。随着工业的发展，整个大气圈中的二氧化碳含量有不断增加的趋势，这样就对人类生存的环境造成了威胁，降低了人类的生活质量。植物通过光合作用吸收二氧化碳放出氧气，是名副其实的"天然制氧机"。

植物可吸收有害气体。空气中的有害气体主要有二氧化硫、氯气、氟化氢、氨、汞蒸气、铅蒸气等。其中以二氧化硫的数量最多，分布最广，危害最大。煤、石油等在燃烧过程中都要排出二氧化硫，所以工业城市的上空二氧化硫的含量通常是较高的。常见园林植物吸收有害气体的能力比较见表2-11。

表2-11　常见园林植物吸收有害气体的能力比较

有害气体	抗性强的植物	抗性中等的植物	抗性弱的植物
二氧化硫	花曲柳、桑树、皂荚、山桃、黄檗、臭椿、紫丁香、忍冬、柽柳、圆柏、枸杞、水蜡、刺槐、色赤杨、加拿大杨、黄刺梅、玫瑰、白榆、棕榈、山茶花、桂花、广玉兰、龙柏、女贞、垂柳、夹竹桃、柑橘、紫薇	稠李、白桦、皂荚、沙松、枫杨、赤杨、山梨、暴马丁香、元宝枫、连翘、银杏、柳叶绣线菊、糖槭、卫矛、榆树、国槐、美青杨、山梅花、冷杉	连翘、榆叶梅、锦带花、白皮松、风箱果、云杉、油松、樟子松、山槐
氟化氢	圆柏、侧柏、臭椿、银杏、槐、构树、泡桐、枣树、榆树、臭椿、山杏、白桦、桑树	杜仲、沙松、冷杉、毛樱桃、紫丁香、元宝枫、卫矛、皂荚、茶条槭、华山松、旱柳、云杉、白皮松、雪柳、落叶松、紫椴、侧柏、红松、京桃、新疆杨	山桃、榆叶梅、葡萄、刺槐、银杏、稠李、暴马丁香、樟子松、油松
氯气	花曲柳、桑、皂荚、旱柳、柽柳、忍冬、枸杞、水蜡、紫穗槐、卫矛、刺槐、山桃、木槿、榆树、枣树、臭椿、棕榈、罗汉松、加杨、樱桃、紫荆、紫薇、枇杷、香樟、大叶黄杨、刺柏	加拿大杨、丁香、黄檗、山楂、山定子、美青杨、核桃、云杉、银杏、冷杉、黄刺玫、大叶黄杨、栎树、臭椿、构树、枫树、龙柏、圆柏	油松、锦带花、榆叶梅、糠椴、山杏、连翘、糖槭、云杉、圆柏、白桦、悬铃木、雪松、柳杉、黑松、广玉兰

植物可吸滞粉尘和烟尘。城市空气中含有大量的尘埃、油烟、碳粒等。这些微尘颗粒虽小，但其在大气中的总量却十分惊人。工业城市的降尘量平均为500~1000t/(年·km^2)。

这些粉尘和烟尘一方面降低了太阳的照明度和辐射强度，削弱了紫外线，对人体的健康不利；另一方面，人呼吸时，飘尘进入肺部，使人容易得气管炎、支气管炎等疾病，1952 年英国伦敦因燃煤粉尘危害而使 4000 多人死亡，造成骇人听闻的"烟雾事件"。植物，特别是树木，对烟尘和粉尘有明显的阻挡、过滤和吸附作用，称为"空气的绿色过滤器"。常见园林植物滞尘能力见表 2-12。

表 2-12　常见园林植物滞尘能力比较

滞尘能力		植物名称
较强	针叶类	圆柏、雪松
	乔木类	银杏、元宝枫、女贞、毛白杨、悬铃木、银中杨、糖槭、榆树、朴树、桑树、泡桐
	灌木类	紫薇、忍冬、丁香、锦带花、天目琼花、榆叶梅
中等	乔木类	国槐、栾树、臭椿、白桦、旱柳
	灌木类	紫丁香、榆叶梅、棣棠、连翘、暴马丁香、水蜡、毛樱桃、接骨木、树锦鸡儿、大叶黄杨、月季、紫荆
较弱		小叶黄杨、紫叶小檗、油松、垂柳、紫椴、白蜡、金山绣线菊、金焰绣线菊、五叶地锦、草本植物

植物可减少空气中的含菌量。城市中人口众多，空气中悬浮着大量细菌。园林绿地可以减少空气中的细菌数量：一方面，由于园林植物的覆盖，绿地上空的灰尘会相应减少，因而也减少了附在其上的病原菌；另一方面，许多植物能分泌杀菌素，使细菌数量减少。

植物有促进人体健康的作用。根据医学测定，绿色植物能有效缓解视觉疲劳。在绿地环境中，人的脉搏次数下降，呼吸平缓，皮肤温度降低，精神状态安详、轻松。负离子氧可增加人的活力。

3. 净化水体和土壤

城市和郊区的水体常受到工厂废水及居民生活污水的污染而影响环境卫生和人们的身体健康，而植物有一定的净化污水的能力。研究证明，树木可以吸收水中的溶解质，减少水中的细菌数量。

许多水生植物和沼生植物对净化城市的污水有明显的作用。每平方米土地上生长的芦苇一年内可积聚 6kg 的污染物，还可以消除水中的大肠杆菌。在种有芦苇的水池中，水中的悬浮物要减少 30%，氯化物减少 90%，有机氯减少 60%，磷酸盐减少 20%，氨减少 66%，总硬度减少 33%。水葱可吸收污水池中的有机化合物。水葫芦能从污水里吸取汞、银、金、铅等金属物质。

植物的地下根系因能吸收大量有害物质而具有净化土壤的能力。有的植物根系分泌物能使进入土壤的大肠杆菌死亡；有植物根系分布的土壤，好气性细菌比没有根系分布的土壤多数百倍至数千倍，故能促使土壤中有机物迅速无机化，从而既净化了土壤，又增加了肥力。研究证明，含有好气细菌的土壤，有吸收空气中一氧化碳的能力。

相关研究表明，屋顶绿化可使直接的雨水流失量减少 70%～90%。暴雨来临之际，还可有效缓解城市排水系统的压力。同地面绿地一样，屋顶绿化收集的雨水资源也能够通过蒸发等途径进入自然的水循环系统中。

4. 减噪

噪声会使人产生头昏、头痛、神经衰弱、消化不良、高血压等病症。树木对声波有散射、吸收的作用，树木通过其枝叶的微振作用能减弱噪声。减噪作用的大小决定于树种的特性。叶片大又有坚硬结构的或叶片像鳞片状重叠的，防噪效果好；落叶类树种在冬季仍留有枯叶的防噪效果好；林内有植被或落叶的有防噪效果。

一般来说，噪声通过林带后比空地上同距离的自然衰减量多 10~15dB。屋顶花园至少可以减少 3dB 噪声，同时隔绝噪声效能达到 8dB。这对于那些位于机场附近或周边有喧闹的娱乐场所、大型设备的建筑来说最为有效。

5. 保护生物多样性

绿化建筑环境是保护生物多样性的一项重要措施。植物多样性的存在是多种生物繁荣的基础，因而进行多植物种植，创造各种类型的绿地并将它们有机组合成为系统，是实现生物多样性保护必不可少的内容。例如，与地面相比，屋顶特别是轻型屋顶很少被打扰。这里环境优美、空间开敞，昆虫、鸟类均可以找到一方乐土。特别是拥有"空中森林"的城市就相当于在都市里为小动物建立了生存的大森林。

思　考　题

1. 深入理解和体会故宫中轴对称的建筑空间布局表现出的秩序感，观察身边的建筑并查阅相关资料，列举具有相同秩序感的建筑并进行分析。

2. 查阅资料，选取一个具备各种类型场地的公共建筑总平面图，分析总平面图中各种场地的布置和关系。

3. 查阅资料，选取城市的商业中心、体育中心、博览中心、市政中心中的一个典型案例，分析其建筑和环境的布局特色。

4. 选择一份自己的设计课作业，分析总平面中的图底关系，并提出改进方案。

第3章

公共建筑的功能关系和空间组合

公共建筑是人们进行社会活动的场所，因此人流集散的性质、容量、活动方式及对建筑空间的要求，与其他建筑类型相比，有很大的差别。不同类型的公共建筑也常因其使用性质的不同，反映在功能关系及建筑空间组合上，必然会产生不同的结果。公共建筑中的功能问题包括功能分区，人流疏散，空间组成，与室外环境的联系，建筑空间的大小、形状、朝向、供热、通风、日照、采光、照明等，其中功能分区、人流疏散、空间组成三个方面是建筑功能的核心问题。

3.1 公共建筑的空间组成

3.1.1 概述

公共建筑空间的使用性质与组成类型虽然繁多，但按其在建筑中的作用与地位，其空间可分为主要使用空间、辅助使用空间和交通联系空间三种。这三种空间相互独立，又相互联系，并具有一定的兼容性。交通联系空间将主要使用空间和辅助使用空间联系成为有机的建筑整体空间。

下面通过7个案例来分析不同类型公共建筑的空间组成及其特点。

1. 教学楼

有些教学楼的空间使用性质划分得比较明确。图3-1所示是某中学教学楼首层平面图，教室、实验室、备课室及

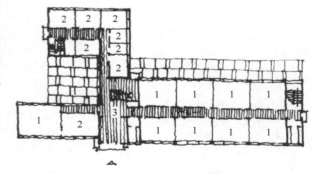

图 3-1　某中学教学楼首层平面图
1—主要使用空间　2—辅助使用空间　3—交通联系空间

办公室等显然是主要的使用空间，而厕所、贮藏室等，虽然也属使用性质的空间，但与主要使用空间相比，居于次要地位。另外，走道、门厅、楼梯等空间，则是交通联系空间。

2. 加油站

有些公共建筑空间性质的划分，不是那么明显。图3-2所示是某加油站，该建筑前部是营业厅和加油棚，属主要使用部分，而后边的休息室、盥洗室、贮藏室等为辅助部分，其交通联系空间虽没有明确划分，但实际上从营业厅的入口至辅助部分，是起着交通联系作用的。

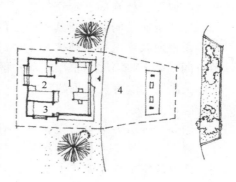

图3-2 某加油站

1—营业厅 2—休息室 3—贮藏室 4—加油棚

3. 幼儿园

图3-3所示为某幼儿园平面组合，其中主要使用空间的活动室、卧室和辅助空间的盥洗室、厕所和衣帽间，常常组合在一起作为每个班级的活动单元，但它们的使用性质和艺术处理是不同的。

4. 餐饮建筑

图3-4所示为某餐厅平面图，主要包括入口、餐厅与厨房三部分。其中餐厅是顾客的使用空间，厨房和备餐间则是间接为顾客服务的辅助空间，入口部分是集散人流的地方。此外，餐厅与厨房之间还有交通联系的空间。作为主要使用空间的餐厅，又有用餐、小卖、饮酒等部分，次要使用空间的厨房有主食、副食、库房、备餐厅等，但是在组合空间时，依然可以按使用性质划分成使用、辅助、交通三大块空间，并依照其所处的具体条件和要求，抓住主从关系，进行空间组合。

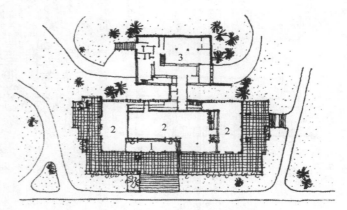

图3-3 某幼儿园平面组合

1—主要使用空间 2—辅助空间 3—交通空间

图3-4 某餐厅平面图

1—门厅 2—餐厅 3—厨房

5. 宾馆建筑

图 3-5 所示是南京某宾馆的首层平面图，从图中可以清楚地看出，主要使用空间为休息厅、餐厅、宴会厅，次要使用空间为卫生间、厨房、小卖部、办公室，交通空间为电梯厅、楼梯间、走道等，三个部分的分区是非常明确的。其中门厅的位置能紧密地联系电梯、楼梯和主要的使用空间，使三部分之间，成为分区明确、关系紧凑、有机联系的整体。

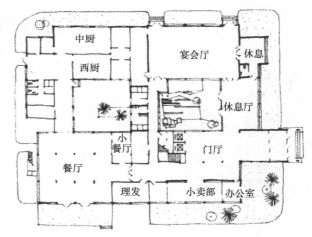

图 3-5 南京某宾馆的首层平面图

6. 电影院

图 3-6 所示为某电影院，其中观众厅、舞台等显然是供观众使用的主要空间，而放映室、售票室、办公室、厕所等则属于辅助性质的使用空间，前厅是人流集散的交通枢纽空间。此外，为了集散人流的需要，在观众厅内依然需要安排各种形式的交通联系空间。综合这三种空间的特性，并把它们紧凑合理地组合在一起，使之成为一个整体，才能体现出电影院建筑空间组合的特点。

7. 图书馆

图 3-7 所示为某大学图书馆平面图，其中阅览室、目录室、陈列厅、演讲厅、缩微图书室、电脑室等为主要使用空间，书库、借书处及办公室等为次要使用空间，出入口及各种连廊、走道、门厅等为交通联系空间。

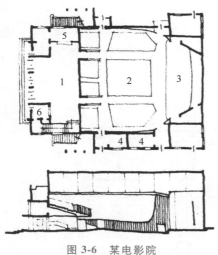

图 3-6 某电影院

1—前厅 2—观众厅 3—舞台 4—厕所
5—售票 6—小卖部

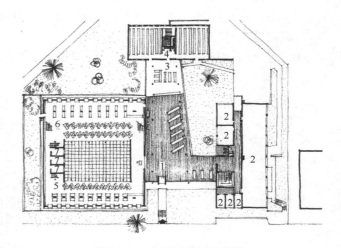

图 3-7 某大学图书馆平面图

1—门厅 2—办公 3—出纳厅 4—书库 5—期刊
阅览室 6—普通阅览室 7—附属房间

上述这些规模较大、组成较复杂的公共建筑，虽然各种制约条件远比小型公共建筑要多，但是在进行空间组合时，依然能够按照具体的条件和要求，运用三大块空间的不同排列关系，组合出不同的方案。只有这样，才能使设计思路有条不紊地进行，并能因地制宜地解决各种设计中的矛盾。

以上仅仅对一些不同规模、不同性质的公共建筑进行分析，但以此类推，其他公共建筑的空间组成，也可以概括为使用、辅助、交通三大部分，进行方案设计。当然各部分中的小矛盾不是不需要解决，而是随着方案设计的深入再逐步地展开。然而这种逐步展开的思维方法，应以不失掉大的关系完整性为前提。

3.1.2 主要使用空间设计

主要使用空间是指最能反映建筑物功能特征的空间（房间），公共建筑的主要使用空间如中小学校的教室、实验室、办公室，影剧院的观众厅，百货商店的营业厅等。房间是组成建筑最基本的单位，不同性质的房间，由于使用要求不同，必然具有不同的空间形式。使用要求对于空间（房间）具有一定的规定性，主要体现在"量"的规定性，如空间的大小；"形"的规定性，如空间的形状和比例；"质"的规定性，如采光、通风、疏散及经济合理性、艺术性等。这些规定性主要表现在房间的面积、平面形状、平面尺寸及门窗设置四个方面。

1. 房间的面积

在公共建筑的设计中，房间的面积主要通过以下三种方式确定：

1）根据使用特点、人数和家具设备的布置确定房间面积。例如，教室的设计首先必须确定容纳人数，根据人数和教学要求安排桌椅及其他设备，从而推算出所需的基本面积，再根据视距、视角等要求调整（图3-8）。

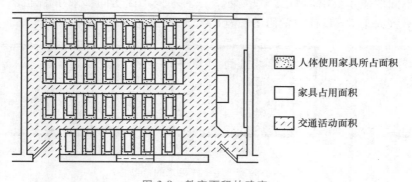

人体使用家具所占面积

家具占用面积

交通活动面积

图 3-8　教室面积的确定

2）根据国家颁发的面积定额指标确定房间面积。面积定额是根据房间使用特点和长期实践经验总结而制定的每人所占使用面积或建筑面积的限制。根据使用人数和面积定额指标即可推算出房间的面积。在实际工作中，还应根据国家有关技术政策、法规及建筑标准加以调整。表3-1为部分公共建筑房间的面积定额指标。在专项设计规范中，房间面积也有控制性指标，如 JGJ/T 67—2019《办公建筑设计标准》规定，普通办公室每人使用面积不应小于 $6m^2$；单间办公室使用面积不宜小于 $10m^2$；小会议室使用面积不宜小于 $30m^2$；中会议室使用面积不宜小于 $60m^2$；中、小会议室人均使用面积，有会议室的不宜小于 $2.0m^2$/人，无会议桌的不应小于 $1.0m^2$/人。

表 3-1　部分公共建筑房间面积定额指标

建筑类型	房间名称	使用面积定额/(m²/人)	备注
中小学	普通教室	1.1~1.12	小学取下限
电影院	门厅、休息厅	甲等 0.5;乙等 0.3;丙等 0.1	门厅、休息厅合计
汽车旅客站	候车厅	1.1	—
铁路旅客站	候车厅	1.1~1.3	—
图书馆	普通阅览室	2.3	—
办公楼	一般办公室	3.0	
	会议室	0.8	无会议桌
		1.8	有会议桌

3）当房间使用人数不确定，又无明确的面积定额指标可供选择时，如展厅、营业厅等，则需根据委托设计任务书的要求，并在对建筑标准和规模大体相同的同类建筑调查后，经技术经济分析比较确定。

2. 房间的平面形状

确定房间面积后，可选择的平面形状很多，如方形、矩形、三角形、多边形及圆形等，而最终需要综合考虑房间的使用要求、结构与构造的形式、艺术效果等因素确定。

（1）使用性质对房间平面形状的影响　矩形是公共建筑常采用的平面形状，矩形平面有利于家具、设备的布置，功能适应性强。此外，矩形平面可以采取较统一的开间、进深尺寸，便于平面组合，结构简单，施工方便。采用矩形平面时，通过调整矩形的长、宽尺寸和比例可满足不同的使用要求。如图 3-9 所示，三种不同用途房间都采用了矩形平面。矩形平面的长宽比不宜大于 2，设计中常用的长宽比为 3：2。

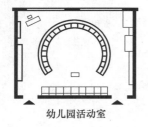 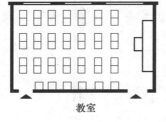 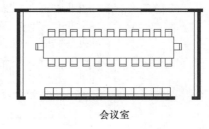

幼儿园活动室　　　　　　　教室　　　　　　　会议室

图 3-9　不同功能房间采用的矩形平面

除矩形外，房间的平面也可根据实际需要采用其他形状，只要处理得当，完全可以做到适用而新颖。图 3-10 所示是几种不同平面形状的教室，在取得良好视距和视角上，六边形、五边形平面是对传统教室空间模式的一种突破，扇形、菱形平面使音乐教室更具艺术特色，三角形平面改善了阶梯教室的视觉条件和采光效果。

有时房间的形状受特定功能要求的制约，呈现特定的平面形状。例如，影剧院的观众厅要满足视听要求，所以常采用图 3-11 所示的几种平面形状。矩形观众厅，跨度大时前部易产生回声，只适用于小型观众厅；六边形、扇形、钟形观众厅，能满足声学要求，但结构稍复杂，适用于大、中型观众厅；圆形观众厅，声能分布不均匀，易产生声聚焦，视线也稍差，较少采用。

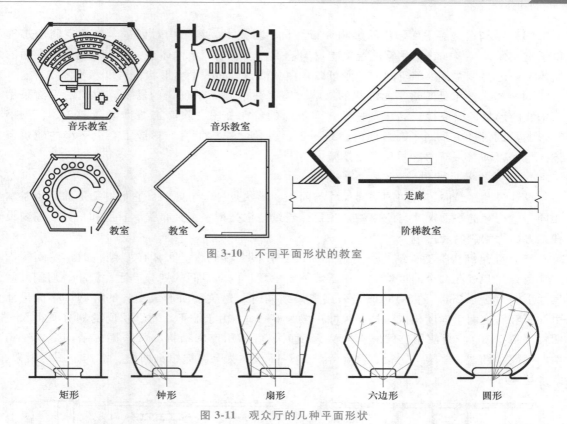

图 3-10 不同平面形状的教室

图 3-11 观众厅的几种平面形状

（2）日照和基地条件对平面形状的影响 为使主要使用空间获得良好的日照条件，朝向至关重要。我国处于北半球，房间的采光面以朝南或略偏南为宜。但在建筑平面空间组合时，受诸多因素制约，很难避免出现朝东、朝西的房间。为减少西晒，除了可以采取遮阳措施，也可以改变房间的平面形状。如图 3-12 所示，为了减少西晒影响，将朝西的房间设计为锯齿形，同时使建筑的外形变得更丰富。

基地条件，包括大小、宽窄、起伏、形状等，对房间平面也有一定制约性。图 3-13 所示为华盛顿美国国家艺术博物馆东馆平面图。该馆位于华盛顿林荫广场中间一块三角形地块内，设计平面由一个等腰三角的展示厅和一个直角三角形的研究中心构成。设计结合特殊的地形形状，采用独特的构图形式，使限制条件转换为建筑师创作的机遇，取得了极大成功。

图 3-12 锯齿形房间平面

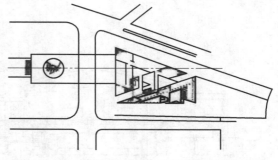

图 3-13 华盛顿美国国家艺术博物馆东馆平面图

（3）结构选型对平面形状的影响　新材料、新技术、新结构对创造丰富的空间形态提供了物质保证。例如，采用钢筋混凝土框架、折板、壁板等结构体系，作为室内空间界面的墙体不一定要承重，内部空间划分则可以自由灵活，房间的平面形状也可以多种多样。

（4）建筑艺术处理对平面形状的影响　有时建筑师为了创作的需要，建筑的平面采用艺术性的形状，以取得新的建筑造型。建筑师赖特在美国古根海姆博物馆（图 3-14，见书前彩图）的设计中采用了圆弧形的建筑平面，并使之螺旋上升，形成了上大下小的建筑形体，给人以耳目一新的空间和视觉体验。

3. 房间的平面尺寸

设计公共建筑时，房间的平面尺寸与面积、形状是一起考虑的，它们遵循的原则也基本相同。就房间的平面尺寸自身来讲，主要受建筑结构类型、家具布置、日照和采光、门窗设置四方面因素制约和影响。

（1）建筑结构类型　结构类型对平面尺寸有很大制约性。采用砖混结构时，房间平面尺寸由开间和进深两个向度构成。由于墙体要承重，内部空间的划分灵活性较小，房间开间尺寸不宜大于 4.2m（图 3-15）。当采用框架结构时，建筑平面形成整齐的柱网，平面尺寸由柱距和跨度两个向度构成，柱网尺寸一般为 6~9m，由于墙不承重，房间的划分有很大灵活性（图 3-16）。当使用空间具有较大跨度时，可采用空间结构，常采用的结构形式有桁架、网架、悬索、刚架、折板、薄壳等。图 3-17 所示为某游泳馆剖面图，结构采用钢桁架，跨度达 40m。

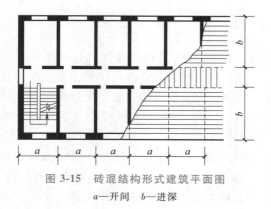

图 3-15　砖混结构形式建筑平面图
a—开间　b—进深

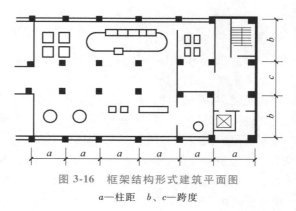

图 3-16　框架结构形式建筑平面图
a—柱距　b、c—跨度

图 3-17　某游泳馆剖面图

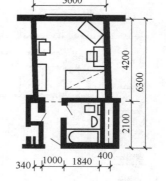

图 3-18　某旅馆建筑客房平面图

（2）家具布置 家具尺寸、布置方式及数量对房间面积、平面形状和尺寸的确定有直接影响。当家具种类很多，在确定房间平面尺寸时，应以主要家具、尺寸较大的家具为依据。如旅馆建筑的客房平面就应首先考虑床的布置，并使其具有灵活性，以适应旅馆运营和不同旅客的要求。图 3-18 所示为某旅馆建筑客房平面图，必要时也可放置两张单人床成为标准间或放置一张双人床成为大床房。

（3）日照和采光 为了保证冬季阳光有足够的日照深度，并使房间内的天然采光照度较均匀，房间深度一般不宜过大。当单侧采光时，房间进深尺寸不大于采光窗上口高度的 2 倍；当采用双侧采光时，房间进深（或跨度）尺寸不大于采光窗上口高度的 4 倍（图 3-19）。

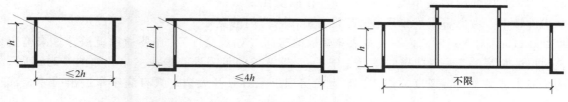

图 3-19 日照、采光对房间进深（跨度）尺寸的影响

4. 门窗设置

公共建筑设计中门的功能是解决室内外交通联系，有时也兼有采光、通风的作用；窗户的功能是满足采光、通风要求。门窗的大小、数量、位置、形状与开启方式对采光通风质量、室内面积的有效利用，以致室内美观都有直接影响。

（1）门的设置

1）门的数量。门的数量除了要满足使用要求，还应符合防火设计的要求。单层公共建筑（托儿所、幼儿园除外），如面积不超过 200m^2、使用人数不超过 50 人时，可设一个直接通室外的安全出口（图 3-20）。一个房间的面积不超过 60m^2，且使用人数不超过 50 人时，可设一扇门。位于走道尽端的房间（托儿所、幼儿园除外）内由最远一点到房门口的直线距离不超过 14m，且人数不超过 80 人时，也可设一个向外开启的门，但门的净宽不应小于 1.40m（图 3-21）。

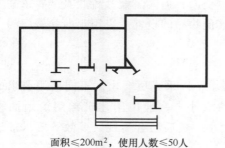

面积≤200m^2，使用人数≤50人

图 3-20 单层公共建筑可设一个外门的条件

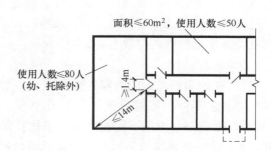

图 3-21 房间可设一扇门的条件

短时间有大量人流集散的房间，如观众厅、体育场，安全出入口不少于 2 个，且每个安全出入口的平均疏散人数不应超过 250 人；容纳人数超过 2000 人时，其超过部分按每安全出入口的平均疏散人数不超过 400 人计（图 3-22）。例如，观众厅人数为 2600 人时，所需

安全出入口计算如下：2000÷250+600÷400＝8+1.5＝9.5（个），所以应设 10 个安全出入口。另外，有连场演出要求的观众厅，进场入口不得作为安全出入口。

2）门的位置。面积大、人流量大的房间（如观众厅），门应均匀布置，满足安全疏散的要求（图 3-23）。面积小、人流量小的房间，应使门的布置有利于家具的布局和提高房间的面积利用率。

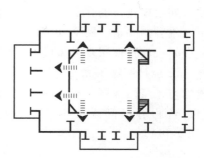

图 3-22　观众厅安全出入口的设置

3）门的宽度。门的宽度主要取决于人的通行量及进出家具设备的最大尺寸。一般单股人流最小宽度为 0.55m，人行走时身体的摆幅为 0~0.15m，再考虑携带物品等因素，因此门的最小宽度为 0.7m。在医院住院部的病房设计中，考虑病床车和其他医疗设备的出入，门的宽度≥1.11m。对于短时间内有大量人流集散的房间（如观众厅），还要通过疏散计算来确定疏散口的总宽度。一般门扇的宽度小于 1m，较宽的门可采取双扇或多扇。如图 3-24a 所示为单股人流最小通行宽度，图 3-24b 为病房门，平时只开大扇，只有病床车进出时才全部打开。

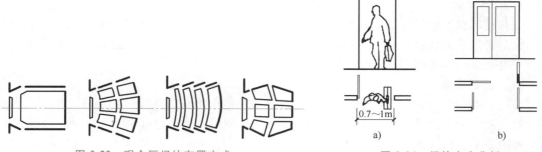

图 3-23　观众厅门的布置方式　　　　　　图 3-24　门的宽度分析

4）门的开启方式。当相邻墙面都有门时，应注意门的开启方向，防止门开启时发生碰撞或影响人流通行。房间门一般内开，以免妨碍走道交通；但人流大，疏散安全要求高的房间门应向外开启。采用推拉门的，推拉时应不影响其他物品的设置。采用双向弹簧门的，应在视线高度范围内的门扇上装玻璃。

（2）窗的设置

1）窗的面积。窗的面积主要取决于采光通风要求，以采光更突出。不同使用要求的房间照度要求不同，可通过天然采光计算所需采光口大小。一般民用建筑常用窗地面积比（窗洞口面积与室内地面面积之比）来估算窗面积大小，然后结合美观、模数等要求加以调整。表 3-2 是公共建筑不同房间的窗地面积比要求。

表 3-2　公共建筑不同房间的窗地面积比要求

建筑名称	房间名称	窗地面积比
托幼建筑	活动室、音体室	1/5
	寝室	1/6

（续）

建筑名称	房间名称	窗地面积比
学校建筑	教室	1/6
办公楼	办公室	≥1/6
	绘图室	≥1/5
医院建筑	诊室、检验室	1/6
	病房	1/7
	浴厕	1/8
汽车旅客站	候车厅	1/7

2）窗的平面布置。窗的平面布置首先应使室内照度尽可能均匀，避免暗角和眩光，窗间墙宽度要结合建筑结构类型、抗震及美观要求等综合确定。例如：教室采用一侧采光，窗户应位于学生面向黑板方向的左侧；窗间墙宽度不宜大于 1m；窗户与挂黑板的墙面的距离约 1m（图 3-25）。

此外，门、窗的位置还决定了室内气流走向，并影响到室内自然通风的范围。所以，为了夏季室内有良好的自然通风，门、窗的布置应尽可能加大室内通风范围，形成穿堂风，避免产生涡流区。图 3-26 所示为同样房间当门窗位置不同时房间内不同的通风效果。图 3-27 则表明教室走道墙上设置高窗的必要性。

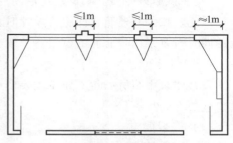

图 3-25　教室侧窗的平面布置

图 3-26　不同门窗位置情况下的通风

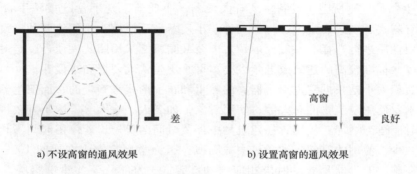

a) 不设高窗的通风效果　　　b) 设置高窗的通风效果

图 3-27　教室不设和设置高窗的通风效果

3.1.3 辅助使用空间设计

1. 辅助使用空间的概念和设计原则

辅助使用房间在建筑内主要提供辅助服务功能，如厕所、盥洗室、浴室、通风机房、水泵房、配电间、储藏间等。不同类型的主要使用房间会有不同的辅助使用房间。辅助使用房间平面设计原理、原则和方法与主要使用房间平面设计基本一致，除此之外还应注意以下设计原则：

1）不干扰主要使用房间的使用。容易产生大量噪声或气味污染的辅助使用房间，其位置不宜与主要使用房间太近，或采取一定的技术措施，以保证主要使用房间的使用。

2）主次联系方便。辅助使用房间与主要使用房间的联系一定要方便。

因此，在公共建筑空间组合设计时，一般将辅助使用空间与它所服务的房间相联系或接近的同时布置于比较僻静的位置，一般布置在建筑的边角地带。

2. 厕所

公共建筑中厕所虽然不属于主要使用空间，却是不可缺少的房间，需仔细设计以保证公共建筑的空间品质。

（1）一般要求

1）厕所一般布置在人流活动的交通路线上，且在建筑物中应处于既隐蔽又方便的位置，应与走廊、大厅等交通部分相联系，如靠近建筑出入口处、楼梯间附近、建筑的转角或走廊尽头等。由于使用上和卫生上的要求，厕所应该设有过渡性的空间。

2）厕所宜有天然采光和不向邻室对流的直接自然通风，严寒及寒冷地区宜设自然通风道；当自然通风不能满足通风、换气要求时，应采用机械通风。

3）在垂直方向上，应尽可能将厕所布置在上下相对的位置上，以节约管道和方便施工。

4）厕所不宜布置在餐厅、食品加工、食品储存、配电及变电等有严格卫生要求或防潮要求用房的直接上层。

5）厕所的墙面和地面应采用防水性好、便于清洁打扫的材料，如水磨石、瓷砖等。厕所楼（地）面和墙面应严密防水、防渗漏。厕所的地面标高应比同层其他部分的地面标高略低，一般低 3~5cm。

6）厕所应设洗手盆，并应设前室或有遮挡措施。

（2）卫生器具　厕所卫生设备主要有大便器、小便器、洗手盆（或洗手台）和拖布池等。大便器有蹲式、坐式、定时冲洗式三种。小便器有小便槽、小便斗两种。设计时根据建筑标准和使用性质进行选择。一般标准，室内公共厕所常采用蹲式大便器，定时冲洗式大便槽、小便槽等。标准较高的建筑或老年人公寓可采用坐式大便器和小便斗。

厕所的面积大小是根据室内卫生器具的数量和布置形式来确定的，而卫生器具的数量取决于下列因素：使用建筑物的总人数；使用对象，如老人、病人等，因不宜久等，在确定卫生器具数量时应适当增加；使用者在建筑物中停留时间的长短，若停留时间不长，卫生器具数量可适当减少；使用的时间，如学校中的厕所，因为学生都集中在课间 10 分钟左右的时间内使用，在确定卫生器具数量时应相应增加。表 3-3 为部分公共建筑厕所设备数量参考指标。

表 3-3　部分公共建筑厕所设备数量参考指标

建筑类型	男小便器 /（人/个）	男大便器 /（人/个）	女大便器 /（人/个）	洗手盆或龙头 /（人/个）	男女比例	备注
旅馆	12~15	12~15	10~12	8~10		男女比例按统计
中小学	40	小学40，中学50	小学20~25，中学25	90	1:1	
办公楼	30	40	20	40	—	
电影院	50	150	50	—	1:1	
门诊部	60	120	75	—	1:1	
疗养院	15	15	12	6~8		

注：一个小便器折合 0.6m 长小便槽。一个洗手盆折合 0.7m 长盥洗槽。

　　厕所设计应保证使用设备时人活动所需要的基本尺寸，并据此确定设备的布置方式及房间的面积。图 3-28 所示为单人使用的蹲式、坐式大便器及洗脸盆所需要的基本尺寸，并据此确定了单个厕所隔间的基本尺寸。隔间的高度为 1.5~1.8m。

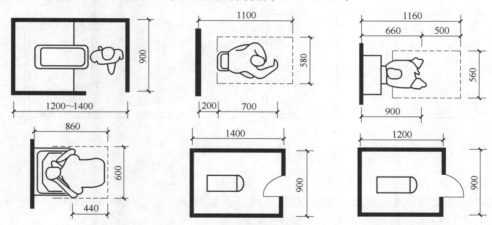

图 3-28　使用单个设备时的基本尺寸要求

　　公共厕所大便隔间与小便槽组合的基本尺寸要求如图 3-29、图 3-30 所示。

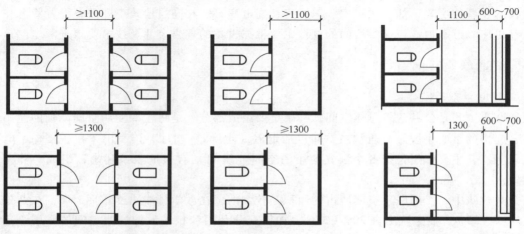

图 3-29　厕所隔间之间或与墙面间的净距　　　　图 3-30　厕所隔间与小便槽之间的净距

（3）平面布置形式　男、女厕所常采用并排布置形式，以节省管道（图 3-31）。为了分散人流，有时也采用男女厕所分开布置的方式。盥洗室可以和厕所组合，并成为厕所的前室。厕所的前室进深尺寸不小于 1.5~2m。

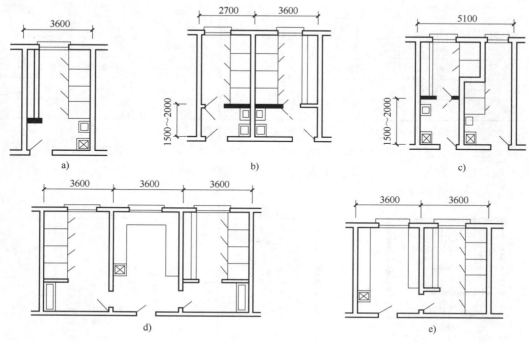

图 3-31　厕所布置形式

3. 贮藏室

在建筑平面布置中，贮藏室往往利用暗角，并尽量接近于它所服务的房间。在平面空间组合中，往往利用边角地带或零星空间设置贮藏室。

4. 设备用房

由于科学技术不断发展，为了更好地满足人们的使用要求，往往需要在建筑物中设置一些装置技术设备的房间，如冷风机房、锅炉房、配电房等。在高层建筑中还需要设置管道夹层、电梯机房、贮水池等。这些房间的设计主要根据设备的规格尺寸及技术要求来考虑。

3.1.4　交通联系空间设计

1. 交通联系空间概述

交通联系空间是公共建筑总体空间的一个重要组成部分，是将主要使用空间、辅助使用空间组合起来的重要手段。交通联系空间包括走道（走廊）、门厅、连廊出入口、楼梯、电梯、坡道等，其主要作用是把各个独立使用的空间（房间）有机地联系起来，组成一幢完整的建筑。

在公共建筑中，交通联系空间所占的面积是较大的，在教学楼中占 20%~35%，在办公楼中占 15%~25%，在医院中占 20%~38%。如何充分利用和积极发挥这些空间的作用，是公共建筑设计的一个重要内容。交通联系空间的形式、大小和部位，主要取决于功能关系和建筑空间处理的需要。

可见，一幢建筑是否合用，除了需要充分考虑使用空间恰当的布置，还应考虑使用空间与交通空间之间的配置关系是否适当，交通联系是否方便等问题。

一般交通联系空间的设计应遵守以下原则：

1）交通流线组织符合建筑功能特点，有利于形成良好的空间组合形式。

2）交通路线简捷明确，具有导向性。

3）满足采光、通风及照明要求。

4）适当的空间尺度，完美的空间形象。

5）节约交通面积，提高面积利用率。

6）严格遵守《建筑设计防火规范》的要求，能保证紧急疏散时的安全。

公共建筑的交通联系空间由水平交通空间、垂直交通空间和交通枢纽空间三部分组成，以下分别介绍。

2. 水平交通空间

（1）**作用和分类**　水平交通空间主要用来联系同一标高的各个使用空间，有时也附带其他从属的功能。水平交通空间主要有三种：

1）基本属于交通联系的走道、门厅和门廊。如旅馆、办公等建筑的走道（图3-32）和电影院中的安全通道等是供人流集散使用的，一般不应再设置其他功能要求的内容，以防止人流停滞而造成交通阻塞。

2）主要作为交通联系空间兼为其他功能服务的走道、门厅或连廊。如医院门诊部的宽大走道（图3-33），可兼作候诊之用，中、小学校的走道或门厅可兼做课间休息的活动场所等。

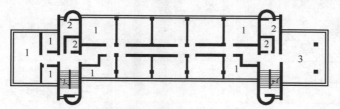

图3-32　深圳文锦渡海关办公楼的走道

1—办公室　2—储藏室　3—阳台

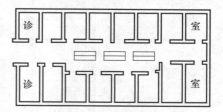

图3-33　结合候诊功能的医院走道

3）各种功能综合使用的走道与厅堂（图3-34）。如某些展览馆陈列厅等建筑的走道，一般应满足观众在其中边走边看的功能。又如园林建筑中的连廊，应满足漫步休息与观赏景色的要求。

（2）**走道的宽度**　走道宽度应根据功能性质、通行能力、建筑标准、安全疏散等要求来确定（图3-35）。单股人流宽度为0.55~0.7m，双股人流通行宽度为1.1~1.4m。根据可能产生的人流股数，便可推算出走道的最小净宽。如果房间门向走道开启，此宽度考虑门扇开启占用的空间应予调整。当走道兼有其他用途时，尚应增加这些用途所需的宽度。例如：门诊部兼作候诊的走道，单侧放候诊椅，走道宽大于或等于2.1m；双侧放候诊椅，走道宽大于或等于2.7m。

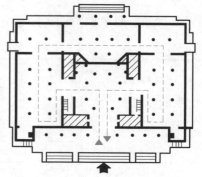

图3-34　综合功能的走道与厅堂

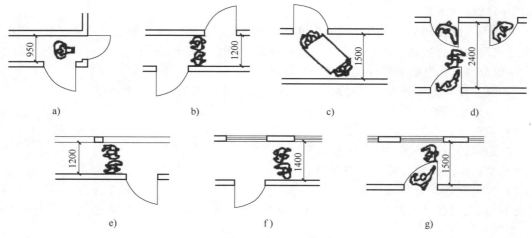

图 3-35　走道宽度的确定

走道净宽尺寸尚应符合单项建筑设计规范的规定，表 3-4 所列为部分公共建筑走道的最小净宽。

表 3-4　部分公共建筑走道最小净宽

建筑类型		走道两侧布置房间/m	走道单侧布置房间或外廊/m	备注
托幼建筑	生活用房	1.8	1.5	—
	服务供应	1.5	1.3	—
教育建筑	教学用房	≥2.1	≥1.8	—
	行政办公用房	≥1.5	≥1.5	—
文化馆建筑	群众活动用房	2.1	1.8	
	学习辅导用房	1.8	1.5	
	专业工作用房	1.5	1.2	
办公建筑	走道长≤40	1.4	1.3	
	走道长>40	1.8	1.5	
营业厅通道		≥2.2		通道在柜台和墙面或陈列橱之间

学校、商店、办公楼、候车室等民用建筑各层疏散外楼梯、门、走道的各自总宽度应通过计算确定，且疏散宽度指标不小于表 3-5 的规定。

表 3-5　楼梯、门和走道的宽度指标　　　　　　　　（单位：m/百人）

层数	耐火等级		
	一、二级	三级	四级
1~2层	0.65	0.75	1.0
3层	0.75	1.00	—
≥4层	1.00	1.25	—

注：每层疏散门和走道的总宽度，以及每层疏散楼梯的总宽度均按本表计算。每层人数不等时，可分层计算，下层楼梯总宽度按上层人数最多一层的人数计算。底层外门的总宽度按该层或该层以上人数最多一层人数计算。不供楼上人员疏散的外门，可按本层人数计算。疏散走道和楼梯最小宽度不应小于 1.1m。

影剧院、礼堂、体育馆等人员密集的公共场所及无障碍走道的宽度还另有规定,在设计中应查阅相关规范和规定。

(3)走道的长度 公共建筑走道的长度,应根据建筑性质、耐火等级、防火规范及视觉艺术等方面的要求确定,其中主要是控制最远房间的门中线到安全出口的距离,该距离应控制在安全疏散的限度之内。表 3-6 所列为走道的安全疏散距离,表中封闭楼梯间、非封闭楼梯间、自动喷淋、开敞式外廊的图示形式如图 3-36 所示。

表 3-6 走道的安全疏散距离

建筑名称		房门至外部出口或封闭楼梯间的最大距离/m					
		位于两个外部出口或楼梯间之间的房间 L_1			位于袋形走道两侧尽端的房间 L_2		
		耐火等级			耐火等级		
		一、二级	三级	四级	一、二级	三级	四级
封闭楼梯间	托儿所、幼儿园	25	20	—	20	15	—
	医院、疗养院	35	30	—	20	15	—
	学校	35	30	—	22	20	—
	其他民用建筑	40	35	25	22	20	15
非封闭楼梯间	托儿所、幼儿园	20	15	—	18	13	—
	医院、疗养院	30	25	—	18	13	—
	学校	30	25	—	20	18	—
	其他民用建筑	35	30	20	20	18	13
自动喷淋	托儿所、幼儿园	31.25	25	—	25	18.75	—
	医院、疗养院	43.75	37.5	—	25	18.75	—
	学校	43.75	37.5	—	27.5	25	—
	其他民用建筑	50	43.75	31.25	27.5	25	18.75
开敞式外廊	托儿所、幼儿园	30	25	—	25	20	—
	医院、疗养院	40	35	—	25	20	—
	学校	40	35	—	27	25	—
	其他民用建筑	45	40	30	27	25	20

注:本表适用于建筑高度不超过 24m 的其他民用建筑,以及建筑高度超过 24m 的单层公共建筑。

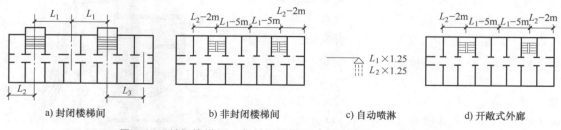

图 3-36 封闭楼梯间、非封闭楼梯间、自动喷淋、开敞式外廊

走道的长度在满足使用要求和安全疏散要求的基础上,还应尽可能缩短,以减少交通面积,提高建筑的经济性。图 3-37 所示为两个小学教学楼的教室,面宽小、进深大的平面的

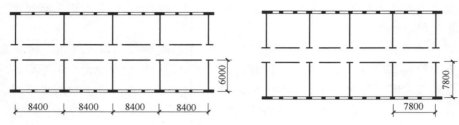

图 3-37　不同开间、进深的教室平面

走道短，交通面积较节省。

（4）走道的采光与通风　走道应以天然采光和自然通风为主。采用单面走道时，采光和通风都易解决。走道双面都布置房间时，容易出现光线不足的问题，可通过以下措施改善采光和通风：

1）在走道的尽端开窗。

2）借助于门厅、过厅或楼梯间的光线采光。

3）利用走道两侧开敞的空间来改善过道的采光。

4）局部采用单面通道。

5）利用走道两侧房间的门或亮子、高窗等措施进行间接采光。

如内走道长度不超过20m，至少一端应设采光口；超过20m，应两端都设采光口；超过40m，中间还应增加采光口，否则须采用人工照明。走道中间的采光口可与开敞式或用玻璃隔断分割的辅助使用空间、交通联系空间结合起来（图3-38）。此外，将内、外走道结合，穿插处理，也可获得良好的采光通风效果（图3-39）。

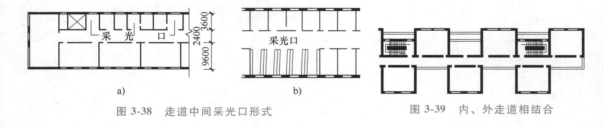

图 3-38　走道中间采光口形式　　　　　　图 3-39　内、外走道相结合

（5）连廊　有时根据具体情况，设计中需要将在空间上有一定距离且相互独立的两个或多个使用空间，用一条狭长的空间联系起来，组成建筑的总体空间，这个狭长空间就是连廊。连廊可以是开敞的，也可以是封闭的。当连廊结合地形起伏设置时，连廊内还可以设台阶。图3-40所示为南京市中山植物园连廊。入口门廊与陈列室相连。陈列室与接待室、学术厅之间有近3m的高差，用爬山连廊相连，使建筑与地形的结合更自然。

3. 垂直交通空间

公共建筑的空间组合中的垂直交通联系的手段主要有楼梯、电梯、自动扶梯及坡道等，其作用是

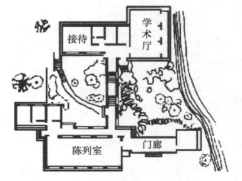

图 3-40　南京市中山植物园连廊

联系不同标高的各使用空间。

（1）楼梯 楼梯是民用建筑中最常用的垂直交通联系手段，设计时应根据使用性质和使用人数并结合空间艺术构思选择合理的形式，布置在恰当的位置，按防火规范确定楼梯的数量和宽度。

1）楼梯的形式。楼梯的常用形式主要有直跑楼梯、双跑楼梯、三跑楼梯、弧形楼梯、螺旋楼梯、剪刀楼梯和交叉式楼梯等。

① 直跑楼梯。直跑楼梯的梯段不转换方向，空间较狭长，有很强的导向感（图3-41）。直跑楼梯的适用范围较广。层高小于3m的建筑中采用直跑楼梯时，楼梯可一次连续走完，构造简单，构件类型少。在梯段很长时中间应设休息平台，以使连续的踏步级数控制在18级以内。

公共建筑中直跑楼梯的设置可根据人流路线组织及建筑室内空间艺术气氛的需要采取不同的处理方式。例如：利用直跑楼梯方向单一和空间的贯通性强的特点将其布置在门厅中轴线上，可以加强建筑内部空间的节奏感和导向感，达到庄重、严肃的效果，如北京人民大会堂门厅内的中央楼梯（图3-42）；有的公共建筑对人流组织的要求较高，如火车站、飞机场、地铁站等交通建筑，这时常将直跑楼梯布置在人流比较集中的位置，方便人流的组织与疏散，如乌鲁木齐航站楼的直跑楼梯（图3-43）和莫斯科Terekhovo地铁站的直跑楼梯（图3-44）；有的公共建筑大厅的重点在于创造灵活的空间气氛，则将开敞式直跑楼梯布置在大厅的一侧或两侧，

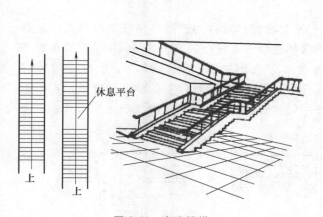

图3-41 直跑楼梯

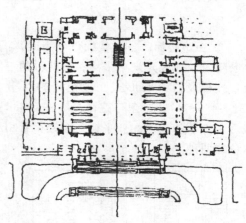

图3-42 北京人民大会堂门厅内的中央楼梯

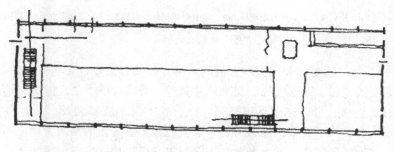

图3-43 乌鲁木齐航站楼的直跑楼梯

使大厅犹如一个大橱窗呈现于上下楼人群的眼底（图3-45，见书前彩图）。

② 双跑楼梯。双跑楼梯可分为平行双跑楼梯和转角双跑楼梯。平行双跑楼梯占地面积相对较少，由于人流的起止点在同一垂直位置，便于各层进行统一的空间组织，所以使用方便，结构简单，是最常采用的楼梯形式（图3-46a）。平行双跑楼梯的两个梯段可做成等距式，也可做成不等距式。转角双跑楼梯（图3-46b）又称折线形楼梯。双跑楼梯既可作为公共建筑中的主要楼梯，也可用于次要位置作辅助性的楼梯（图3-47）。

图 3-44 莫斯科 Terekhovo
地铁站的直跑楼梯

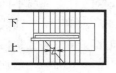

a) 平行双跑楼梯

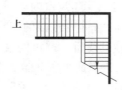

b) 转角双跑楼梯

图 3-46 双跑楼梯

图 3-47 某公共建筑大厅双跑楼梯

③ 三跑楼梯。三跑楼梯可分为对称的和不对称的。对称的三跑楼梯气氛较严肃，常在办公建筑、博览建筑中采用；不对称的三跑楼梯适合于布置在较方正的空间中或配合电梯布置。按梯段的布局形式，三跑楼梯可分为曲尺形三跑楼梯（图3-48a）、平行三跑楼梯（图3-48b、c）、转角三跑楼梯（图3-48d）。曲尺形三跑楼梯有较宽的梯井，常采用在平面接近正方形的楼梯间。平行三跑楼梯常用于中轴对称的门厅中，它又分为分上双合式和合上双分式两种。

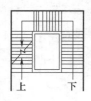

a) 曲尺形三跑楼梯

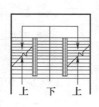

b) 分上双合式平行三跑楼梯

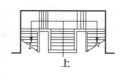

c) 合上双分式平行三跑楼梯

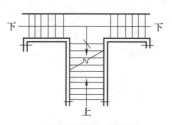

d) 合上双分转角三跑楼梯

图 3-48 三跑楼梯

④ 其他楼梯。为了造型需要或组织人流的需要，公共建筑设计中也可采取其他楼梯形式，如螺旋楼梯、剪刀式楼梯、弧形楼梯、交叉式楼梯等（图3-49）。在人流量大而连续的公共建筑中常采用剪刀式楼梯，可以充分利用空间。在大厅中采用旋转楼梯，可增加动感，营造生动、活泼的气氛。有时为了使直跑楼梯的起止点更迎合主要人流的流线方向，可将梯段弯曲成弧形，这种楼梯称为弧形楼梯，常常布置在主门厅内，可以使室内空间更加生动、舒展。

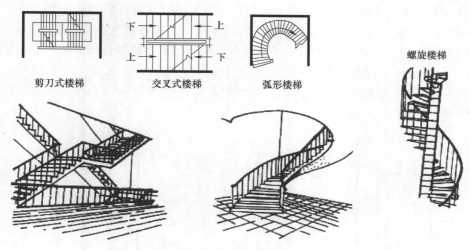

剪刀式楼梯　　　　交叉式楼梯　　　　弧形楼梯　　　　螺旋楼梯

图 3-49　其他楼梯

2）楼梯的数量和位置。为了保证防火疏散安全，一栋公共建筑需至少设两部楼梯，且两部楼梯负担的人流大致相当，其位置须符合安全疏散的距离要求（表 3-6）。对于 2~3 层的建筑（医院、疗养院、托儿所、幼儿园除外），如符合表 3-7 的要求，可设一个疏散楼梯。

表 3-7　设置一部疏散楼梯的条件

耐火等级	层　数	每层最大建筑面积/m²	人　数
一、二级	2~3 层	200	第 2 层和第 3 层人数之和不超过 50 人
三级	2~3 层	200	第 2 层和第 3 层人数之和不超过 25 人
四级	2 层	200	第 2 层人数不超过 15 人

楼梯间底层处应设置直接对外的出入口。如层数不超过 4 层，可将对外出入口布置在距离楼梯间不超过 14m 处。无论采用何种形式楼梯间，房间内最远一点到房门的距离不应超过表 3-6 中规定的袋形走道两侧尽端的房间从房门至外部出口或封闭楼梯间的最大距离（图 3-50）。

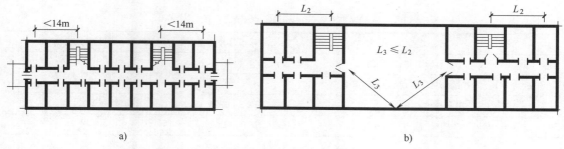

a)　　　　　　　　　　　　　　　　　　b)

图 3-50　楼梯的安全疏散要求

注：图中 L_2 数值详见表 3-6。

在公共建筑设计中确定楼梯数量时，可首先根据《建筑设计防火规范》的相关要求得出该建筑需要设置的楼梯的最少数量，再结合空间组合、流线组织、艺术要求等全面协调，根据设计需要适当增加楼梯数量。

3）楼梯的宽度。楼梯的宽度主要指梯段的净宽度。楼梯宽度应根据使用性质、人流数量、艺术效果、防火和疏散等要求来确定。人流量越大，楼梯宽度越大（图 3-51a、b、c），安全疏散对楼梯宽度的要求可根据表 3-5 通过计算确定。有关建筑设计规范对楼梯宽度均有相应规定，应予遵守。楼梯梯段改变方向时，平台扶手处的最小宽度（平台深度）不应小于梯段宽度。当有搬运大型物件需要时，还要酌情加宽（图 3-51d），如医院主楼梯和疏散楼梯的平台深度不宜小于 2m。

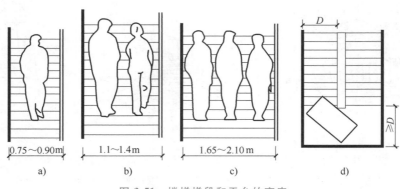

图 3-51 楼梯梯段和平台的宽度

4）楼梯踏步设计。无论是哪种形式的楼梯，均由梯段、平台、栏杆三部分组成。为了使行人不感觉疲劳，梯段连续的踏步级数不宜太多，一般在 15 级左右需加设休息平台，最多不能超过 18 级，但也不宜少于 3 级，以保证安全。

楼梯的坡度，应根据一般人的步距来设计，既要使人们行走方便、舒适，又要考虑经济、节约。在满足使用要求的条件下，应尽量缩短楼梯的水平长度，以节约建筑中的交通空间，并结合建筑的使用性质加以调整。一般地，使用人数多、层数多的建筑，楼梯坡度应平缓一些。最舒适的楼梯坡度为 30°左右，20°~45°的坡度适用于室内楼梯，爬梯可以采用 60°以上的坡度。楼梯的坡度由踏步的高度和踏面宽度决定，为使楼梯的坡度在舒适范围内，踏步的高度和踏面宽度应在合理的范围内。表 3-8 所列为疏散楼梯踏步的最小宽度和最大高度。

表 3-8 疏散楼梯踏步的最小宽度和最大高度

楼梯类型	踏步最小宽度/m	踏步最大高度/m
幼儿园、小学等建筑楼梯	0.26	0.15
电影院、剧场、体育馆、商场、医院、疗养院等建筑楼梯	0.28	0.16
其他建筑物楼梯	0.26	0.17
专用服务楼梯、住宅户内楼梯	0.22	0.20

5）楼梯的功能分类。民用建筑中的楼梯按其使用性质可以分为主要楼梯、次要楼梯、辅助楼梯和消防楼梯。主要楼梯的作用是联系建筑的主要使用空间，供主要人流使用，常常位于主要出入口附近或直接布置在主门厅内，成为视线的焦点，起及时分散人流的作用。次要楼梯所服务的人流量相对减少，其位置也不如主要楼梯那么明显，常设在建筑次要出入口处或建筑转角处。辅助楼梯仅用来联系建筑中的辅助使用空间。消防楼梯是为了满足防火疏

散需要而设置的，一般布置在建筑的端部。

如果根据设计的需要，楼梯按主次要求进行布置时，可把主要楼梯布置在交通枢纽空间，次要楼梯安排在相对次要的地方，以辅助主要楼梯分解一部分人流。次要楼梯应与主要楼梯相配合，沟通建筑上下空间，使之成为一个相互连通的整体，共同起着安全防火、疏散人流的作用。如旅馆、办公楼、电影院等类型的公共建筑，常因突出一个交通枢纽，而比较自然地使楼梯有主次之分（图3-52、图3-53）。

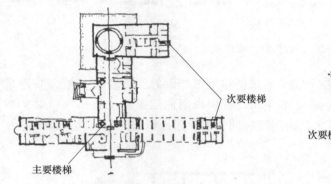

图 3-52 某旅馆建筑的主次楼梯布置

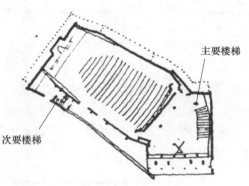

图 3-53 电影院建筑的主次楼梯布置

有的公共建筑如学校、体育馆等，若人流疏散是均匀分布的，可将楼梯按同等要求进行布置，即楼梯之间可以不强调其主次关系（图3-54）。

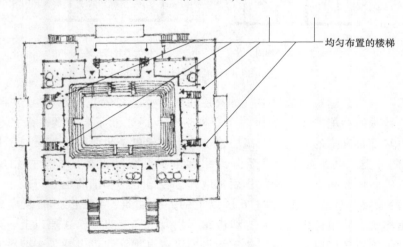

图 3-54 某体育馆的楼梯布置

6）楼梯间的形式。楼梯间是容纳楼梯，并有墙或柱限定的空间。楼梯间的形式分为封闭楼梯间、非封闭楼梯间和防烟楼梯间三种。非封闭楼梯间通向走道的出口是开敞的（图3-55a）。封闭楼梯间则设有能阻挡烟气的双向弹簧门或乙级防火门（图3-55b）。防烟楼梯间在楼梯间入口处设有防烟前室（图3-55c），或设专供排烟用的阳台、凹廊（图3-55d、e、f），通向前室或楼梯间的门均为乙级防火门。

非封闭楼梯间适用于5层及5层以下的公共建筑的疏散楼梯间（医院、疗养院的病房楼

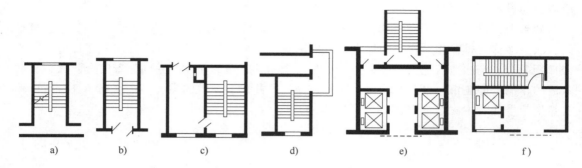

图 3-55　楼梯间的主要形式

除外）。医院、疗养院的病房楼，设有空气调节系统的多层旅馆和超过 5 层的其他公共建筑的室内疏散楼梯，均应采取封闭式楼梯间（图 3-56a）。楼梯间底层紧接主要出入口时，可将走道、门厅包括在楼梯间内，形成扩大的封闭楼梯间，但应用乙级防火门与其他部分隔开（图 3-56b）。

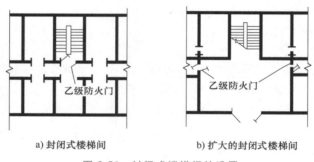

a) 封闭式楼梯间　　　　b) 扩大的封闭式楼梯间

图 3-56　封闭式楼梯间的设置

（2）电梯　当公共建筑层数较多（如高层旅馆、办公楼等），或某些公共建筑虽然层数不高但因某些特殊的功能要求（如医院、疗养院等）时，除了要布置一般的楼梯，还需设置电梯以解决其垂直升降的问题。在高层建筑中，电梯更是主要的垂直交通工具。

1）电梯的分类。电梯按使用性质分为乘客电梯、载货电梯、客货两用电梯、病床电梯、小型货梯等。按在防火疏散中的作用，电梯分普通电梯和消防电梯。

2）电梯的设置条件和数量要求。6 层以上的办公建筑，4 层以上的医疗建筑、老年人建筑、图书馆建筑、档案馆建筑，一二级旅馆 3 层以上、三级旅馆 4 层以上、四级旅馆 6 层及以上、五六级旅馆 7 层以上，高层建筑均需要设置电梯。在以电梯为主要垂直交通工具的建筑物内或每个服务区内，乘客电梯不少于 2 台。

3）电梯的布置。

① 电梯本身不需要天然采光，所以电梯间的位置可以比较灵活。其位置主要依据交通联系是否方便来确定，通常可布置在建筑物交通负荷的中心，如门厅、中庭、主要出入口附近、楼层居中位置等。

② 每层电梯出入口前，应考虑有停留等候的空间，需设置一定的交通面积，以免造成拥挤和阻塞。这部分空间称为电梯厅，电梯厅的深度应符合表 3-9 的规定。

表 3-9　电梯厅的深度

电梯类别	布置方式	电梯厅深度
乘客电梯	单台	≥1.5B
	多台单侧排列	≥1.5B*
		当电梯为 4 台时应≥2.4m
	多台双侧排列	≥相对电梯 B 之和,且≥4.5m
病床电梯	单台	≥1.5B
	多台单侧排列	≥1.5B*
	多台双侧排列	≥相对电梯 B 之和

注：1. B 为轿厢深度，B* 为电梯中最大轿厢深度。

　　2. 供轮椅使用的电梯厅深度不小于 1.5m。

　　3. 本表规定的深度不包括穿越电梯厅的走道宽度。

③ 电梯的布置方式分为单台、多台单侧排列和多台双侧排列等形式（图 3-57）。单侧排列的电梯不应超过 4 台，双侧排列的电梯不应超过 8 台。

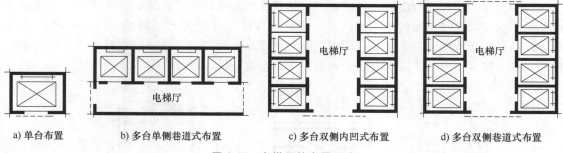

a) 单台布置　　　b) 多台单侧巷道式布置　　　c) 多台双侧内凹式布置　　　d) 多台双侧巷道式布置

图 3-57　电梯厅的布置形式

④在 8 层左右的多层建筑中，电梯与楼梯几乎起着同等重要的作用。在这种情况下，可将电梯和楼梯靠近布置，或安排在同一个楼梯间内，以便相互调节，有利于集散人流。在超过 8 层的公共建筑中，电梯就成为主要的交通工具了。由于电梯部数较多，一般成组地排列于电梯厅内，每组电梯不超过 8 部为宜，并应与电梯厅的空间处理相适应。

⑤ 电梯不应在转角处紧邻布置。电梯井道和机房不宜与主要用房紧邻布置，否则应采取隔振、隔声等措施。

⑥ 有的电梯可露明装设，充分利用自然采光或人工照明，可形成装饰性强的景观电梯。

⑦ 在进行电梯间设计时，必须根据选用的电梯出厂标准样本具体考虑。

⑧ 电梯不计作安全出口，设置电梯的建筑物尚应根据防火规范设置疏散楼梯。

4）消防电梯的布置。根据《建筑设计防火规范》规定，下列建筑应设置消防电梯：建筑高度大于 33mm 的住宅建筑；一类公共建筑，建筑高度超过 32m 的二类高层公共建筑，5 层及以上且总建筑面积大于 3000m^2（包括设置在其他建筑内五层及以上楼层）的老年人照料设施；设置消防电梯的建筑的地下或半地下室，埋深大于 10m 且总建筑面积大于 3000m^2 的其他地下或半地下建筑（室）。消防电梯的数量根据每层建筑面积确定。消防电梯应设前室。前室的使用面积不应少于 6m^2，前室的短边不应小于 2.4m。当与防烟楼梯间合用前室时，其使用面积住宅建筑不应少于 6m^2，公共建筑、高层厂房（仓库）不应少于 10m^2。

（3）自动扶梯 自动扶梯由电动机械驱动，使梯级踏步连同扶手同步运行，既可上升也可下降，具有连续不断输送大量人流的特点。自动扶梯运载量大，如梯段净宽为600mm和1000mm的自动扶梯，每小时输送能力分别为5000人和8000人，故多用在交通频繁、人流众多的公共建筑中，如百货商厦、购物中心、地铁站、火车站候车厅、航空港等。自动扶梯可供人流随时上下，省时省力，在发生故障时仍可按一般楼梯使用。

自动扶梯可单独布置，也可成组并列布置，在竖向上则有单向平行布置、转向交叉布置、连续排列布置和集中交叉布置等形式（图3-58）。

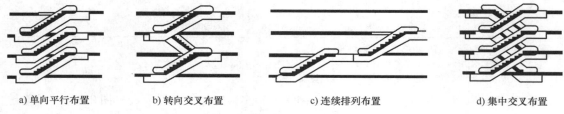

a) 单向平行布置　　　　b) 转向交叉布置　　　　c) 连续排列布置　　　　d) 集中交叉布置

图 3-58　自动扶梯的布置形式

自动扶梯不计作安全出口，所以设有自动扶梯的建筑仍应按规定设疏散楼梯。自动扶梯使上下空间连通，被连通的空间应列为一个防火分区，并符合《建筑设计防火规范》的要求。如果多层建筑中的共享大厅与周围空间之间设有防火门窗，并装有水幕，以及封闭屋盖安装有自动排烟设施时，共享大厅则为一独立的防火分区（图3-59）。

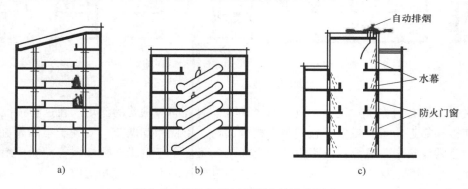

图 3-59　自动扶梯开口部分的防火要求

（4）坡道 有的公共建筑因某些特殊的功能要求，需要设置坡道，以解决交通联系的问题。例如：交通建筑在人流疏散集中的地方设置坡道，以利于安全快速疏散的要求；医院建筑使用坡道运送病人和供应医疗物资；旅馆建筑在主要入口前设置坡道，以解决汽车停靠问题（图3-60）；公共建筑满足无障碍设计的要求及地下（空中）停车库的车道设计等。

坡道分室内坡道和室外坡道。室内坡道的坡度不宜大于1:8，室外坡道的坡度不宜大于1:10。室内坡道投影长度超过15m时宜设休息平台。供残疾人使用的坡道的坡度不宜大于1:12；每段坡道允许水平投影长度不应大于9m，否则应设休息平台，平台深度不应小于1.2m；在坡道转弯处设休息平台时，平台深度不应小于1.5m；坡道两侧凌空时，应设栏杆和安全挡台。

相对于楼梯、电梯和自动扶梯，上升同样高度时，坡道占用的面积较大。因而除地下车

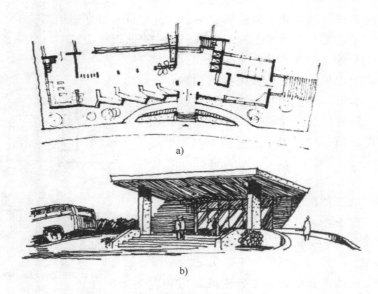

a)

b)

图 3-60　旅馆入口坡道

库和空中停车外，公共建筑中的坡道一般用于调整局部高差，不作为楼层间的垂直交通工具。但有时建筑师为了特殊的创作理念，也采用坡道作为建筑楼层间主要的垂直交通手段，如赖特设计的古根海姆博物馆的室内坡道（图 3-61，见书前彩图）及上海世博会沙特馆的室内坡道（图 3-62）。

4. 交通枢纽空间

在公共建筑设计中，考虑到人流的集散、方向的转换、空间的过渡及各种交通工具的衔接等，需要设置出入口、门厅、过厅、中庭等交通空间，起到交通枢纽与空间过渡的作用。

（1）出入口　建筑的主要出入口是整个建筑内外空间联系的咽喉、吞吐人流的中枢，也是建筑空间处理的重点。建筑的出入口常以雨篷、门廊等形式出现（图 3-63，见书前彩图），并与室外平台、台阶、坡道、建筑小品及绿化结合。它既是内外交通的要冲，也在室内外空间过渡和美化建筑造型方面有重要作用。

图 3-62　上海世博会沙特馆的室内坡道

建筑物出入口数量与位置应根据建筑的性质与流线组织来确定，并符合防火疏散的有关要求。例如：旅馆、商店和演出性建筑等具有大量人流的公共建筑，常将旅客、顾客、观众等人流与工作人员的出入口分别设置，以便管理；医院门诊部的急诊、儿科、传染科等为了避免相互感染，也尽量各自设置单独的出入口；影剧院往往设置 1~2 个入口和数个出口。公共建筑内的每个防火分区，其安全出口的数量应经计算确定，且不应少于两个，只有在符合《建筑设计防火规范》要求的相应条件时，可设置一个安全出口或疏散楼梯。

建筑的主要出入口处于内外人流的负荷中心，也常是建筑立面构图的中心。一般将主要出入口布置在建筑的主要构图轴线上，成为整个建筑构图的中心。

（2）门厅 门厅位于建筑主要出入口处，具有接纳人流和分散人流的作用，也是内外空间的过渡，是人们进入建筑体验的第一个室内空间。同时，根据使用功能的要求，不同性质公共建筑的门厅还兼有其他用途。例如：医院的门厅可以用于接待病人，也可以用于办理挂号等手续；旅馆的门厅可供旅客办理手续、等候、休息；演出性建筑中的门厅可供观众等候、休息等。门厅的设计在公共建筑设计中占有重要地位，应注意以下方面：

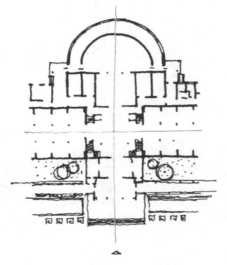

图 3-64 对称布局的北京美术馆门厅平面

1）根据设计需要灵活布局。门厅的平面布局分对称式和非对称式两类。对称式布局有明显的中轴线，通过主轴与次轴的区分来表示主要人流方向和次要人流方向。对称式门厅的空间形态严整，导向性好。当需要强调门厅空间主轴的重要性时，常将主要楼梯或自动扶梯等交通手段明显地安排在主轴上，以显示其强烈的空间导向性（图 3-64）。非对称式门厅没有明显中轴线，空间形态较灵活，有利于各种不同使用要求空间的灵活组合，并使空间形态富于变化，在非对称的建筑中采用较多（图 3-65）。

2）流线简洁，导向明确。门厅内交通路线的组织应简单明确，符合使用顺序要求，避免或减少交叉堵塞，并为各使用部分留出相对独立的活动空间。主要楼梯与电梯常组合在门厅中或门厅附近。图 3-66 所示为北京和平宾馆门厅，该门厅面积不大，但布置得当，流线清晰。楼梯口设置台阶与花池，强调了行进方向。休息区相对独立，避免了干扰，具有亲切气氛。对称布局的门厅由于主次轴线的存在，具备天然的强烈导向性；非对称布局的门厅则需通过空间引导与暗示的手段（见 4.2 节）强调门厅的导向性。

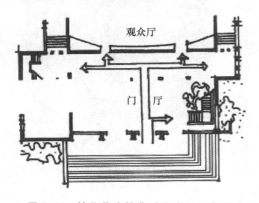

图 3-65 某公共建筑非对称式门厅布局

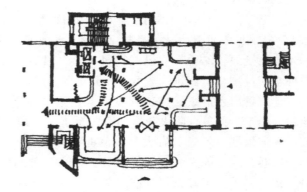

图 3-66 北京和平宾馆门厅

3）面积适宜，疏散安全。门厅面积根据建筑类型、规模、质量标准和门厅的功能组成等因素确定，也可根据有关面积定额指标确定（表 3-10）。

表 3-10　部分公共建筑门厅面积设计参考指标

建 筑 名 称	面 积 定 额	备　注
中、小学校/（m²/座）	0.06~0.08	
食堂/（m²/座）	0.08~0.18	包括洗手间、小卖部
综合医院/［m²/（日·百人次）］	11	包括衣帽间、询问处
旅馆/（m²/床）	0.2~0.5	
电影院/（m²/观众）	甲等 0.5，乙等 0.3，丙等 0.1	门厅、休息厅合计

　　为保证疏散安全、与门厅相接的出入口宽度指标不应小于表 3-4 的规定，并按该层或该层以上人数最多一层的人数计算。

　　4）空间设计合理，环境协调。在满足交通组织、面积要求的基础上，门厅的形状、空间的布局需要根据建筑物的性质、环境气氛和空间艺术处理要求进行进一步设计。不同的门厅有不同的艺术处理要求，或宽敞宏伟，或富丽堂皇，或亲切宜人，都应与建筑的功能和建筑标准相适应。空间氛围的形成是门厅的尺度、平面形状，空间组织、装修做法等的综合作用。装修做法又包括顶棚、地面、墙面的处理，色彩、质感、光影的处理，家具与装饰小品的处理等。

　　5）室内外空间的过渡。公共建筑的门厅设计还应处理好室内外空间过渡的问题，即通过设计使室内外空间的交接不突兀，人们从室外进入到室内的过程中心理感受自然平顺。处理这种过渡的常用方式是通过门廊、雨篷和底层架空等增加空间的层次。门廊和雨篷是我国和西方古代建筑常用的空间过渡形式，图 3-67 和图 3-68 分别说明了我国传统建筑和古希腊神庙建筑室内外空间过渡的处理方式和空间特征。图 3-69（见书前彩图）、图 3-70 和图 3-71（见书前彩图）则分别说明了不同类型的现代公共建筑室内外空间过渡的处理方式。

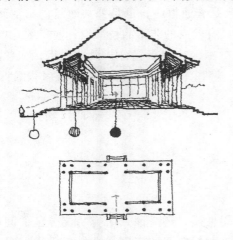

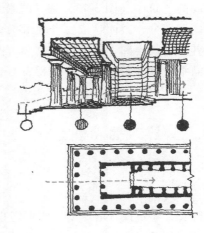

图 3-67　我国传统建筑的室内外空间过渡　　　　图 3-68　古希腊神庙建筑的室内外空间过渡

　　除了门廊、雨篷等形式，公共建筑门厅的室内外空间过渡还应根据具体的建筑性质，与室外平台、台阶、坡道、花池、雕塑、叠石、矮墙、绿化、喷水池、建筑小品等结合起来考虑。

　　（3）过厅　过厅是人流再次分配的缓冲空间，起到空间转换与空间过渡的作用；过厅有时也兼有其他用途，如作为休息场所等。过厅的设计方法与门厅相似，但质量标准稍低。图 3-72 所示为过厅的常见形式，图 3-72a 所示的过厅在走道转向、房屋转角处，起人流再次分配作用；图 3-72b 所示的过厅增加了服务台，结合了使用功能；图 3-72c 所示的过厅位于大空间和走道之间，有利于疏散大空间中的人流，避免在走道上造成拥挤阻滞。

图 3-70　某公共建筑入口

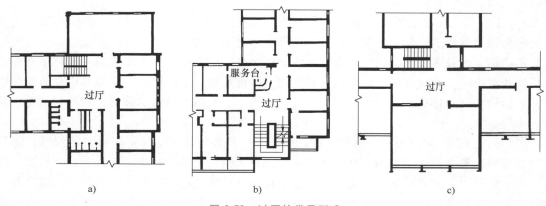

a)　　　　　　　　　　　b)　　　　　　　　　　　c)

图 3-72　过厅的常见形式

　　（4）中庭　中庭是供人们休息、观赏、交往、小憩的多功能共享大厅，常应用于质量标准较高的建筑中（图 3-73，见书前彩图）。中庭既是交通枢纽，也是公共建筑内部空间系列中的高潮部分，因而除了要合理组织交通，还应具有较高的艺术品位。设计时一般在中庭内或在其附近设楼梯、观景电梯或自动扶梯，围绕中庭，往往布置公共活动用房，如餐厅、商店、酒吧、咖啡茶座等。为获得良好的天然采光条件，可在外墙上开窗，或者设置采光顶棚。

3.2　公共建筑的功能分区

3.2.1　概述

　　进行公共建筑设计时，除了需要考虑空间的使用性质，还应深入研究功能分区的问题。尤其在功能关系与房间组成比较复杂的条件下，更需要把空间按不同的功能要求进行分类，并根据它们之间的密切程度按区段加以划分，做到功能分区明确和联系方便，同时处理好主与次、内与外、"闹"与"静"、"清"与"污"等方面的关系，使不同要求的空间都能得到合理的安排。具体来说就是，在明确了公共建筑的使用程序和功能关系后，要根据各部分不同的功能要求，各部分联系的密切程度及相互的影响，把它们分成若干相对独立的区或组，各个区或组之间要保证必要的联系和分隔，如此才能达到建筑布局既分区明确，又使用方便、合理。就各部分相互关系而言，有的相互联系密切，有的次之，有的就没有关系；甚至有的还有干扰，有的就要隔离。设计者必须根据具体的情况进行具体的分析，有区别地加以对待和处理。对于使用中联系密切的各部分要相近布置，对于使用中有干扰的部分，要有适当的分隔，需要隔离的尽可能地隔离布置。对公共建筑进行功能分区时，可借助功能关系"气泡图"来进行（图3-74）。

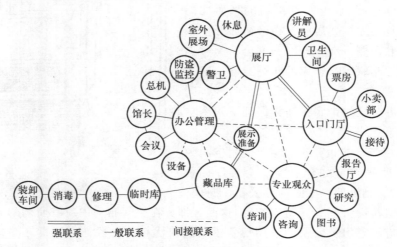

图 3-74 展览馆建筑功能关系"气泡图"

合理的功能分区就是既要满足各部分使用中密切联系的要求，又要创造必要的分隔条件。联系和分隔是矛盾的两个方面，相互联系的作用在于达到使用上的方便，分隔的作用在于区分不同使用性质的房间，创造相对独立的使用环境，避免使用中的相互干扰和影响，以保证有较好的卫生隔离或安全条件，并创造较安静的环境等。各类建筑物功能分区中联系和分隔的要求是不同的，在设计中就要根据它们使用中的功能关系来考虑。

3.2.2 功能分区的主次关系

1. 主次分区的一般规律

任何公共建筑都是由主要使用部分和辅助使用部分组成的。在进行空间布局时必须考虑各类空间使用性质的差别，将主要使用空间与辅助使用空间合理地进行分区，使不同的空间在位置、朝向、采光及交通联系等方面有主次之分，也就是要把主要使用空间布置在主要部位上，而把次要使用空间安排在次要位置上，使空间的主次关系顺理成章，各得其所。

主次分区的一般规律是：主要使用部分布置在较好的区位，靠近主要入口，保证良好的朝向、采光、通风及景观朝向、环境等条件，辅助或附属部分则可放在较次要的区位，朝向、采光、通风等条件可能就会差一些，并常设单独的服务入口。

以下以三种常见的公共建筑为例说明公共建筑的主次分区。

（1）学校建筑 学校建筑常包括教室、音乐室、实验室、行政办公、辅助房间及交通联系空间等数个不同性质的组成部分。从使用性质上看，教学部分应居于主要部位，办公次之，辅助部分再次之。这三者在功能分区上，应当有明确的划分，以防止干扰。但是这三部分之间还应保持一定的联系，而这种联系是在功能分区明确的基础上加以考虑的。图3-75

所示的上海南郊中学在总平面布置中较好地体现了主次关系。

（2）商业建筑　商业建筑在分清主次关系的基础上，在总体布局中应把营业大厅布置在主要的位置上，而把那些办公、仓储、盥洗等布置在次要的部位，使之达到分区明确，联系方便的效果。图 3-76 所示为北京天桥菜市场的平面功能分区布局，市场大厅位置居中，在沿街面开主入口，大厅北侧和西侧分别为仓库和办公，通过隔墙上的门与大厅相联系；仓库沿北侧走廊一字排开，办公沿西侧走廊排开，二者分区明确，同时，仓库区和办公区的走廊相连，保证了两个功能区之间的联系。

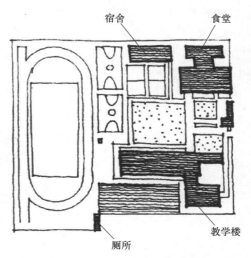

图 3-75　上海南郊中学总平面图功能分析

（3）旅馆建筑　旅馆建筑的主要使用空间为客房、公共活动房间（如休息室、会客厅、餐厅、娱乐室等），辅助使用空间为办公室、厨房、洗衣房及各种机械设备室等（图 3-77）。这两大部分在空间布局中应有明确的分区，以免相互干扰，并且应将客房及公共活动用房置于基地较优越的地段，保证良好的朝向、景观朝向、采光、通风等条件。辅助使用空间从属于它们布置，切不能主次颠倒或者相混，更不应将辅助使用空间安排在公众先到的区位，先通过这些辅助房间区域才能到主要使用空间（图 3-78）。

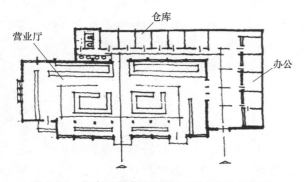

图 3-76　北京天桥菜市场的平面功能分区布局

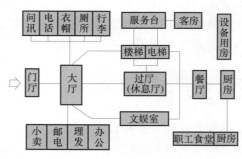

图 3-77　旅馆建筑功能关系

2. 主次分区的辩证关系

（1）特殊位置的次要空间　公共建筑功能分区中"主"与"次"的关系是辩证的。有的建筑空间在主次关系中属于从属性质，但从人流活动的需要上看，应安排在明显易找的位置上。这种情况下的主次部分很难截然分开，常常是某些辅助房间寓于主要使用空间之中。

例如，车站、影剧院等建筑中的售票等营业服务用房在使用上应属于辅助使用空间部分，它们的主要使用空间应该是候车室、观众厅等。售票房在使用上虽属辅助使用部分，但在使用程序上又居前位，因此它就不能置于次要的隐蔽地位，而应该是公众能方便到达之处。这样的例子还有行政办公建筑的传达室、收发室，展览建筑的门卫室等。上述这些空间的使用性质虽属次要，但根据实际的使用要求，按人流活动的顺序关系，摆好它们的位置，

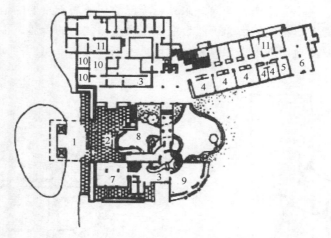

图 3-78　上海龙柏饭店首层平面布局

1—门廊　2—门厅　3—总服务台　4—商店　5—理发室　6—咖啡酒吧　7—团体休息室　8—室内庭院
9—接待室　10—办公室　11—库房

也是不容忽视的。也就是说，主次分区要与具体的使用顺序结合起来考虑，分区布置要保证功能序列的连贯性（图 3-79）。

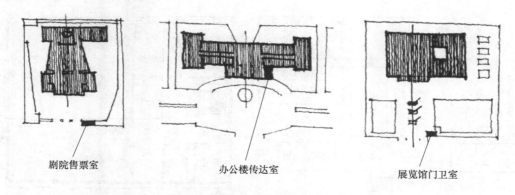

图 3-79　部分次要空间在建筑中的位置

（2）次要空间的重要性　公共建筑的次要部分是相对于主要部分而言的，并不是不重要，可以任意安排的，主要在于三方面原因：

1）次要部分与主要部分既有需要分隔开的一面，又有需要联系的一面，设计不当，都会给使用带来不好的效果。如影剧院中的厕所，若安排不当的话，不仅给观众带来不便，甚至还会影响观众厅的秩序和演出的效果。图 3-80 所示为某剧院平面图，它较好地安排了各次要空间的位置。又如餐饮建筑中厨房与餐厅要联系方便，厨房中的备餐间应紧临餐厅（图 3-81）。

2）辅助空间的面积大小，空间高低都有其特殊的要求，都应妥善解决。如果它们与主要使用空间不按一定比例来安排，必将影响其使用能力及整个建筑物的使用效果。例如：博物馆或商店如果仓库面积过小，位置不当或者是采光、通风考虑不周，不仅影响到陈列室或营业厅的使用，而且会影响展品或商品的保存，甚至导致展品和物品变质；图书馆建筑中，尽管阅览室的位置、大小、座位、朝向、采光、隔声等功能居于主要的地位，但是如果书库的位置、容量等功能考虑不周的话，仍然会造成主次空间之间的矛盾。根据图书馆的功能关系（图3-82），图3-83所示的图书馆就较好地设计了书库等次要空间的面积、位置和流线。

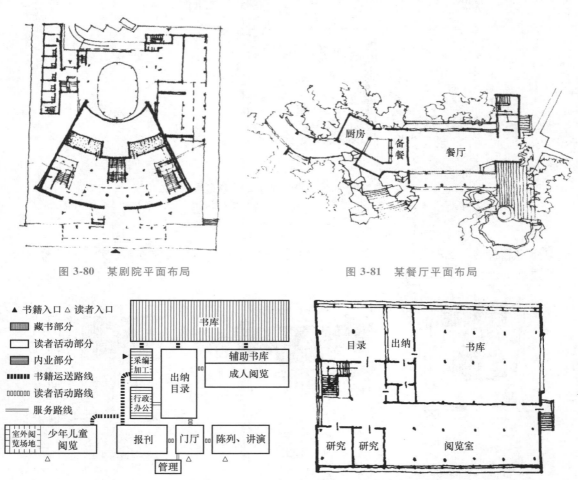

图 3-80　某剧院平面布局　　　　　　　图 3-81　某餐厅平面布局

图 3-82　一般中型图书馆功能关系　　　　图 3-83　某图书馆的平面布局

3）辅助部分有其自身的使用程序，设计时应保证其功能序列的连贯。如餐饮建筑中厨房的功能划分和工艺流程是厨房空间布局的依据（图3-84）。厨房的布局根据具体设计条件可采用统间式（图3-85）和分间式，不同的布局形式又直接影响到餐厅的设计。

所以，从某种意义上说，公共建筑中的主要空间能否充分发挥作用，和辅助空间配置得是否妥当有着不可分割的关系。

3.2.3　功能分区的内外关系

公共建筑中的各种使用空间，有的功能以对外联系为主，有的则与内部关系密切。对外联系为主的空间对外性强，直接为公众使用，与内部关系密切的空间对内性强，主要供内部工作人员使用，如内部办公、仓库及附属服务用房等。在进行空间组合时，也必须考虑这种"内"与"外"、"公"与"私"的功能分区。

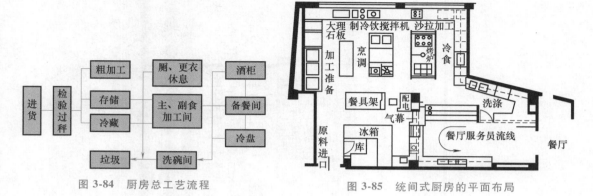

图 3-84 厨房总工艺流程　　　　图 3-85 统间式厨房的平面布局

一般来讲，对外性强的用房（如观众厅、陈列室、营业厅、讲演厅等），人流大，应该靠近入口或直接进入，使其位置明显，通常环绕交通枢纽布置；对内性强的房间则应尽量布置在比较隐蔽的位置，以避免公共人流穿越而影响内部的工作。

如行政办公建筑各个办公用房基本上是对内的，而接待、传达、收发等科室主要是对外的。因此，按照人流活动顺序的需要，常将主要对外的部分布置在交通枢纽的附近，而将主要对内的部分布置在比较隐蔽的部位，并使其尽可能地靠近内部的区域（图 3-86）。

又如展览建筑，陈列室是主要使用房间，对外性强，尤其是专题陈列室、外宾接待室及讲演厅等，一般都是靠近门厅布置；库房、办公等用房则属对内的辅助用房，就不应布置在这种明显的地方（图 3-87）。

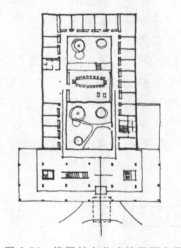

图 3-86 德国某办公建筑平面布局

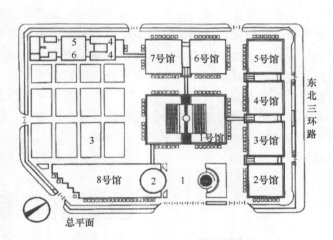

图 3-87 北京国际展览中心总平面布局
1—门厅　2—售票厅　3—室外展场　4—办公　5—食堂　6—仓库

再如宾馆的客房，虽直接为旅客使用，但不希望随意进出，所以在平面布局时常与门厅有一定距离甚至置于二楼及以上，而将对外性强的公共部置于底层。另外，功能分区的内外关系，不仅限于单体建筑，还应结合总体布局、室外空间处理予以综合考虑。图 3-88 所示为罗马尼亚派拉旅馆，该旅馆除了通过建筑布局区分了对外性强的空间和对内性强的空间，还运用庭园的绿化、道路、矮墙等建筑小品作为手段，把功能分区"内"与"外"的

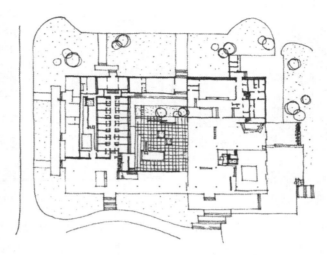

图 3-88　罗马尼亚派拉旅馆平面布局

关系解决得比较自然而又适用。

　　通过以上案例不难看出，属于对外性强的使用空间，往往是公众使用多或公共人流大的空间，反之，对外性就弱一些。

3.2.4　功能分区的"闹"与"静"的关系

　　公共建筑的功能分区还应处理好"闹"与"静"的关系。一般公共建筑中供学习、工作、休息等使用的部分希望有较安静的环境，而有的用房容易嘈杂喧闹，甚至产生噪声。从使用功能的角度，这两部分安静程度不同的空间就要进行适当隔离。

　　例如：学校中的公共活动教室（如音乐教室、室内体育房等）及室外操场在使用中会产生噪声，而教室、办公室需要安静，两者就要求适当分开；医院建筑中门诊部人多嘈杂，也需要与要求安静的病区分开；图书馆建筑的儿童阅览室及陈列室、讲演厅等公共活动部分等人多嘈杂，应与要求安静的主要阅览区分开布置；幼儿园建筑中的卧室需要安静，进行文体活动的音体室则易产生噪音，因而在布局上二者应分开一定距离，这种"动"与"静"分区明确的布局，恰好也反映了幼儿园建筑功能要求的特点（图 3-89、图 3-90）。

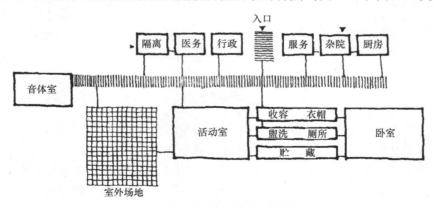

图 3-89　幼儿园功能关系图解

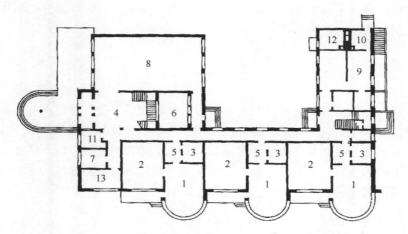

图 3-90 某幼儿园一层平面布局

1—活动室　2—卧室　3—盥洗室和幼儿厕所　4—门厅　5—衣帽间　6—内院　7—办公室　8—音体室

9—厨房　10—烧火间　11—值班室　12—烘干室　13—医务室

即使是同一功能的使用房间也要进行具体分析、区别对待。如俱乐部或文化馆，主要的房间都是开展各种各样的活动，但由于活动的内容不一，"闹""静"的情况和要求也就不同，一些活动用房（如乒乓球室、文娱室、球场等）比较喧闹、有噪声，另一些活动室（如下棋室、阅览室等）则要求安静，两组房间就需要适当分开。

由此可见，在进行公共建筑的"闹""静"分区时，要仔细地分析各个部分的使用内容及特点，分析"闹"与"静"的要求，有意识地进行分区布置。

3.2.5 功能分区的"洁"与"污"的关系

公共建筑中某些辅助或附属用房（如厨房、锅炉房、洗衣房等）在使用过程中产生气味、烟灰、污物及垃圾，必然会对主要使用房间产生影响，所以在功能分区时要将二者相互隔离，即功能分区的"洁"与"污"分区。

"洁"与"污"分区时，一般应将产生污染的房间置于常年主导风向的下风向，且避免将其置于主要交通流线上。此外，这些房间一般比较零乱，也不宜放在建筑物的主要一面，以免影响建筑物的整洁和美观。"洁"与"污"分区以前后分区为多，少数情况下也根据实际流线需要将产生污染的房间置于建筑底层或最高层。

"洁"与"污"的问题尤以医院建筑为突出。医疗建筑的功能分区中（图 3-91），常将医疗区、医技区和后勤供应区加以适当的隔离，起到防止交叉感染和便于管理的作

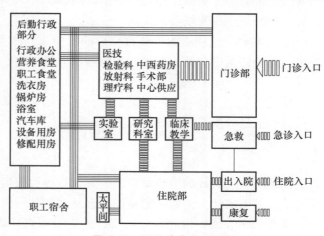

图 3-91 医院功能关系图解

用；医疗区的门诊部、急诊部和住院部也各自独立为一部分，同时各部分之间也需要有一定的联系，使之用地紧凑，使用方便。

3.3 公共建筑的交通流线组织

人在建筑物内部的活动，物在建筑内部的运送，就构成了公共建筑的交通流线。对公共建筑的交通流线组织包括两个方面：各种流线相互的联系和彼此之间的分隔。合理的交通路线组织就是既要保证相互联系的方便、简捷，又要保证必要的分隔，使不同的流线不相互干扰。交通流线组织的合理与否是评鉴公共建筑平面布局好坏的重要标准，它直接影响到公共建筑的平面布局形式。

3.3.1 交通流线的类型

公共建筑物内部交通流线按其使用性质可分以下三种类型：

（1）人流交通线　建筑物主要使用者的交通流线，如食堂中用膳者流线、车站中的旅客流线、商店中的顾客流线、体育馆及影剧院中的观众流线、展览建筑中的参观路线等。不同类型的建筑物交通流线的特点有所不同：有的是集中式，在一定的时间内很快聚集和疏散大量人流，如影剧院、体育馆、音乐厅、会堂建筑等；有的是自由式，如商业建筑、图书馆建筑等；有的则是持续连贯式，如展览馆、博物馆、医院建筑等。但是，它们都有一个合理组织大量人流进与出的问题，并应满足各自使用程序的要求。公共建筑人流线按其流线的动向，可分为进入和外出两种。在车站建筑中就是旅客进站流线和出站流线，在影剧院中就是进场流线和退场流线。公共建筑人流交通线中不同的使用对象也构成不同的人流，这些不同的人流在设计中都要分别组织，相互分开，以免彼此干扰。例如：车站建筑中的进站旅客流线包括一般旅客流线、特殊旅客流线及贵宾流线等，一般旅客流线又通常按其乘车方向构成不同的流线；体育建筑中公共人流线除了有一般观众流线，还包括运动员的流线、贵宾流线等。

（2）内部工作流线　无论哪种类型的建筑，都存在着内部工作流线，只是繁简程度不一。商业建筑有商品运输、库存、供应路线，工作人员进出路线；博物馆有文物展品、藏、保、管、修复等工作流线等。

（3）辅助供应交通流线　如食堂中的厨房工作人员服务流线及后勤供应线，车站中行包流线，医院建筑中食品、器械、药物等服务供应线，商店中货物运送线，图书馆中书籍的运送线等。

规模越大、综合性越强的建筑，各种流线越是复杂，在综合性的现代公共建筑中，常常同时具备以上三种流线（图3-92）。

3.3.2 交通流线组织原则

公共建筑交通流线的组织要以人为本，以最大限度地方便主要使用者为原则，应该顺应人的活动，而不能让人们勉强地接受或服从建筑师所强加的"安排"。正因为"人的活动路线"是设计的主导线，因此，交通流线的组织就直接影响到建筑空间的布局。明确"主导线"的基本原则后，一般在平面空间布局时，交通流线的组织应具体考虑以下几点要求：

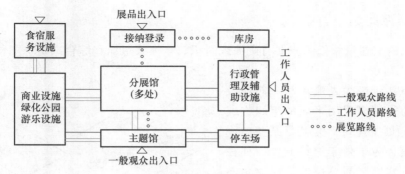

图 3-92 国际博览会流线分析

1）不同性质的流线应明确分开，避免相互干扰。首先，主要活动人流线不与内部工作人流线或服务供应线相交叉；其次，主要活动人流线中，有时还要将不同对象的流线适当地分开；最后，在集中人流的情况下，一般应将进入建筑的人流线与外出人流线分开，进出建筑的人流不出现交叉、聚集的瓶颈现象。

2）流线的组织应符合使用程序，力求流线简捷明确、通畅，不迂回，最大限度地缩短流线。在食堂的设计中，交通流线的组织就要根据用膳者的使用程序，使用膳者进到食堂后能方便地洗手、买饭菜和就座。因此，备餐处应能够快速地被识别和便捷地到达。在车站建筑设计中，人流路线的组织一般要符合进站和出站的使用程序。进站旅客流线一般应符合问讯—售票—寄存行李—候车—检票等活动程序。出口路线就要使出站后能方便地到行李提取处或小件寄存处，并且能尽快地找到市内公共汽车站或地铁站出入口。在图书馆设计中，人流路线的组织就要使读者方便地通达读者所要去的阅览室，并尽可能地缩短运送书籍的距离，缩短借书的时间。

3）流线组织，要有灵活性，以创造一定的灵活使用的条件。在实际工作中，由于情况的变化，建筑内部的使用安排经常是要调整的。例如：车站既要考虑平时人流的组织，又要考虑黄金周和节假日期间的"旅客潮"安排；图书馆既要考虑全馆开放人流的组织，又要考虑局部开放（如大学图书馆在寒暑假期间）时不影响其他不开放部分的管理；在展览建筑中，这种流线组织的灵活性尤为重要，它既要保证参观者能有一定的顺序参观各个陈列室，又要使观众能自由地取舍，同时既便于全馆开放，也便于局部使用，不致因某一陈列室内部调整布置而影响全馆的开放。当然，流线组织的连贯与灵活孰主孰次还要根据各个建筑物的性质而有所不同，这就要具体情况具体分析。以展览建筑来讲，历史性博物馆由于陈列内容是断代的，时间序列性强，因此主要是考虑参观路线的连贯性，而艺术陈列馆或主题展览馆的展陈顺序对时间序列的要求不高，流线组织具有更多灵活性。

4）流线组织与出入口设置必须与总平面设计密切结合，二者不可分割，否则从建筑单体平面上看流线组织可能是合理的，而从总平面上看可能就是不合理的，或者反之。

综上可见，公共建筑空间组合中的人流组织问题，实质上是人流活动的合理顺序问题。它既是一定的功能要求与关系体系的体现，也是空间组合的重要依据。它在某种意义上，会涉及建筑空间是否满足使用要求、是否紧凑合理，空间利用是否经济等方面的问题。所以人流组织中的顺序关系是极为重要的，应结合各类公共建筑的不同使用要求深入分析。

3.3.3 交通流线组织方式

公共建筑的交通流线组织主要有平面式组织、立体式组织和综合式组织三种。

1. 平面式组织

中小型公共建筑的人流活动一般比较简单，人流的安排多采用平面的组织方式（图 3-93）。如展览建筑，尤其是某些中小规模的展览馆，为了便于组织人流，往往要求以平面方式组织展览路线，以避免不必要的上下活动，从而达到使用方便的目的（图 3-94）。

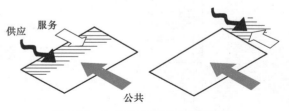

图 3-93　公共建筑平面式交通组织

2. 立体式组织

有的公共建筑功能要求比较复杂，仅仅依靠平面的布局方式，不能完全解决流线组织的问题，还需要采用立体方式组织人流的活动（图 3-95）。如规模较大的交通建筑常把进出空间的两大流线从立体关系中错开（图 3-96）。也就是说，在组织流线时，将旅客大量使用的空间，诸如出入口、问讯处、售票厅、行包厅、候车厅等主要组成部分，依照一定的流程顺序，按立体的方式进行安排，使其整个流线短捷方便，空间组合紧凑合理。

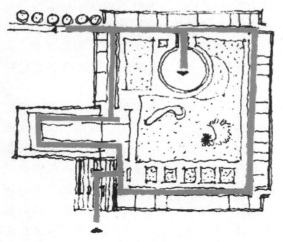

图 3-94　展览馆平面式流线组织

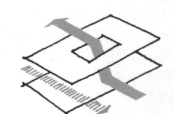

图 3-95　立体流线组织图解

图 3-96　立体流线组织剖面关系

有的交通建筑处于有较大高差的地段，可利用地形的特殊条件组织流线。如乌鲁木齐航空港（图 3-97），利用地形坡度减少土方工程量：候机楼的一侧是停机坪，另一侧是停车场，停机坪比停车场低 3m 多，这样就使整个人流活动产生了图 3-98 所示的立体关系。但这是因地形高差而造成的立体关系，与上述的源于流线组织而形成的立体关系，是不完全相同的。

3. 综合式组织

在某些公共建筑中的各种交通流线复杂，仅仅依靠平面式和立体式的交通组织不能满足功能需求，这就要采用综合式的流线组织方式。下面以旅馆、影剧院（包括会堂）两种类型的建筑为例来说明公共建筑的综合式流线组织方式。

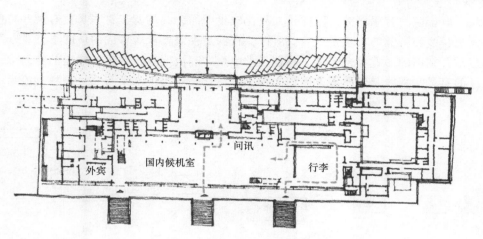

图 3-97　乌鲁木齐航空港首层平面图

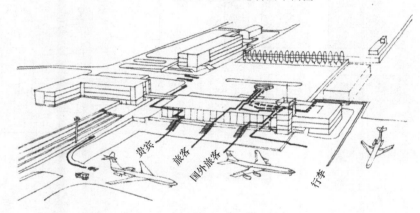

图 3-98　乌鲁木齐航空港流线组织

　　一般性的旅馆建筑，除了需要满足旅客食宿，还需要满足其在工作上和文娱生活上的多样要求。因此，旅馆是一种综合服务性的公共建筑，既要保证旅馆有安静舒适的休息和工作环境，又要提供公共活动的场所。根据旅馆的功能关系（图 3-99），通常将问讯、小卖、餐饮、娱乐、会议等功能布置在低层，客房部分布置在公共部分的上层，形成流线组织的综合关系（图 3-100）。

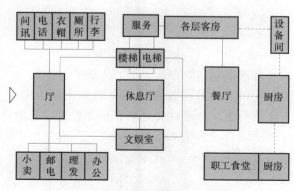

图 3-99　普通旅馆功能关系图解

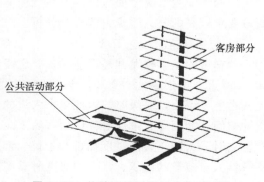

图 3-100　旅馆流线组织综合关系图解

剧院、电影院、音乐厅等，同样是人流比较集中的公共场所，它本身具有某些特殊的要求，如满足视线和听觉的质量要求等。所以，在满足视线要求所形成的坡度下，观众厅的空间形式应结合剖面的形式综合考虑。特别是大中型的观演建筑，常运用楼座的空间形式，解决观众厅的容量、视线及音质等方面的问题，因而就必然出现水平与立体两种人流组织的综合关系（图 3-101）。

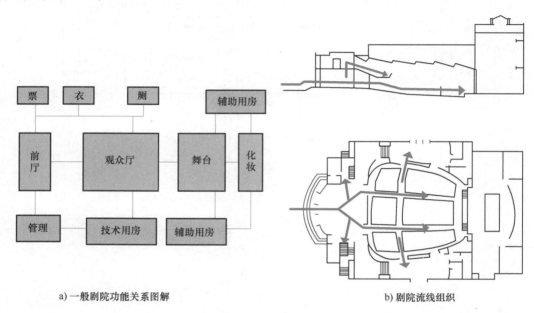

a) 一般剧院功能关系图解　　　　　　　　　　　　b) 剧院流线组织

图 3-101　剧场功能关系与流线组织

3.3.4　公共建筑的人流疏散

公共建筑的人流疏散问题，是人流组织中的又一个重要的内容，尤其对于人流量大而集中的公共建筑来说更加突出。公共建筑中的人流疏散，有连续性的（如医院、商店、旅馆等）和集中性的（如影剧院、会堂、体育馆等）。有的公共建筑是属于两者之间的，兼有连续和集中的特性（如展览馆、学校建筑等）。但在紧急情况发生时，不论哪种类型的公共建筑，疏散都会成为紧急而又集中的问题。因而在考虑公共建筑的疏散问题时，应把正常的与紧急的两种疏散情况全面考虑，方能合理地组织流线与空间的序列。下面以人流比较集中、疏散要求较高的公共建筑为例进行分析。

1. 阶梯教室的人流疏散

阶梯教室是学校尤其是高等学校教学楼的常见建筑空间，根据所容纳的人数，小型的为 90~150 人，中型的为 180~270 人，大型的为 300 人以上。阶梯教室的人流活动比较集中，尤其在上下课交换班级时。因此要求人流的出入必须畅通，并应在交通枢纽地带设置一定的缓冲空间，如门厅、过厅等，以缓解因人流过分集中而造成的交叉干扰。另外，当有数个阶梯教室时，为防止人流过度拥挤和干扰，常采用分散布局，以满足疏散设计的要求。对于阶梯教室人流疏散的组织，常用的有两种基本方法。

（1）出入口合并设置　这种方法多把出入口设在讲台的一端（图 3-102）。人流疏散时，自上而下，方向一致，从而可以简化阶梯教室与相邻房间的联系。但是这种方式，容易造成出入人流的交叉拥挤，因而常用于规模不大的阶梯教室。

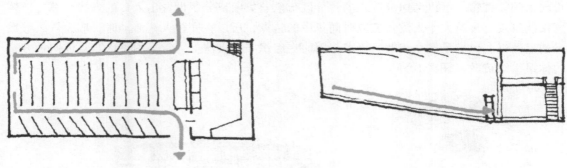

图 3-102　阶梯教室出入口合并设置

（2）出入口分开设置　此种方法一般将入口设在讲台的附近，出口则布置在阶梯教室的后部，使人流经过楼梯或踏步疏散。同时，教室内部的通道，应与疏散口相连接。这种组织人流集散的方式具有干扰小、疏散快、不混乱等优点，所以常用于规模较大的阶梯教室（图 3-103）。当阶梯教室地面坡度升起较高时，可将出入口设在斜坡地面的下方，以充分利用空间。

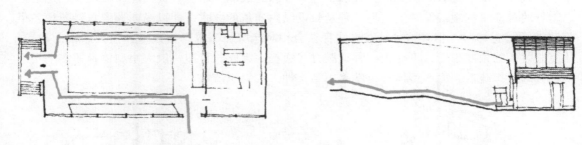

图 3-103　阶梯教室出入口分开设置

2. 影剧院、会堂的人流疏散

剧院、音乐厅、会堂的活动多属单场次，且演出时间较长，在演出过程中常安排一定的休息时间，因而需要设置休息厅（一般入口可兼作疏散口，前厅可兼作休息厅）。因此在考虑剧院、音乐厅、会堂建筑的疏散时，需要密切注意缓冲地带人流的停留时间，切忌各部分之间的疏散时间失调，超过安全疏散的允许范围。当然，这类建筑的疏散设计与材料、结构的防火等级、观众厅的席位排列、楼梯过道的具体布置等是密切相关的（图 3-104）。

3. 体育建筑的人流疏散

体育馆容纳的观众席位远比影剧院多，特别是一些大型体育馆的观众容量，高达数万人，因而人流疏散问题更加突出。但是体育馆

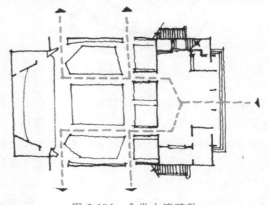

图 3-104　会堂人流疏散

建筑的疏散要求也有它自身的特殊性，如比赛的场次大多不是连续的，因此出入口可以考虑合用。另外，体育馆的席位常沿着比赛场四周布置，故可以沿观众厅周围组织疏散。至于规模较大的体育馆，可以考虑分区入场、分区疏散、集中或分区设置出入口的方式。总之，体育馆建筑具有集散大量人流、疏散时间集中的特点，所以在安排人流活动时，应设置足够数量的疏散口，以满足安全疏散的要求。因而在组织安排人流上，常采用平面与立体两种方式的体系组织疏散（图 3-105）。

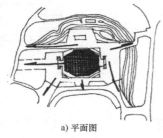

a) 平面图　　　　　　　　　　　　　　　　b) 剖面图

图 3-105　体育建筑的人流疏散

　　体育建筑的席位排列与交通组织，对疏散设计的影响颇大，常用的布置方式有两种。一种是在观众席内设置横向通道（图 3-106），即在同一标高疏散口之间的联系通道上。这种布置方式对于疏散是有利的，但如处理不当，容易造成减少席位、提高座席坡度及在走道上走动着的观众干扰视线等缺点。另一种是只设纵向通道的方式，即以纵向通道直接通往各个疏散口（图 3-107）。但是这种疏散方式存在会相对地增加疏散口的数量和损失席位的缺点。从疏散效果的角度来看，不如上一种疏散方式通畅。因此，目前一般大中型体育馆多采用第一种方式组织疏散，而小型体育馆常采用第二种方式组织疏散。

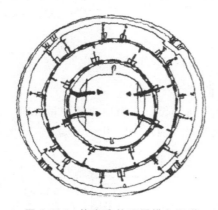
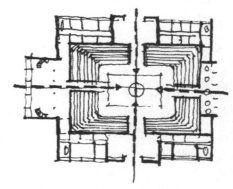

图 3-106　体育建筑设置横向通道　　　　　　图 3-107　体育建筑设置纵向通道

　　以上介绍的是人流比较集中、疏散要求比较突出的几种公共建筑类型，其他类型的公共建筑（如中小学校、旅馆、医院、办公楼、展览馆等）也存在人流疏散问题，只不过因其功能要求不同，考虑疏散问题的程度及解决的方式不同而已。

　　通过上述分析可以看出，在公共建筑设计中，疏散问题应是一个必须重视的功能问题，它与前述的空间使用性质、功能分区、流线特点等问题是不可分割的。所以，在考虑功能问题时应给予深入的分析研究，才能使疏散问题获得比较全面的解决。

拓展阅读

旧建筑、新功能——功能置换背景下的公共建筑设计

旧建筑改造是建筑设计的一个重要组成部分，在城市更新的进程中，很多旧建筑的功能不再适合于当代社会生活，需要对其进行功能置换。这就需要根据新的功能对旧建筑的空间、流线、结构、材料等进行改造和重新设计。这也是当代建筑师面临的时代任务。通过以下两个案例，我们可以了解和学习旧建筑改造中的功能和空间的设计方法。

1. 丹麦 Streetmekka 运动实验室设计（图 3-108~图 3-111）

项目旧址位于丹麦奥尔堡市 Eternitten 的实验室，是一座建于 1963 年的建筑，建筑面积 2500m²。该建筑以其独特的粗糙外表，阐明了这个街区的工业历史，与此同时，这里也几乎被城市街头文化所征服。更新设计的主要概念，便是希望将街头文化的非正式性融入到现有的实验室建筑框架中，通过空间"实验"将各种不同的活动联系起来。

图 3-108 丹麦 Streetmekka 运动实验室外观

图 3-109 丹麦 Streetmekka 运动实验室大厅

图 3-110 丹麦 Streetmekka 运动实验室室内篮球场

图 3-111 丹麦 Streetmekka 运动实验室剖透视

原有的实验楼由两个功能截然不同的部分组成：实验大厅与实验室翼楼。为了满足功能需要，原有的两个区域被设计成了截然不同的空间，这也为本次改造提供了大量可能。实验大厅的高度与宽度可以为攀岩、跑酷、篮球与街头足球提供场所。在实验室所在的翼楼，则安排了类似舞蹈排练厅、录音工作室、街头厨房与办公空间这种对于实用性和声学条件有要求的空间。而室外空间，则是一个包含健美操运动场、跑酷跑道与攀岩石的巨大街道空间。整个实验室建筑的立面成为街头艺术活着的画布。

受到原有建筑启发，设计团队在努力维持其工业特色的同时，也尝试创造一种全新的环境，鼓励使用者尝试新的活动与社交形式，发现更多的可能。与建筑原有的功能相呼应，目标是创造一个蓬勃发展、充满活力的"街头实验室"。

2. 荷兰尼龙工厂改造项目（图 3-112、图 3-113）

该项目位于荷兰阿纳姆清洁技术园区，是将一座旧尼龙工厂改造成独特的办公楼。设计以既有的建筑品质为基础，同时将新增的楼层空间与清晰的路径相结合，一个全新的钢制平台框架被生长于既有的混凝土结构上。

建筑师将原来的生产大厅内的巨大工业锅炉拆除，其明亮而宽敞的氛围与首层和地下室的混凝土结构形成了强烈的对比。

首层与地下室被一座新的木制楼梯连接起来，同时也是通往所有新楼层的中央路径的起点。新建的楼层尽量采用了轻质的结构，并在既有柱子之间加入了开放的桁架梁，顶部则铺设了结合吊顶板的楼板。这样的设计不仅延续了视觉上的开阔感，还为未来的改造甚至恢复原貌保留了可能性，确保了建筑能够灵活地适应未来需求。这些新的平台创造了品质独特且多样化的工作空间。

建筑主入口旁边设有一个向外延伸的条形台，兼具了接待台的功能。首层设有多个会议室和一间餐厅。楼梯还可以用作大型的演讲和活动空间。

图 3-112　荷兰尼龙工厂改造项目内部空间

图 3-113　荷兰尼龙工厂改造项目地下部分空间

思 考 题

1. 选择一份自己的设计课作业，分析平面的功能分区和流线组织，指出其中的问题并提出修改方案。

2. 选择一份自己的设计课作业，指出在门厅的设计中所运用的室内外过渡方法，并提出优化方案。

3. 设计一个建筑面积 $20m^2$ 的公共卫生间，画出至少三种平面布局。

4. 查阅相关资料，以实例论述公共建筑的功能问题与"以人为本"的设计理念之间的关系。

5. 查阅相关资料，了解你所在城市的旧建筑改造实例，并思考其功能和空间设计方法。

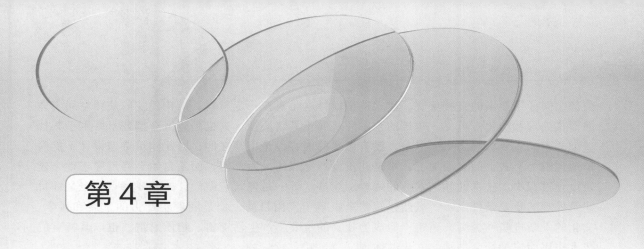

第4章

公共建筑的造型艺术

公共建筑造型设计包括建筑的形体、立面及细部处理，它贯穿于公共建筑设计的全过程。造型设计是在内部空间及功能合理的基础上，在技术条件的制约下处理基地情况与四周环境的协调，从整体到局部再到各细部，按一定的美学规律加以处理，以求得完美的艺术形象。公共建筑的造型艺术涉及的内容是多方面的，限于教材的深度和范围，本章从基本特点、室内空间、室外形体等方面重点介绍。

4.1　概述

4.1.1　公共建筑造型艺术的基本原则

建筑艺术是一定的社会意识形态和审美理想在建筑形式上的反映。和其他类型的建筑一样，公共建筑的造型艺术问题应遵循其普遍的原则。

1. 物质性与艺术性的统一

按照建筑的属性，建筑既是物质产品，又是精神产品，既是工程设计，也是一种艺术创作，具有物质与精神、实用与美观的双重价值。它首先要满足人们的物质生活需要（生产、生活和精神文化的需要），其次要满足人们一定的审美要求。它是实用功能和美观的统一，也是科学技术与艺术创作的统一。

建筑具有物质产品和艺术创作的双重性，二者既是矛盾的也是统一的。建筑物要实用与美感兼顾，二者统一才是一件好的作品。建筑不能离开物质功能单独存在，失去了功能价值，它就变成了纯"艺术品"；同样的，只满足了实用而没有美感的建筑，充其量是一幢可用的房子，而非美的建筑。建筑设计不仅要考虑科学和工程问题，也要考虑建筑艺术的创作。

建筑是根据功能使用要求采取某种技术手段，在一定的历史条件下使用某种材料、结构方式和施工方法建造起来的。一幢建筑的空间大小、房间形状、门窗安排、空间平面组合、层数确定，总是以满足空间的适用性、技术的经济合理性为前提，建筑外部形式也就必然是内部空间使用要求的直接反映。建筑造型设计就是对按一定材料、结构建立的使用空间实体的形式处理和美化。可见，建筑的艺术性从属于其物质性，这也是建筑造型艺术区别于其他造型艺术的重要标志之一。但是，没有形式的内容也是不存在的，因此建筑造型设计不能简单地理解为形式上的表面加工，不是建筑设计完成的最后部署，而是自始至终贯穿于整个建筑设计过程中。技术性和艺术性的融合、渗透、统一是建筑造型设计的主要特点，也是评价建筑外观的重要条件之一。虽然建筑的产生基于实用目的，但是随着生产力的发展和科学、文化的不断进步和提高，建筑不但成为社会的重要生产生活资料、物质财富，也以其特有的艺术作用而成为社会精神、文化的体现。

建筑造型艺术应该能为人们所接受和喜爱，反映社会欣欣向荣、蒸蒸日上的景象。建筑艺术性和人性的结合、物质和精神的统一是建筑艺术创作的根本方向，既要充分重视和发挥建筑艺术的意识形态职能和作用，又要使建筑艺术形象的表现不脱离物质技术条件的制约，这是创作建筑艺术形象唯一的正确道路，也是建筑艺术真实性、纯洁性的具体表现。

2. 建筑形式美的准则

建筑作为一种造型艺术，它的美是客观存在的，并且和一切具体的艺术形式一样，建筑的形式美也不是只可意会不可言传的"玄学"，而是遵循形式美的规律。

古今中外的建筑，尽管在形式处理方面有极大的差别，但凡属优秀作品，必然遵循一个共同的准则——多样统一。多样统一既是建筑艺术形式普遍认同的法则，也是公共建筑造型艺术创作的重要依据。

多样统一，也称有机统一，又可以说成是在统一中求变化，在变化中求统一，或者是"寓杂多于整一之中"。任何造型艺术都具有若干不同的组成部分，这些部分之间既有外在的区别，又有内在的联系，只有把这些部分按照一定的规律，有机地组合成为一个整体，就各部分的差别，可以看出多样性和变化；就各部分之间的联系，可以看出和谐与秩序。既有变化，又有秩序，这就是一切艺术品，特别是造型艺术形式必须具备的原则。反之，一件艺术作品，如果缺乏多样性和变化，则必然流于单调；如果缺乏和谐与秩序，则势必显得杂乱。而单调和杂乱是绝对不可能构成美的形式的。由此可见：一件艺术品要达到有机统一，以唤起人的美感，那么它既不能没有变化，又不能没有秩序。

公共建筑是由各种不同使用性质的空间和若干细部组成的，它们的形状、大小、色彩、质感等各不相同，这些客观存在的千差万别的因素，是构成建筑形式美多样变化的内在基础。同时，这些因素之间又有一定的联系，如结构、设备的系统性与功能、美观要求的和谐性等，则是建筑艺术形式能够达到统一的内在依据。因此，公共建筑艺术形式的构思，要结合一定的创作意境，巧妙地运用这些内在因素的差别性和一致性，建筑的艺术形式达到多样统一的效果。公共建筑造型艺术达到多样统一的手段是多方面的，如比例、尺度、对比、主从、韵律、均衡、重点等。

3. 公共建筑造型艺术的多样性

首先，不同用途的公共建筑对建筑艺术的要求是存在着不少差别的。例如：办公楼、中小学校、医院等建筑，属于大量性的公共建筑，反映在造型艺术上，只要做到简洁明快、朴素大方就可以了；宾馆、饭店、剧院、商场及一些重点建造的体育馆、展览馆等大型公共建筑，不仅在功能上比较复杂，而且在造型艺术上远比一般公共建筑高。此外，对于纪念性的公共建筑，在造型艺术上具有一定的特殊性，往往功能要求是比较简单的，甚至观赏就是它的精神方面的功能要求。这类公共建筑在艺术性、思想性及艺术技巧上，要求是相当高的，创作时应持审慎的态度。

其次，不同性质的公共建筑，其外部形象和内部空间形式有其自身的特点。例如：影剧院有明亮的休息大厅和高大而封闭的观众厅、舞台，两者形成对比（图4-1）；交通建筑强调城市门户的形象，并注意显示快捷、准时、安全的特点（图4-2）；医疗建筑立面开窗常为排列整齐的点式排列窗或带形窗，并利用白色外墙和红十字作为象征符号，以强调建筑性格特征（图4-3）；旅馆建筑在立面造型上常表现为大量整齐排列的窗子和简洁、明快、醒目的门厅，并且由于观光的需要，常设阳台并作为重点造型处理，形体采用横向划分方式，体现出轻松舒适的性格特征（图4-4）；体育建筑则以巨大的比赛大厅和大跨度空间结构一起构成了其舒展、阔大的外观形式，内部空间根据观赏的需求，多为椭圆形（图4-5）。

图4-1 德国某剧院

图4-2 北京火车西客站

图4-3 杭州某医院

图4-4 深圳南海大酒店

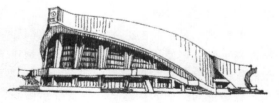

图4-5 山东某体育馆

因此，公共建筑造型艺术创作时，面对大量性与特殊性、一般性与重点性、游览性与纪念性等问题，需根据具体的情况做具体的分析，要区别对待，并应与经济条件与投资标准相适应。

4.1.2 建筑艺术的特点与形式美的内涵

1. 建筑语言的特殊性

建筑艺术不同于绘画、雕塑、摄影及工艺美术等其他艺术形式，建筑语言只能通过一定的空间和形体、比例和尺度、色彩和质感等方面构成的艺术形象来表达某些抽象的思想内容，如庄严肃穆、雄伟壮观、富丽堂皇、清幽典雅、轻松活泼等气氛。这些特性既是建筑艺术形式的普遍性，也是公共建筑艺术形式的特殊性。

这一特点在古今中外的建筑中概莫能外，如垒石成山的金字塔（图4-6，见书前彩图）、规模宏大的罗马斗兽场（图4-7，见书前彩图）、直矗入天的米兰大教堂（世界上最大的哥特式教堂，图4-8，见书前彩图）以及我国气势磅礴的北京故宫（紫禁城，图4-9）和长城等建筑，都在以特有的艺术形式，抽象地表达着统治阶级的威严和意志。又如反映现代生活和技术成就的高层公共建筑（图4-10）与大跨度公共建筑，都雄辩地说明了建筑艺术形式所具有的特殊性。

图 4-9 北京故宫

图 4-10 广州电视塔

可见，要充分发挥建筑艺术的独特作用，就必须根据不同的建筑性质和类型，结合地形、气候、环境等条件，利用材料、结构、构造的特点，按照建筑造型艺术的构图规律反映建筑的不同性格和艺术风格。这样才能创造出具有强烈感染力的建筑艺术形象，发挥其他艺术形式无法具有的巨大的精神力量。

2. 建筑的空间性

建筑艺术是空间的艺术，任何建筑都要具有供人们使用的空间。公共建筑和其他建筑一样都具有供人们使用的空间，这一点也是建筑艺术区别于其他艺术作品的最大特点。建筑创作的作品不只为看，更重要的是要用，人要能身临其境；建筑创作的内涵不仅是建筑的形式，更是空间造型的创造，不仅要外形美观，也要内部空间舒适美观。人们在创造的空间中活动，并处于动态的观赏之中，带给人们的是一种综合效果。

人们在一定时间内于建筑的空间序列中活动，从而产生了对建筑的整体印象。因为时间因素的加入，建筑的综合艺术效果才得以呈现。因此，建筑艺术是超越三维空间的艺术，常被称为四个向量的艺术。古代建筑如此，近代建筑更是如此。不注意这些特点，生硬地要求建筑形式体现各种所谓的思想内容，结果只能产生低级趣味，对建筑艺术的创作是有百害而无一利的。

3. 建筑构图原理

在公共建筑艺术创作中，把握形式美的规律（多样统一），显然是至关重要的。形式美规律用于建筑艺术形式的创作中，常称为建筑构图原理。这些规律的形成，是人们通过长期实践，反复总结和认识得来的，也是人们公认的和客观的美的法则，如统一与变化、对比与微差、均衡与稳定、比例与尺度、视觉与视差等构图经验。正如格罗庇乌斯指出的："构成创作的文法要素是有关韵律、比例、亮度、实的和虚的空间等的法则。"建筑师在建筑创作中，应善于运用这些形式美的构图经验，更加完美地体现出一定的设计意图和艺术构思。但是，形式美的创作经验也是随着时代的发展而发展的，只要在创作中紧密地运用新的艺术成就和借鉴其经验与观念、技巧与手法，方能在建筑艺术构思中创新。

4. 空间与实体的关系

公共建筑艺术的特点还反映在空间与实体这对矛盾的关系上。古今中外最早对建筑空间与实体的关系进行论述的是我国春秋时期的思想家老子。两千多年前老子在其著作《道德经》中指出："埏埴以为器，当其无，有器之用。凿户牖以为室，当其无，有室之用。故有之以为利，无之以为用。"这段论述精辟地阐述了空间与实体的辩证关系，至今仍是中外建筑师理解和把握建筑空间与实体关系的核心理论思想之一。

基于建筑空间与实体的关系，建筑创作领域一直存在着一个富有争议的话题——空间决定形体，还是形体决定空间。现代建筑师强调功能对于形式的决定作用，实际上就是认为古典建筑过分强调外部形式，以致限制了内部空间自由灵活组合的可能性。他们认为古典建筑的内部空间主要不是由功能决定的，而是由外部形式决定的，这种形式的空间不仅满足不了发展变化的功能要求，本身也是呆板机械、千篇一律、毫无生气的。密斯在《关于建筑形式的一封信》中反复强调：把形式当作目的不可避免地会产生形式主义，不注意形式不见得比过分注重形式更糟，前者不过是空白而已，后者却是虚有其表。他所强调的就是内容对于形式的决定作用。空间与功能对于形体的决定作用就是一种由内到外的设计思想。

建筑的形体应当是内部空间合乎逻辑的反映。从设计的指导思想来讲，应根据内部空间的组合情况来确定建筑的外部形体，但是又不能绝对化，在组织空间的时候也要考虑外部形体的完整统一。建筑设计的任务就是把内部空间和外部形体两方面的矛盾统一起来，从而达到表里一致、各得其所。

外部形体是内部空间的反映，而内部空间包括它的形式和组合情况，又必须符合功能要求，所以建筑形体不仅要反映内部空间，还要间接地反映出建筑功能的特点。正是千差万别的功能要求赋予了建筑形体千变万化的形式。复古主义把千差万别的功能要求全部塞进模式化的古典建筑形式中去，结果抹杀了建筑的个性，使得建筑形式千篇一律。近现代建筑强调功能对于形式的决定作用，反而使得建筑的个性更加鲜明。只有把握住每幢建筑的功能特点，并合理地赋予形式，这种形式才能充分地表现出建筑的个性。

建筑的空间与实体，是对立统一的两个方面，二者的辩证关系表明，建筑的艺术性不仅表现在实体的造型上，还表现在空间的艺术气氛上。表里一致即为真，而真总是和善、美联系在一起。建筑设计中应当杜绝一切弄虚作假的现象，力求使建筑的外部形体能够正确地反映其内部空间的组合情况。

4.1.3 公共建筑造型艺术的影响因素

建筑空间形式和造型艺术的形成，是和一定的使用性质、创作意境、技术水平及一定的空间分割手段分不开的，总的来看，影响公共建筑空间形式和造型艺术的因素主要有自然条件、社会条件、技术条件、建筑个性四个方面。

1. 自然条件

建筑活动始终围绕着"自然与人"这一主题。自然因素对建筑创作的能动作用是毋庸置疑的，建筑造型的生成与创造都要效仿自然。建筑创作受到气候、地质、地貌、地形的限制，必然影响到建筑的空间组合及围护结构的材料和形式。

例如：在我国南方及新疆、川南、滇西等炎热地区，建筑多采用大进深、大出挑，并设置遮阳、隔热、通风的设施，避免阳光直射，利于自然通风，建筑造型显得宽敞、高大、明亮、通透；在比较典型的湿热气候地带，如广东、滇南等地，遮阳构件、透空开敞、架空高台等成为建筑外部形态的基本特征。

2. 社会条件

由于不同国家的自然条件、社会条件、生活习惯和历史传统不同，建筑必然带有民族和地方色彩。这些因素对建筑形式的发展也产生了深刻影响。

建筑的民族形式是在长期的历史发展过程中逐渐形成的，任何建筑都是一定时代的产物，建筑形式必然随着时代的进步而发展。我国古代建筑师在建筑创作上有很高的造诣，古代的许多宫殿、庙宇、园林、民居等建筑中都凝结着无穷的智慧，闪耀着不朽的建筑艺术光辉。当代建筑师既要继承和发扬我们民族的优良传统，也要根据当代的条件进行创新。这其中的优秀案例贝聿铭设计的香山饭店（图 4-11）和苏州博物馆（图4-12，见书前彩图），以及王澍设计的中国

图 4-11　北京香山饭店

美术学院象山校区（图 4-13）等，都通过建筑师的不同视角和手法实现了中国传统文化的传承和发展。

3. 技术条件

一定的建筑技术水平，尤其是结构技术，对建筑的空间形式具有很大的约束力，而建筑结构技术的不断发展，又给空间形式的创新提供了各种可能性，这一特点在公共建筑中尤为突出。

建筑结构是建筑形式创作的基本要素，建筑结构体系及构件的大小都是根据力学法则科学分析和计算出来的。因此建筑形式就要满足结构上作用力的传递，在设计时就要考虑用材

图 4-13　中国美术学院象山校区

的强度，而非视角上形式。例如，在进行建筑造型设计时，大到高层建筑立面的高宽比，小到柱子的大小、梁的高低等，都首先要适应和满足结构的要求。所以，根据力学法则，建筑都是垂直于地面的，而且常常是下大上小，它符合引力定律，同时材料垂直受力也能最大程度地发挥其强度。反之，建筑物倾斜于地面或上大下小就违反了力学法则，在视觉上也给人以不稳定感。

奈尔维在 1960 年设计的罗马体育馆（图 4-14）就是一个经典的符合力学法则的作品，它用最少的材料把各种荷载直截了当地传到基础上。这个体育馆可容纳 5000 人，是一个直径为 66m 的圆形的体育馆。它通过 36 根现场浇筑的 Y 形支柱，把垂直荷载传到埋在地下的钢筋混凝土梁上，将结构与形式、建筑技术与艺术完美地结合起来。北京地铁 14 号线丽泽商务区站也采用了 Y 形支柱（图 4-15）。站厅的主要承重构件为 Y 形柱，既满足了结构跨度的要求，也有效地减少了站厅内立柱的数量，带来了更为宽敞的开放空间。同时，在设计上摒弃繁冗的装饰，以素水泥材质突出 Y 形柱本身的结构之美，体现地铁站"向下生长"的力量感与生命力。与之相对的，高迪的建筑一向以自然形态的有机建筑著称（图 4-16，见书前彩图），这些建筑看似怪诞的独特形象却是力学法则的忠实呈现。他通过在 1：10 的链条模型上挂满负荷布袋来模拟墙柱交接，绘制并翻转链条因负重所呈现的弯曲状即得到穹顶结构图，反映了门、顶的悬链拱角度。

图 4-14　罗马体育馆

图 4-15　北京地铁 14 号线丽泽商务区站内部空间

4. 建筑个性

建筑的个性就是其性格特征的表现，根植于功能但又涉及设计者的艺术意图，前者属于客观方面的因素，是建筑本身所固有的；后者则属于主观方面的因素，是由设计者所赋予的。一幢建筑的个性在很大程度上是功能的自然流露，因此，只要实事求是地按照功能要求来赋予形式，这种形式本身就会或多或少地能够表现出功能的特点，从而使这一种类型的建筑区别于另一种类型的建筑。但有时不免会与另一种类型的建筑相混淆，于是设计者必须在这个基础上以种种方法来强调这种区别，从而有意识地使其个性更鲜明、更强烈，但是这种强调必须是含蓄的、艺术的，不能用贴标签的方法向人们表明这是一幢办公楼建筑，那是一幢医院建筑。

例如，墙面的开窗处理就和功能有密切的联系，采光要求越高的建筑，其开窗的面积就越大，立面处理就越通透。如图书馆建筑，它的阅览室部分和书库部分由于要适应不同的采光要求而在开窗处理上各有特点，充分利用这种特点，有助于图书馆建筑的个性体现。某些建筑还因其异乎寻常的尺度感而加强了其个性，如幼儿园建筑为了适应儿童的要求，一般要素通常小于其他类型的建筑。园林建筑的房间组成和功能要求一般都比较简单，然而在观赏方面的要求比较高，它的形体组合主要是从观赏方面来考虑的。对于这一类建筑，是不宜过分强调功能特点在建筑个性中的体现的。纪念性建筑的房间组成与功能要求也比较简单，但必须具有强烈的艺术感染力。这类建筑的个性主要不是依靠对功能特点的反映，而是由设计者根据一定的艺术意图赋予的。这类建筑要求体现庄严、雄伟、肃穆、崇高，它的平面和形体应力求简单、厚重、稳固，以形成一种独特的个性。

4.1.4 公共建筑空间造型艺术的变迁

公共建筑空间造型艺术的变迁是建筑技术的发展和时代变迁的必然结果，这种变迁可以分别从时间和类型两个维度来考察。

1. 从时间上看

下面以建筑史上几个重要发展阶段的代表性建筑为例来体会和理解建筑空间艺术在诸多影响因素下的发展和特点。

（1）古代建筑 古埃及与古希腊时期所建的神庙，大多是以石材围成的室内空间。埃及神庙常以矩形空间沿着一条纵向的轴线，按照一定的序列组合而成。在庙门牌楼外面设有较长的夹道，并于夹道两侧等距地安放着狮身人面像或圣羊像（图4-17，见书前彩图）。为了加重空间气氛的神秘性，在封闭院内的正面设有大厅，厅内石柱如林，柱间空隙如缝；而空间向纵深处层层缩小，侧墙相应地层层收拢，顶棚层层降低，地面也层层升高，最后将人们引向一间光线幽暗、神灯微明的斗室。运用这种手法所构成的空间艺术效果，只能产生压抑的神秘感。

同样用石材，希腊神庙的艺术处理就不像埃及神庙那么森严，而是带有原始人文的色彩，因而多为单一的矩形空间布局（图4-18，见书前彩图）。古希腊建筑的室外常有巨大的柱廊作为空间的过渡，因而形成雄伟、庄严、简洁、明朗的风格，充分反映了该时期对"人化"了的神的崇拜，并在一定程度上歌颂了人的生活。尽管如此，由于粗笨的石结构对组织建筑空间的局限性，导致埃及、希腊时期的建筑空间在几百年间变化甚微。这一点充分证明了一定的结构形式对建筑空间创造的制约性。

罗马时期的建筑技术有了较大的发展，开始采用砖、混凝土、拱券结构，因而在建筑空间组合上具备了更加优越的条件。从而在这个时期，第一次出现了较大跨度的建筑空间（图4-19，见书前彩图），并出现了多空间组合而成的大型公共建筑（图4-20）。

哥特时期的教堂，由于在结构上采用了小块砖石砌筑的尖形拱券，创造了飞扶壁平衡水平推力的结构体系，因而使室内空间更加灵活开阔（图4-21，见书前彩图），并增强了空间的连续感、韵律感与整体感。

到了文艺复兴时期，西方建筑在空间处理上更多地继承了罗马建筑的传统，因强调了人性，使建筑从宗教的气氛中解放

图4-20 卡拉卡拉浴场

出来，因而空间形式比过去任何时期都更加丰富多变轻快和谐（图4-22，见书前彩图）。

　　我国古代建筑几千年来大多数沿用着木构梁架体系，这种结构体系虽然使单体建筑空间受到一定的制约，但是以单体建筑组合而成的群体空间，却是极为丰富多彩的，既有庄重华贵的宫殿及森严神秘的庙宇（图4-23），也有诗情画意的园林建筑（图4-24，见书前彩图）。

　　（2）现代建筑　纵观现代公共建筑的发展，其功能的含义日益广泛和复杂，不仅需要满足人们心理上和视觉上的要求，而且改善和美化环境成了普遍要求。因此，现代公共建筑的空间组合极其关注空间序列的整体感及架构的创造性，即总的构思是否满足了人流活动的连续性和空间艺术的完整性，是当代公共建筑艺术处理的重点（图4-25，见书前彩图）。所以要充分考虑建筑空间与环境处理的配合问题，使它们之间能够达到相互渗透、相互因借、相互依存和有机联

图4-23　嵩山少林寺

系。现代公共建筑为了强调与环境的有机结合，不受对称格局的束缚，常采用因地制宜、变化自然的不对称格局。所以，在空间处理上不拘泥于个别空间的完整，而侧重于整体空间体系的统一和谐，并注意解决人们在运动中观赏各个空间所联系起来的综合效果。尤其在室内空间处理上，更加强调灵活性、适应性、可变性和科学性，从而打破了传统的六面体封闭空间的观念，代之以新颖别致、自由多变、生动新奇的空间形式（图4-26），使之富于生机勃勃、气息清新的时代精神。

　　2. 从类型上看

　　由于建筑技术和生活方式的不断发展，人们对建筑空间与形体的观念，有了很大的更新和发展，公共建筑的空间形式和艺术也随之产生变化。下面以观演建筑为例，进一步说明由于时代特点和技术条件的不同，反映在空间形式和组合特点上的差异。图4-27所示为我国清代供少数帝王官宦看戏的颐和园德和园大戏台。限于当时的演出方式和技术水平，舞

图4-26　南京水游城

台部分比较简单，且只设有极少的隔院相望的席位，这充分反映了清代宫廷剧院的典型空间形式。建国初期在北京市建造的首都剧场（图4-28），则装设了机械化舞台，创造了较好的演出条件和视听条件。这样组合的剧院空间已远远超出了传统剧院的空间形式。由于演出形式的发展，有的演出强调演员和观众接近并使之融为一体，因而出现了环形观众厅包围舞台的空间形式，使观众厅和舞台两部分的空间组织在一个统一的大空间之中（图4-29）。这充分说明伴随着功能与技术的发展，剧院新空间形式出现的必然性与可能性。

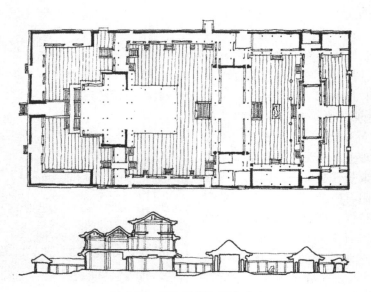

图 4-27　颐和园德和园大戏台

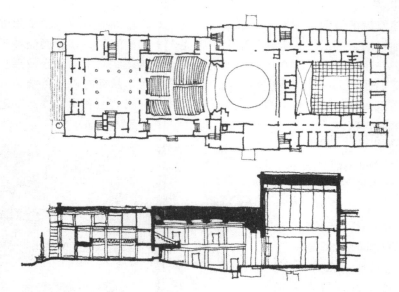

图 4-28　北京首都剧场

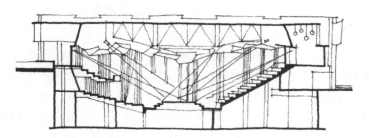

图 4-29　某现代剧场

4.2 公共建筑室内空间环境艺术

4.2.1 空间的形状与比例

1. 空间的形状

一般公共建筑室内空间的形状，概括起来有两种：规则的几何形和不规则的自由形。在设计时要根据不同空间所处的环境特点、功能要求及具体的技术条件，再加上特定的艺术构思来选择建筑的空间与造型。

一般常以那些比较规则对称的几何造型与空间来表达严肃庄重的气氛，如古代宫殿和宗教建筑。近现代某些政治性、纪念性较强的建筑也常采用这种空间形式与造型。如莫斯科列宁墓、北京毛泽东纪念堂、华盛顿林肯纪念堂（图 4-30，见书前彩图）等，都能给人以端庄的感受。当然，表达严肃性的建筑，也可以采用不对称的建筑组合形式。

当建筑室内空间需要表现活泼、开敞、轻松的气氛时，常选择那些不规则或不对称的空间与造型。因为这种空间与造型，易于取得与相邻空间或自然环境相互流通、延伸与穿插的效果。园林建筑、旅馆及各种文娱性质的公共建筑（图 4-31，见书前彩图），多采用这种建筑室内外空间与造型。

2. 空间的比例

除了空间的形状，建筑内部空间带给人的心理感受还与空间的比例密切相关。常见的室内空间一般呈矩形平面的长方体，空间长、宽、高的比例不同，会使人产生不同的感受。

窄而高的空间，由于竖向的方向性比较强烈，会让人产生向上的感觉，如同竖向的线条一样，可以激发人们产生兴奋、自豪、崇高或激昂的情绪。哥特教堂所具有的又窄又高的室内空间（图 4-21，见书前彩图），正是利用空间的几何形状特征，给人以满怀热望和超越一切的精神力量，使人摆脱尘世的羁绊，尽力向上去追求另外一种境界——由神所主宰一切的彼岸世界。

细而长的空间，由于纵向的方向性比较强烈，可以让人产生深远的感觉。这种空间形状可以诱导人们怀着一种期待和寻求的情绪，空间越细长，期待和寻求的情绪越强烈。引人入胜正是这种空间形状的特长。颐和园的长廊背山临水（图 4-32，见书前彩图），自东而西横贯于万寿山的南麓，由于它所具有的空间形状十分细长，处于其中就会给人以无限深远的感觉和吸引力，这种吸引力可以把人自东而西一直引导至园的纵深部位。在某些公共建筑设计中，将过渡性的空间处理成纵长形的比例，以引导人流走向主要空间。图 4-33 所示的门厅，如果将狭长的空间改成正方形或接近正方形的矩形，则会减弱其导向感，增强其稳定感，由此可能会出现人流停滞不前的现象。

低而大的空间，可以让人产生广延、开阔和博大的感觉（图 4-34）。当然，这种形状的空间如果处理不当，也可能使人感到压抑或沉闷。

为了适应某些特殊的功能要求，除了长方形的室内空间，还有一些其他形状的室内空间也会因为其形状不同而给人以不同的感受（图 4-35）。中央高四周低、穹窿形状的空间，一般可以给人以向心、内聚和收敛的感觉；反之，四周高中央低的空间，则给人以离心、扩散和向外延伸的感觉。中间高两侧低的两个坡面落水的空间（或筒形拱空间），往往给人以沿纵轴方向内聚的感觉；反之，中间低两侧高的空间，则给人以沿纵轴向外扩散的感觉。弯

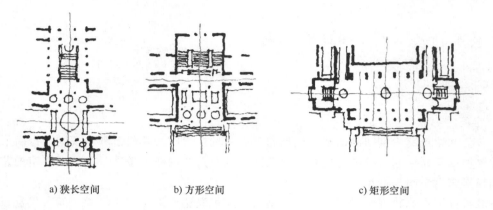

a) 狭长空间   b) 方形空间   c) 矩形空间

图 4-33 公共建筑门厅

图 4-34 低而大的空间

a) 中央高四周低、圆形平面的空间，给人以向心、聚扰、收敛的感觉   b) 中央低四周高、圆形平面的空间，给人以离心、扩散的感觉   c) 中间高两旁低的空间，给人以沿纵轴内聚的感觉

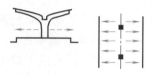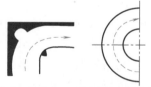

d) 中间低两旁高的空间，给人以沿纵轴向外延伸的感觉   e) 弯曲、弧形或环形的空间可以产生一种导向性——诱导人们沿着空间的轴线方向前进

图 4-35 不同形状的空间及心理感受

曲、弧形或环状的空间可以产生一种导向性——诱导人们沿着空间轴线的方向前进。

在处理建筑空间时，还应考虑采光的方式对空间比例效果的影响，即同样比例的建筑空间，若一侧装设大面积玻璃窗，则显得比封闭时更宽敞通透。图 4-36 所示为德国萨尔布吕肯现代画廊的门厅，空

图 4-36 德国萨尔布吕肯现代画廊的门厅

间形状狭长而低矮，但由于在一侧开了成片的落地玻璃窗，很自然地将室外景色引入室内，扩大了视野范围，也就起到了扩大空间的效果。这个例子说明在处理空间比例时，只有将采光因素也考虑进去，才能全面地解决空间的比例问题。同样，现代建筑常利用人工照明多变的光影效果，调节空间的比例感。

4.2.2 空间的体量与尺度

空间的尺度是人们权衡空间的大小、粗细等的视觉感受。尺度的处理是表达空间效果的重要手段，它涉及空间气氛是雄伟壮观的还是亲切细腻的，空间的大小感觉是比实际的大了还是小了，整体尺度和局部尺度是协调一致的还是相互矛盾的，这些都是空间尺度处理中的重要课题。

人的尺度及和人体密切相关的建筑细部尺度（如踏步、栏杆、窗台、家具等的尺度及顶棚、地板、墙面的分隔大小等处理手法所产生的尺度感），是综合地形成空间尺度感的重要依据。图 4-37a 所示的顶棚、地面、墙面无划分地处理，图 4-37b 所示的顶棚、地面、墙面则有划分地处理，显而易见，由于与人有关的尺度起了作用，使图 4-37b 比图 4-37a 的空间感要大得多。北京人民大会堂的交通厅（图 4-38）和军事博物馆的门厅（图 4-39），两者实际高度都是 14.6m，由于前者的细部尺度合适，因而取得了应有的高大感，后者则因细部过分粗壮而把空间相对缩小了。实践证明，在大的建筑空间中，如果缺乏必要的细部处理，则会让人产生空间尺度变小的错觉，甚至使人感到简陋和粗笨；如果细部处理得过分细腻，也会因失掉尺度感而让人产生烦琐的感觉。因此，要特别注意尺度的推敲、把握、控制与处理。

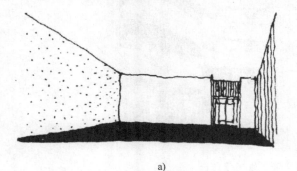

a)

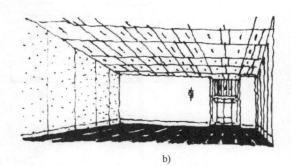

b)

图 4-37 建筑细部处理的尺度感

图 4-38 北京人民大会堂交通厅

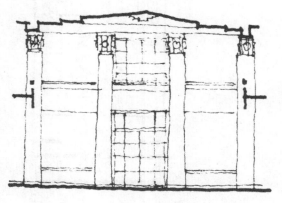

图 4-39 北京军事博物馆门厅

　　另外，在考虑公共建筑的尺度问题时，还应注意视觉方面的因素。因为人对建筑空间的整体认识，除了通过使用过程中的接触，在很大程度上是由于人的视觉连续性所形成的综合印象，所以人的视觉规律同样是分析建筑空间尺度的重要因素。在视觉规律中，不同的视角和视距所引起的透视变化，以及由于形体的大与小、光影的明与暗、方向的横与竖等一系列的对比作用所产生的错觉，必然会产生不同的尺度感。在建筑构思中，常运用这些视觉规律增强或减弱视觉艺术的特性效果，以取得某些预想的建筑空间环境的意境。

　　例如，有的室内空间将远处的细部尺度放大加粗，借以矫正由于透视变小而产生的视差。图 4-40 所示的美国古根海姆美术馆的展览厅，是逐层向上悬挑增大展廊空间的，这样处理调整了因透视变化而产生后退变薄的问题，因而取得了良好的空间尺度效果。又有的将建筑增加由近及远的层次，以增强其深远感。此外，建筑空间的明与暗也常会产生不同尺度感的错觉，可以利用采光与照明的不同效应，调整建筑空间的尺度感。北京人民大会堂的顶棚（图 4-41，见书前彩图）采用了层层退晕的划分，再加上满天星的灯光效果，解决了顶棚下坠的错觉问题。图 4-42 所示的某图书馆底层大厅，约为 30m×30m，层高仅 4m，且柱子较细，这种情况若不加以处理，必然会产生压抑感。所以，建筑师在大厅的中央部位设计了

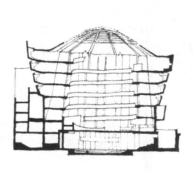

图 4-40　美国古根海姆美术馆展览厅

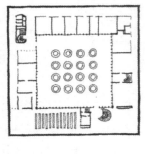
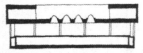
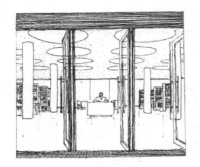

图 4-42　某图书馆底层大厅

16 个照明穹窿，从视觉上圆满地调整了大厅的尺度感。图 4-43 所示为某研究院实验楼的入口大厅，尺度和前者相差无几，但顶棚未加以足够的艺术处理，虽然大厅前后均是敞开的玻璃墙，但过宽过重的顶棚压在较为纤细的柱子上，不仅让人感到压抑，也让人感到头重脚轻，异常的不稳定。莫斯科 Terekhovo 地铁站的顶棚设计（图 4-44）和葡萄牙波尔图音乐宫地铁站的顶棚设计（图 4-45，见书前彩图），也是通过大面积照明的方法来调整"屋顶下坠"的视错觉，从而获得了与建筑性质相一致的空间感受。

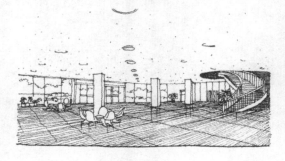
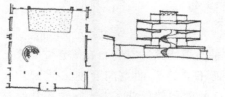

图 4-43　某研究院实验楼底层大厅

图 4-44　莫斯科 Terekhovo 地铁站的顶棚设计

　　人们的尺度概念常随着社会的发展与技术的进步而有所变化，如砖石结构建筑的墙面划分与大型板材或框型结构的墙面划分，在尺度概念上是有区别的，一般感觉前者厚重，后者轻快。如果在板材上或在框架上仍然模仿砖墙小窗的划分，会让人感觉不协调。局部的建筑处理如此，整个城市也是如此。如现代化城市中的简洁高大的建筑物、粗犷奔放的立交桥、宽松通畅的林荫道等大尺度的景观，显然采用小尺度的设计手法及烦琐的装修都与现代城市的空间尺度不相称。现代城市必然通过高速度、大体量等新创作观念来体现，因而在体量上加大尺度的手法，是现代建筑与建筑群的一种新趋向。

　　另外，建筑尺度的处理是和一定的创作意图分不开的，也可以说建筑尺度作为建筑创作中的重要手段，它应服务于一定的建筑意境构思。如图 4-46 所示，为了加强建筑空间的力度感，在设计中使用了素混凝土的粗面装饰，以简朴巨大的构件细部、交错穿插的空间处理、变化丰富的光影等手段，取得了厚重的空间效果，但其尺度的控制，依然要靠相应的栏杆、门洞的比例关系显示出来。有的室内设计为了取得亲切感，在尺度上选择了细腻小巧的细部处理，从而营造了比较轻松的气氛（图 4-47）。

　　综上所述，建筑空间的形状、大小感觉是和与之相适应的比例、尺度分不开的。在设计创作中，既不能撇开比例、尺度的概念去简单地研究建筑空间的形状、大小问题，也不能置建筑空间的形状、大小于不顾，孤立地去研究抽象的比例、尺度问题。因此，只有从它们之间的相互关系中深入分析，反复推敲，才能在公共建筑创作中取得比较好的效果。

图 4-46　粗壮尺度的空间处理 　　　　　　　　图 4-47　细腻尺度的空间处理

4.2.3　空间的围透与分隔

1. 空间的围透

在建筑中，"围"与"透"作为空间的两种处理方式，主要针对视线处理而言。围的目的在于遮挡视线，在空间之间形成隔离；透的目的是使视线穿过空间，在于建立联系。在建筑中，"围"与"透"是相辅相成的，只"围"而不"透"的空间会使人感到闭塞，只"透"而不"围"的空间尽管开敞，但处在这样的空间中犹如置身室外，这也是违反建筑初衷的。因而对于大多数建筑来讲，总是把"围"与"透"这两种互相对立的因素统一起来考虑，使之既有"围"，又有"透"；该围的围，该透的透。

何处该"围"，何处该"透"，要根据使用要求、朝向和周围的景观来确定。朝向好、景色优美的一面可"透"，否则当围。空间的"围""透"处理还与设计者的导向意图有关。如墙面的窗洞，不同的设计就会产生不同的形式美，图 4-48a、b 所示的窗户面积相等，但图 4-48a 的形式给人以封闭感，而图 4-48b 窗洞的形状扁而宽、视野开阔，则给人以开敞通透感。有时为了有意识地把人的注意力吸引到某个方向，相应部位可做透的处理。例如，一些公共建筑常将面向风景的一侧外墙设计成玻璃墙面，以取得延伸空间的效果。假设围合空间的各个面都在相交处采用实的手法结束，则空间感觉也在此处终结，极易给人以封闭感。为了克服这种六面体的封闭感，不少现代建筑常把玻璃门窗布置在沿墙的端部，或采用

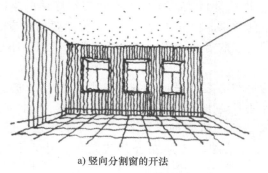

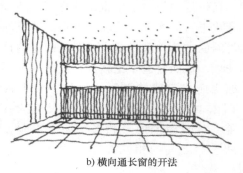

a) 竖向分割窗的开法　　　　　　　　　　　　b) 横向通长窗的开法

图 4-48　不同开窗形式的"围""透"关系

镂空或悬挂的隔断，把室外环境（墙面、地面、雨篷、水池、绿化、建筑小品等）引入室内，达到延伸室内空间环境的目的。此外，如果需要更大的通透感，常将角部墙面打开，这种处理手法特别适用于旅游、文娱等活泼性质的公共建筑。图4-49所示为日本立川市政中心前厅转角的处理，该角落虽然不大，但因装设了整片的玻璃窗，室内空间给人以异常开朗感，加之沙发、地毯、盆景的集中布置，从而形成了一个停留歇息与等候的幽静环境。显然，这是围透划分的技巧在室内空间上所起的良好作用。

图4-49　日本立川市政中心前厅的空间处理

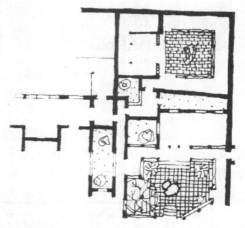

图4-50　苏州留园"还我读书处"的空间处理

一个空间"围""透"处理的程度，还要根据空间的性质和结构的可能性而定。例如：园林建筑为了开阔人的视野，甚至可四面透空，而具有私密性的个人生活空间在满足采光、通风、日照的条件下，应尽可能多围一些；砖混结构，开洞面积受到墙体结构限制，空间只能以围为主，而框架结构，墙体不承重，开洞较自由，可以处理得较通透。如图4-50所示，苏州留园的"还我读书处"将面对方形庭院的墙完全敞开，封住了其他三面墙，这种"围"中有"透"的空间处理手法，使该区环境显得格外幽深静雅。

2. 空间的分隔

在公共建筑的设计中，常需要划分几个区域，以满足不同的使用要求，如动与静、通与停等，动则需畅通无阻，静则可短暂停留，通则豁然开朗，停则幽静典雅。为了分割这些区域，常运用各种构图技巧进行处理，以不仅增强空间的层次感，而且提供人们在运动中观赏流动空间近、中、远的多层次景观，获取不同空间的趣味。常用的空间分隔的手段有以下六种：

（1）运用柱子　柱子的设置是出于结构的需要，首先应保证结构的合理性，但是柱子的设置必然会影响到空间形式的处理和人的感受。因此，在保证功能和结构合理的前提下，柱子的设置应既有助于空间形式的完整统一，又有助于空间的层次与变化的丰富。列柱的设置会形成一种分隔感，在单一空间中如果设置一排列柱，就会无形地把原来的空间划分成两部分。柱距越小、柱身越粗，给人的分隔感就越强。利用列柱分隔空间的几种形式如图4-51所示。

以四根柱子把正方形平面的空间平分为九个部分，就会因为主从不分而有损空间的完

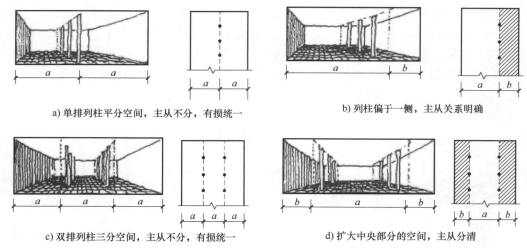

a) 单排列柱平分空间，主从不分，有损统一

b) 列柱偏于一侧，主从关系明确

c) 双排列柱三分空间，主从不分，有损统一

d) 扩大中央部分的空间，主从分清

图 4-51　列柱分隔空间

整、统一，若把柱子移近四角，不仅中央部分的空间扩大了，而且环绕着它形成了一个回廊，从而达到了主从分明、完整统一的效果。随着空间的扩大，柱子的数目也要增多，这样空间给人的分隔感更强烈，不仅使环形回廊更明确，也使中央空间更突出（图 4-52）。

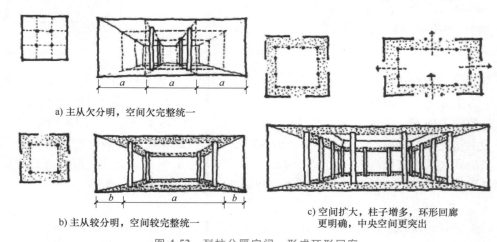

a) 主从欠分明，空间欠完整统一

b) 主从较分明，空间较完整统一

c) 空间扩大，柱子增多，环形回廊更明确，中央空间更突出

图 4-52　列柱分隔空间，形成环形回廊

一些建筑如大型商超、办公大厅等，往往因为面积过大而需要设置多排列柱，而功能上并不需要突出某一部分空间，对于这种情况，柱子的排列最好采用均匀分布的方法，这时原来空间的完整性不会因为设置柱子而受到影响。图 4-53 所示为赖特设计的美国约翰逊制蜡公司的办公大厅，排列有规律的柱子形成了规则的柱网，柱顶承托着圆形屋顶，阳光透过屋顶的玻璃洒向大厅，形成了一幅生动的图画。

图 4-53　美国约翰逊制蜡公司的办公大厅

（2）运用夹层　列柱所形成的分隔感是竖向的，夹层分隔所形成的分隔感则是横向的。夹层的设置往往是出于功能的需要，但它对空间形式的处理也有很大的影响，可以丰富空间的变化和层次。有些公共建筑的大厅就是由于夹层处理得比较巧妙，获得了良好的效果。

夹层一般设置在体量比较高大的空间内，常见的一种形式是沿大厅的一侧设置夹层，把原来的空间划分为两个或三个部分。如果夹层较低，而支撑它的列柱又不通到夹层以上，这时通过夹层的设置仅把夹层以下的空间从整体中分隔出来，剩下的那一部分空间仍然融为一体（图4-54a、b）；如果夹层较高，支撑它的列柱通到上层，那么原来的空间将被分隔为三个部分，这三个部分的空间中，未设夹层的那一部分空间贯通上下，必然显得高大，而处于夹层上、下的那两部分空间必然显得低矮，这三者之间自然地呈现出一种主从关系，如图4-54所示。

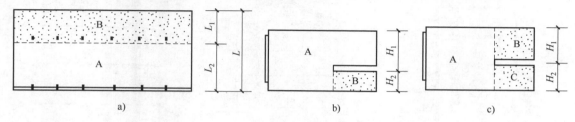

图 4-54　单侧设置夹层分隔空间

注：当 $L_1 < L_2$，$H_2 < H_1$，支柱不通到上层时，原空间将被分隔为 A、B 两个部分；当 $H_1 = H_1$，支柱通到上层时，原空间将被分隔为 A、B、C 三个部分。

夹层高度、宽度的比例关系的处理，以及夹层与整体的比例关系的处理，不仅会影响各部分空间的完整性，还会影响整体关系的协调和统一。为了达到主体突出、主从分明的效果，夹层的高度与宽度应分别不超过原来的高度和宽度的 1/2，即应使夹层以下的空间低于夹层以上的空间，以使人方便地通过楼梯登上夹层，同时使处于夹层以下的人获得一种亲切感。夹层不宜过宽，过宽的夹层既会使夹层以下的空间显得压抑，也会给人以整个空间被拦腰切断的感觉。只有夹层的高度与宽度比例适当，才能让人产生舒适的感觉。

为了适应功能要求，还可以沿大厅的两侧、三侧或四周设置夹层。沿四周设置夹层就是通常所说的跑马廊，这种大厅中央部分的空间无疑会使人感到既高大又突出，而夹层部分的空间则显得很低矮，并且形成两个环状的空间紧紧地环绕着中央部分的大空间，主从关系极为分明。如图4-55所示，在空间的四周设置夹层就会形成 B 和 C 两个环形的空间套着 A 空间的组合形式。

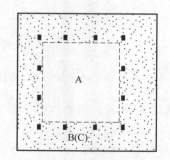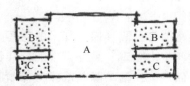

图 4-55　四周设置夹层分隔空间

（3）运用柱子和夹层 在列柱之间增加一定的横向处理，也就是将柱子结合夹层来划分空间，可使空间更加丰富。这种手法在我国古代建筑中是运用较多的（图4-56）。现代建筑在室内处理上也常利用这一手段增加空间的层次感。如运用竖向高大的柱群与横向低矮的跑马廊相结合，从竖与横的对比中获得更加丰富的空间节奏感（图4-57，见书前彩图）。

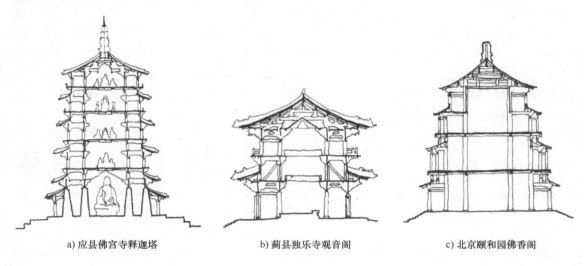

a) 应县佛宫寺释迦塔   b) 蓟县独乐寺观音阁   c) 北京颐和园佛香阁

图 4-56　中国古典建筑列柱结合夹层分隔空间示例

（4）采用半隔断、空花墙、博古架、落地罩或家具组合等 室内空间的划分，可根据设计意图，采用半隔断、空花墙、博古架、落地罩或家具组合等方法，以取得空间之间既分又合、隔而不死的效果。图4-58所示的比利时古罗马石刻博物馆，规模虽然较小，但在室内空间划分上运用了一系列增大空间感的措施，如锯齿状的墙面布置、北窗的漫射光照和室外环境景色的引进等，构成了曲折的空间与明暗的光照相对应，使这个小巧的流动空间序列产生了比较强烈的节奏感与层次感。如图4-59所示，广州流花

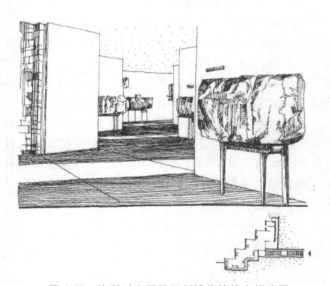

图 4-58　比利时古罗马石刻博物馆的空间分隔

宾馆利用花格墙，分隔楼梯与廊子的空间，使庭园景物若隐若现，巧妙地把低而窄的空间变成饶有意趣的室内景观。另外，有的公共建筑为了使室内空间具有更大的灵活性，常在多功能的大型空间中运用活动隔断或家具布置区分不同的空间。图4-60所示为某办公室通过家具布局来灵活划分空间的实例，这样的布局不仅使小空间具有相对的独立性，也使整体空间具有完整的统一性和相互之间的联系性，从而体现出空间环境和谐的优美境界。

图 4-59 广州流花宾馆梯下的空间分隔

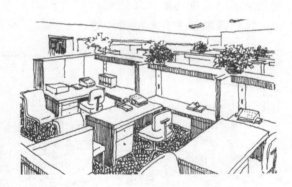

图 4-60 某办公室的空间分隔

（5）变换局部地面、顶棚的高度或更改材料的质感 在设计创作中，有时为了界定空间的场所，常利用变换局部地面、顶棚的高度或更改材料的质感，以显示空间划分的存在，尤其是当相邻空间之间需要进行过渡性的处理，或在同一空间中需要划分若干区域时，往往采用这种手法。如图 4-61 所示，某宾馆大型餐厅在大片暗红色木地板一侧的柱廊中装修了洁白的水磨石地面，并延伸到室外庭园，以利于室内外空间环境的相互渗透，加之光照明朗、红白交映，更加有

图 4-61 某宾馆大型餐厅的空间分隔

效地分隔餐厅与休息厅空间。如图 4-62 所示，德国普特蓓雷博物馆的大型厅堂利用降低局部地面的手法，突出了后翼介绍厅的空间，这样处理既争取了空间的高度，又增强了空间的变化，因而取得了空间划分的良好效果。如图 4-63 所示，某俱乐部利用顶棚的升降，分隔出了小卖区和休息区两部分空间。

图 4-62 德国普特蓓雷博物馆大型厅堂的空间分隔

（6）将空间进行分层处理 有时为了使一个完整的室内空间体现出连续性与流通性，常以不同标高的分层处理，丰富空间界面的多层次感。如图 4-64 所示，瑞士工艺美术中心

把几个不同高度的展厅环绕着中间方形庭园布置，从而形成了递进旋转升降的连续空间组合，这样既增加了空间的流动感，又丰富了空间的层次感。

 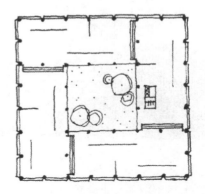

图 4-63　某俱乐部小卖区与休息区的空间分隔　　　图 4-64　瑞士工艺美术中心的空间分隔

4.2.4　空间的层次与渗透

两个相邻的空间，如果在分隔时，不是采用实体墙面把两者完全隔绝，而是有意识地使之互相连通，将可使两个空间彼此渗透，相互因借，从而增强空间的层次感。

中国古典园林建筑中"借景"的处理手法就是一种空间的渗透。"借"就是把彼处的景物引到此处来，这实质上无非是使人的视线能够越出有限的屏障，由这一空间而及于另一空间或更远的地方，从而获得层次丰富的景观。"庭院深深深几许?"，形容的正是中国庭院独具的这种景观和意境。

西方古典建筑由于采用砖石结构，一般都比较封闭，各个房间多呈六面体的空间形式，彼此之间界线分明，从视觉上讲也很少有连通的可能，因而利用空间渗透而获得丰富层次变化的建筑实例较少。

由于技术、材料的进步和发展，特别是以框架结构取代砖石结构，为自由灵活地分隔空间创造了极为有利的条件，凭借着这种条件西方近现代建筑从根本上改变了古典建筑空间组合的概念——以对空间进行自由灵活的"分隔"的概念来代替传统的把若干个六面体空间连接成为整体的"组合"的概念。这样，各部分空间就自然地失去了自身的完整独立性，而必然和其他部分空间互相连通、贯穿、渗透，从而呈现出极其丰富的层次变化。所谓"流动空间"正是对这种空间所做的一种形象的概括（图 4-65）。

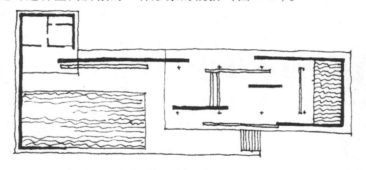

图 4-65　巴塞罗那博览会德国馆的"流动空间"

在这个基础上逐步发展起来的现代和当代建筑，更是把空间的渗透和层次变化当作一种目标来追求。设计师不仅利用灵活的隔断来使室内空间互相渗透，还通过大面积的玻璃幕墙使室内外空间互相渗透。有的甚至透过一层又一层的玻璃隔断不仅可自室内看到庭院中的景物，还可以看到另一室内空间乃至更远的自然空间的景色。

近年来国内外一些公共建筑，在空间的组织和处理方面越来越灵活多样而富有变化。设计师不仅考虑到同一层内若干空间的互相渗透，还通过楼梯、夹层的设置和处理，使上、下层乃至许多层空间互相穿插渗透。图 4-66 所示的日本东洋美术馆展厅，在一个大型空间中交错地布置了几个展览层，不仅增强了室内空间环境的多界面的雕塑感，还体现出了丰富的空间层次韵味。

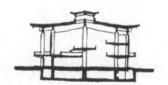

图 4-66　日本东洋美术馆展厅

4.2.5　空间的引导与暗示

某些公共建筑由于受到功能、地形或其他条件的限制，可能会使某些比较重要的公共活动空间所处的地位不够明显、突出，以致不易被人们发现。另外，在设计过程中，也可能有意识地把某些"趣味中心"置于比较隐蔽的地方，以避免开门见山，一览无余。不论是属于哪一种情况，都需要采取措施对人流加以引导或暗示，从而使人们可以循着一定的途径而达到预定的目标。但是这种引导和暗示不同于路标，而是属于空间处理的范畴，处理得要自然、巧妙、含蓄，能够使人于不经意之中沿着一定的方向或路线从一个空间走向另一个空间。

空间的引导与暗示，作为一种处理手法是依具体条件的不同而千变万化的，但归纳起来主要有以下五种方式：

1）以弯曲的墙面把人流引向某个确定的方向，并暗示另一空间的存在。这种处理手法

是以人的心理特点和人流自然地趋
向于曲线形式为依据的。通常所说
的"流线形"，就是指某种曲线或
曲面的形式，它的特点是阻力小，
并富有运动感。面对着一条弯曲的
墙面，将不期而然地产生一种期待
感——希望沿着弯曲的方向而有所
发现，故将不自觉地顺着弯曲的方
向进行探索，于是便被引导至某个
确定的目标。如塘沽火车站售票厅
与圆形候车厅之间的空间处理，利

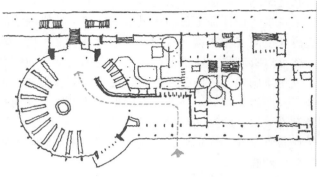

图 4-67　塘沽火车站

用曲线的墙体，将两个空间紧密地联系成一个整体（图 4-67），从而起到了从售票厅的低空
间引导人流走向候车大厅高空间的导向作用，使两者的空间在流动中达到了有机的联系。

　　2）利用特殊形式的楼梯或特意设置的
踏步，暗示出上一层空间的存在。楼梯、踏
步通常都具有一种引人向上的诱惑力。某些
特殊形式的楼梯（如宽大、开敞的直跑楼
梯、自动扶梯等）的诱惑力更为强烈。基
于这一特点，只要是希望把人流由低处空间
引导至高处空间，都可以借助于楼梯或踏步
的设置而达到目标。图 4-68 所示为维堡图
书馆平面图，进入门厅后通过踏步、曲形墙
面把读者引至通往出纳厅等处的主要楼梯，
由此可以到达出纳厅等处。

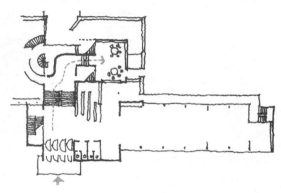

图 4-68　维堡图书馆平面图

　　3）利用顶棚、地面处理，暗示出前进的方向。通过对顶棚板或地面处理，形成一种具
有强烈方向性或连续性的图案，这也会左右人前进的方向。有意识地利用这种处理手法，将
有助于把人流引导至某个确定的目标。图 4-69 所示为荷兰某市政厅的入口大厅，通过地面
图案和踏步的设计，标志出不同的行进方向，从而引导人们前进的方向。北京地铁国家图书
馆站（图 4-70，见书前彩图），站厅顶棚和地面的图案排列方向都指向楼梯和电梯的位置，

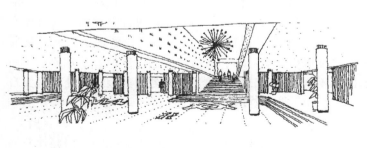

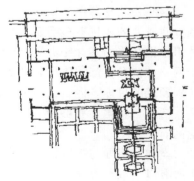

图 4-69　荷兰某市政厅

具有极强的导向性。同时，建筑内部空间的色彩和设计风格都传达出鲜明的民族特色：朱红色的柱子、梁枋，方正的灯具外表面用汉字书法装饰，走廊中央的顶棚用均匀排列的篆刻图案暗示出行进的方向。整个地铁站的内部空间充分体现了博大精深的中国传统文化。

4）利用空间的灵活分隔，暗示出另外一些空间的存在。只要不使人感到"山穷水尽"，人们便会抱有某种期望，而在期望的驱使下将可能做出进一步地探求。利用这种心理状态，有意识地使处于这一空间的人预感到另一空间的存在，则可以把人由此一空间而引导至彼一空间。图4-71所示为德国不来梅福克博物馆，该馆主要由展览、演讲和行政三部分组成，在门厅处设置了导向异常强烈的多片壁饰，比较自然地把人流引向展览部分。

5）利用光线的明暗，暗示前进的方向。建筑空间的导向处理有时还需要利用光线明暗的特点，增加空间的方向感。如天津水上公园的熊猫馆（图4-72），在光照设计中有意识地把周围观赏用的圆形走廊压暗，而将居于中央的陈列场所设计成顶部采光的玻璃厅，明亮的光照吸引了观众的视线，起到聚焦观赏的作用，是一个较好的利用光线的明暗差别强调重点的实例。

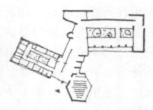

图4-71　德国不来梅福克博物馆

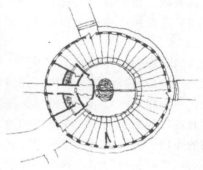

图4-72　天津水上公园熊猫馆

4.2.6　空间的序列与节奏

空间的形状与比例、体量与尺度、"围""透"与分隔、层次与渗透、引导与暗示这些问题主要是针对建筑单一空间、相邻空间或几个空间之间的关系处理。公共建筑作为一个完整的空间体系，在设计时还需要统摄全局的处理手法，或者说统筹、协调和综合运用前几种手法的创作手法——空间的序列组织与节奏。

建筑空间组合应考虑人的行为模式。人的活动往往是在一系列空间中进行的，有一定顺序，这就构成了空间的系列。人们在建筑中不能一眼就看到它的全部，只有在运动中，即在连续行进的过程中，从一个空间走到另一个空间，才能逐一地看到它的各个部分，从而形成整体印象。由于运动是一个连续的过程，逐一展现出来的空间变化也将保持着连续的关系。人们观赏建筑的时候，不仅涉及空间变化的因素，还涉及时间变化的因素。组织空间序列就是把空间的排列和时间的先后两种因素有机地统一起来，使人不仅在静止的情况下能够获得良好的观赏效果，也在运动的情况下能获得良好的观赏效果，当沿着一定的路线看完全过程后，能够使人感到既协调一致，又充满变化，且具有时起时伏的节奏感，从而留下完整、深刻的印象。

组织空间序列既应使沿主要人流路线逐一展开的一连串空间能够像一曲悦耳动听的交响乐，婉转悠扬，具有鲜明的节奏感，又要兼顾其他人流路线的空间序列安排，后者虽然居于从属地位，但是若处理得巧妙，也可起到烘托主要空间序列的作用。沿主要人流路线逐一展开的完整的空间序列包括起始阶段—高潮前的过渡阶段—高潮阶段—高潮后的过渡阶段—终结阶段五个阶段。其中，起始阶段是空间系列的开端，应对人有吸引力，使人对建筑内部空间产生良好的第一印象；高潮前的过渡阶段是起始与高潮之间的阶段，应起到引导、启示，使人产生企盼的作用；高潮阶段是空间系列的核心，要做重点的艺术处理，充分满足人的审美要求；高潮后的过渡阶段是高潮与终结之间的阶段，应使人从审美所产生的激情中逐渐平静下来；终结阶段是空间系列的收尾，应使人有余音袅袅的感觉。当空间顺序展开时，也像文学艺术一样讲述情节，有开始、发展、高潮、结局，这就是空间序列。建筑常被称为凝固的音乐，虽为静态的艺术形式，却带来了如音乐流淌般的韵律。

进行空间序列的组织时，首先要把体量高大的主体空间安排在突出的位置；其次要运用空间对比手法，以较小或较低的次要空间来烘托、陪衬高大的主体空间，使其足够突出，这样才能使其成为控制全局的高潮。与高潮相对立的是空间的收束，在一个完整的空间序列中，既要放，也要收，只收不放势必会使人感到压抑、沉闷，但只放不收也可能使人感到松散、空旷。收和放是相辅相成的，没有适当的收束，即使把空间设计得再大，也不能形成高潮。

入口是序列的开始段，为了有一个好的开始，必须妥善处理内外空间的过渡关系，这样才能把人流由室外引导至室内，并使人既不感到突然，又不感到平淡无奇。出口是序列的终结段，也不应草率对待，否则就会使人感到虎头蛇尾、有始无终。除头尾外，内部空间之间也应有良好的衔接关系，在适当的地方还可以插进一些小的过渡性空间，一方面可以起收束空间的作用，另一方面可以借它加强序列的节奏感。空间序列中的转折犹如人体中的关节，应当运用空间引导与暗示的手法提醒人们现在是转弯的时候了，并明确指示出人们前进的方向，这样才能既使弯转得自然，又可以保持序列的连贯性。跨越楼层的空间序列为了保持连续性，还必须选择适宜的楼梯形式，宽大、开敞的直跑楼梯不仅可以发挥空间引导作用，还可以使上下层空间互相连通。在一个连续变化的空间序列中，某一种形式的空间重复或再现，不仅可以形成一定的韵律感，而且对于陪衬主要空间、突出重点和高潮是十分有利的，因为重复和再现产生的韵律感通常都具有明显的连续性。如果在高潮之前，适当地以重复的形式来组织空间，就可以为高潮的到来做好准备，人们常把它称为高潮前的准备段。人们处于这一段空间中，不仅会满怀着期望的心情，也可以预感到高潮即将到来。西方古典建筑和我国传统建筑的优秀实例在空间序列组织上大体都遵循这一创作方法，从而使人们或惊叹不已，或流连忘返。

空间序列组织实际上就是综合地运用对比、重复、过渡、衔接、引导等一系列空间处理手法，把个别的、独立的空间组织成为一个有秩序、有变化、统一、完整的空间集群。这种空间集群可以分为两种类型，一类呈对称、规整的形式，给人以庄严、肃穆和率直的感受；另一类呈不对称、不规整的形式，给人以轻松、活泼、富有情趣的感受。不同类型的建筑应按其功能特点，分别选择不同类型的空间序列形式。

图 4-73 所示为北京毛主席纪念堂的空间序列。瞻仰者由北向南，由花岗岩台阶拾级而上，进入北柱廊和北小门厅，这是空间的起始阶段。进入北大厅，大厅正中有汉白玉毛主席坐像，背景是祖国山河的大壁画，瞻仰者对毛主席崇敬的心情得到加强，这是空间的过渡阶段。然后，穿过北过厅和北过道，进入瞻仰厅，庄严肃穆的气氛使瞻仰者产生缅怀的情绪，这是空间的高潮。走过南面的小过厅，进入南大厅，墙上有毛主席书写的诗词，使瞻仰者受到教育，这是高潮后的空间过渡。经过南面的小门厅和南柱廊，豁然开朗，阳光

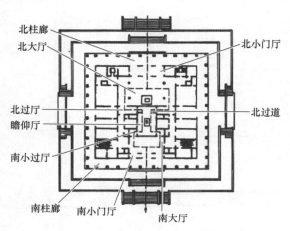

图 4-73 北京毛主席纪念堂的空间序列

灿烂，更使瞻仰者产生遵循领袖教导，开创祖国美好明天的信念，这是空间的收尾。

图 4-74 所示为伊朗德黑兰候机厅的布局，因候机大厅安排在入口处与纵轴转向的横轴上，为了使人流易于找到主要空间，在沿着入口纵向空间处，布置了转向的布局处理，比较自然地将人流引入候机大厅。此外，有些公共建筑，尤其是园林建筑（图 4-75），为了取得轻松活泼的空间效果，常采取转折或迂回曲折的轴线处理，以表达其空间环境的多样变化和开朗休闲的性格特征。

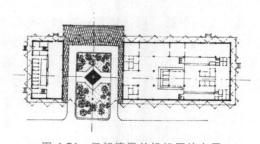

图 4-74 伊朗德黑兰候机厅的布局

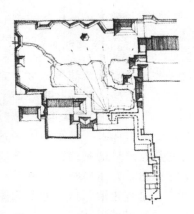

图 4-75 江南园林空间序列示例

图 4-76 所示为墨西哥国立人类学博物馆，围绕着一个纪念性的庭院，组织空间的序列体系与导向处理，从低矮的门廊到宽大的门厅，再进入一个比较宽敞的矩形庭院空间，在庭院前部布置了一根雕饰的青铜圆柱，柱顶之上是一个巨大的伞状顶棚，之后有洒满水帘的水

池，最后以大展厅作为结束。这样的构思显示出在这条纵向轴线上所形成的从低到高、从内到外的层次，堪称是极为丰富的空间序列。另外，游客参观每个展室均需经过中央庭院空间再到另一展室，这在视觉上经历着室内外的空间对比和明暗变化，从而在观赏过程中结合展品内容及配合室外各种古迹的陈列布局，可以形象地激发人们对古人类发展的联想，由此可以增强游客的参观兴趣。

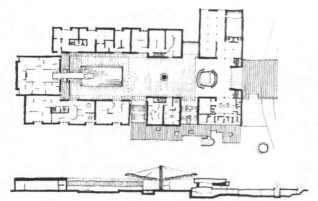

图 4-76　墨西哥国立人类学博物馆

从以上建筑实例中不难看出，空间组合的方法可以是多种多样的，但目的都是运用空间组合的艺术技巧，激发人们的观赏兴趣和满足人的行为心理。

4.3　公共建筑外部形体造型艺术

公共建筑外部形体的艺术形式离不开统一与变化的构图原则，即从变化中求统一，从统一中求变化，并使两者得到比较完美的结合，达到高度完整的境界。一般应注意构图中的主要与从属、均衡与稳定、对比与协调、节奏与韵律、比例和尺度等方面的关系。

4.3.1　简单的几何形状

古代一些美学家认为简单、肯定的几何形状可以引起人的美感，他们特别推崇圆、球等几何形状，认为这些几何形状具有抽象的一致性，是完整的象征。近代建筑巨匠勒·柯布西耶也强调："原始的形体是美的形体，因为它能使我们清晰地辨认。"原始的形体就是指圆、球、正方形、立方体及正三角形等。容易辨认就是指这些几何形状本身简单、明确、肯定，各要素之间具有严格的制约关系。例如：圆周上的任意点距圆心等长，圆周长永远是直径的π倍；正方形和立方体的所有的边等长，无论哪一个面都有同样大小的面积和同等的角度，特别是由于它是直角形，这角度不能像钝角或锐角那样可以随便改变其大小；……

以上美学观点可以从古今中外的许多建筑实例中得到证实。古代杰出的建筑如我国的天坛（图 4-77，见书前彩图），罗马的万神庙、斗兽场、圣彼得大教堂、埃及的金字塔等，均因采用上述简单、肯定的几何形状构图而达到了高度完整、统一的境地。近现代建筑突破古典建筑形式的束缚，虽然出现了许多不规则的构图形式，但在条件合适的情况下，也不排斥运用圆、正方形、正三角形等几何形状的构图来谋求统一和完整性。如法国卢浮宫博物馆扩建工程、美国驻雅典大使馆、日本大阪海事博物馆（图 4-78）、意大利那不勒斯地铁大教堂站（图 4-79，见书前彩图）、武汉地铁商务区站（图 4-80，见书前彩图）及许多大型体育馆建筑，或者出于功能、技术的要求，或者出于形式的考虑，都每每通过圆形或正方形的构图而获得了完整统一性。

图 4-78　日本大阪海事博物馆

由此可见，运用简单的几何形体或者说利用几何关系的制约性是公共建筑外部形体造型求得统一常采用的方法之一。

4.3.2　主从与重点

在一个有机统一的整体中，各组成部分是不能不加区别而一致对待的，它们应当有主与从的差别，有重点与一般的差别，有核心与外围组织的差别。否则，各要素平均分布、同等对待，即使排列得整整齐齐、很有秩序，也难免会流于松散、单调而失去统一性。如各种艺术创作形式中的主题与副题、主角与配角、重点与一般等，都是主与从的关系的具体体现。

在公共建筑设计中，从平面组合到立面处理，从内部空间到外部形体，从细部装饰到群体组合，为了达到统一都应当处理好主与从、重点和一般的关系。建筑外部形体的主从关系的体现形式是多种多样的，但大致都可以分对称式构图和不对称式构图两种。

对称式构图通常以轴线关系表达主与从的构图创意，西方古典建筑是其典型代表。一般在古典建筑形式中，多以均衡对称的形式把体量高大的要素作为主体而置于轴线的中央，把体量较小的从属要素分别置于四周或两侧，从而形成四面对称或左右对称的组合形式。四面对称的组合形式，其特点是均衡、严谨、相互制约的关系极其严格。但正是由于这一点，它的局限性也是十分明显的，因而在实践中除少数建筑由于功能要求比较简单而允许采用这种构图形式外，大多数建筑均不适于采用这种形式。

从历史和现实的情况看，采用左右对称构图形式的建筑较为普遍。对称的构图形式通常呈"一主两从"的关系，主体部分位于中央，不仅地位突出，而且可以借助两翼部分次要要素的对比、衬托，形成主从关系异常分明的有机统一整体。我国传统建筑的群体组合，通常采用左右对称的布局形式。西方古典建筑、近现代建筑采用对称布局的，虽然其形式可以有很多变化，但就体现其主从关系来讲，所遵循的原则基本上是一致的。

图 4-81　美国驻印度大使馆

除了古典建筑，对称式的主从关系也常用于庄严隆重性质的近现代公共建筑之中。美国驻印度大使馆（图 4-81）以严格对称的布局，表现出一个国家政府驻外国代表机构的严肃性。该建筑在形体设计中突出了中心部位，如两端柱廊的开间比中间的要小，且在柱间装设了满花镂空的挡板，以衬托中心部位门洞上的国徽。所有这些构图技巧，都使形体关系达到主次分明的效果。

近现代建筑由于功能日趋复杂或地形条件的限制，采用对称式构图的较少。因此，现代建筑多采用一主一从的形式使次要部分从一侧依附于主体。一主一从的形式虽然不对称，但仍然可以体现出一定的主从关系。在不对称的体量组合中，可以运用体量的大小、高低、粗细、横竖、虚实，以及不同的材料的质感和色彩等处理手法，强调其体量组合的主次关系。乌鲁木齐航站楼（图 4-82）就是运用瞭望塔高耸敦实的体量与候机大厅低矮平缓的体量，瞭望塔的横线条与候机大厅的竖线条、大片玻璃与实墙等一系列对比手法，使体量组合极为丰富，主从关系的处理颇为得体。

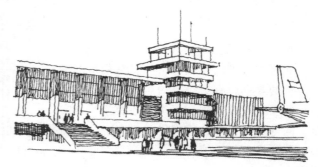

图 4-82 乌鲁木齐航站楼

除此之外，还可以用突出重点的方法来体现主从关系。突出重点是指在设计中充分利用功能特点，有意识地突出其中的某个部分，并以此为重点或中心，而使其他部分明显地处于从属地位，这同样也可以达到主从分明、完整统一。如现代建筑中常用的"趣味中心"一词，正是上述原则的一种体现。"趣味中心"就是指整体中最引人入胜的重点或中心。一幢建筑如果没有这样的重点或中心，不仅使人感到平淡无奇，还会由于松散以至失去有机统一性。

4.3.3 · 均衡与稳定

在公共建筑室外空间与形体的构图中，均衡与稳定也是不容忽视的问题。均衡与稳定是一套与重力相关的审美观念。均衡所涉及的主要是建筑构图中各要素左与右、前与后之间相对轻重关系的处理；稳定所涉及的则是建筑整体上下之间的轻重关系处理。

1. 均衡

建筑体量上的均衡可分为静态均衡和动态均衡两种，其中静态均衡又可分为对称形式的均衡和不对称形式的均衡。以静态均衡来讲，对称的形式天然就是均衡的，并且它本身就体现出了一种严格的制约关系，因而具有一种完整统一性。正是基于这一点，人类很早就开始运用这种形式来建造建筑，古今中外无数的著名建筑都是通过对称形式的均衡而获得明显的完整统一性。对称形式的均衡多用于纪念性建筑或其他需要表达雄伟壮观的公共建筑，如印度泰姬·马哈尔陵（图 4-83，见书前彩图）及中国革命历史博物馆（图 4-84，见书前彩图）等。

不对称形式的均衡虽然相互之间的制约关系不像对称形式的那样明显、严格，但要保持均衡的本身就是一种制约关系。而且相对于对称形式的均衡，不对称形式的均衡显然要轻巧活泼得多，适用于功能比较复杂、个性需要体现轻松活泼的公共建筑。如荷兰的希尔伏逊市政厅（图 4-85）是以不同高低大小、纵横交错的体量组合，取得不对称形式均衡的范例。随着科学技术的进步和人们审美观念的发展、变化，不对称形式的均衡越来越普遍。

除了静态均衡，有很多现象是依靠运动来求得平衡的，如旋转的陀螺、展翅飞翔的鸟、奔驰的动物、行驶的自行车等，就是属于这种形式的均衡，当运动终止，平衡的条件也随之消失，因而人们把这种形式的均衡称为动态均衡。如果说建立在砖石结构基础上的西方古典建筑的设计思想主要从静态均衡的角度来考虑问题，那么近现代建筑师还往往用动态均衡的观点来考虑问题。此外，也有一些公共建筑在取得稳定感的同时，常以某种惹人注意的动态形体处理，以突出某些特有的性格和特征。如美国肯尼迪国际机场 TWA 航站楼的形体仿佛大鸟展翅（图 4-86，见书前彩图），体现了一种静中求动的建筑形式美。

　　此外，近现代建筑理论非常强调时间和运动这两方面因素。这就是说，人对于建筑的观赏不是固定于某一个点上，而是在连续运动的过程中来观赏建筑。从这种观点出发，必然认为像古典建筑那样只突出地强调正立面的对称或均衡是不够的，还必须从各个角度来考虑建筑形体的均衡问题，特别是从连续行进的过程中来看建筑形体和外轮廓线的变化，这就是格罗庇乌斯所强调的："生动有韵律的均衡形式"。

图 4-85　荷兰希尔佛逊市政厅

2. 稳定

　　历史上人们通过对重力的研究和对自然的观察，意识到建筑只有像山那样下部大、上部小，像树那样下部粗、上部细才能保持安全和稳定，进而具有舒服的视觉感受。于是在古代逐渐形成了"下大上小""下粗上细"的建筑审美观，也就是视觉上使人感觉稳定的建筑形态。如埃及的金字塔呈下大上小、逐渐收分的方尖锥体，这不仅是当时技术条件下的必然产物，也是和人们当时的审美观念一致的。

　　近现代以来，新结构、新材料、新技术的不断发展，人们对于稳定的概念有了很大的突破。人们不仅可以建造出超过百层的摩天大楼，还可以把古代奉为金科玉律的稳定原则——下大上小、上轻下重——颠倒过来，从而建造出许多底层透空、上大下小，如同把金字塔倒转过来的新奇建筑形式。几千年前的埃及金字塔固然给人以强烈的稳定感，但是现代建筑中常以架空第一层与悬挑墙板，再施以浓重的色彩、粗糙的质感来加大光影等新构图方法，使得从基层看上去犹如坚实的底座，也同样给人以稳定感，如上大下小的古根海姆美术馆（图 4-87，见书前彩图）、上重下轻的巴西教育卫生部大厦（图 4-88）及"摇摇欲坠"的北京央视大楼。

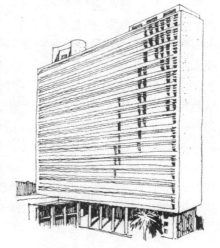

图 4-88　巴西教育卫生部大厦

4.3.4　对比与微差

　　根据建筑功能与形式的关系，建筑形式必然要反映建筑的功能特点，而功能本身所包含的差异性必然也会呈现于建筑形式。对比与微差所研究的正是如何利用这些差异性来求得建筑形式的完美统一。对比是指要素之间的显著差异；微差是指要素之间的不显著差异。就形式美而言，这两者都是不可缺少的，对比可以借彼此之间的烘托来突出各自的特点以求得变化；微差则可以借相互之间的共性以求得和谐。没有对比会使人感到单调，过分地强调对比以至失去了相互之间的协调一致性，则可能造成混乱，只有把这两者巧妙地结合在一起，才能达到既有变化又和谐一致，既多样又统一。

对比和微差是相对的，何种程度的差异表现为对比，何种程度的差异表现为微差，这之间没有一条明确的界线，也不能用简单的数学关系来说明。例如：一列由小到大连续变化的要素，相邻者之间由于变化甚微，可以保持连续性，则表现为一种微差关系；如果从中抽去若干要素，将会使连续性中断，凡是连续性中断的地方，就会产生突变，这种突变则表现为一种对比的关系。突变的程度越大，对比就越强烈。

对比和微差只限于同一性质的差异之间，如大与小、直与曲、虚和实，以及不同形状、不同色调、不同质地等。在建筑设计领域中，无论是整体还是局部，单体还是群体，内部空间还是外部形体，为了求得统一和变化，都离不开对比与微差手法的运用。

在建筑形体组合中，对比手法经常和其他艺术处理手法综合运用，以取得相辅相成的效果。对比的内容一般有体量之间、线型之间、虚实之间、质感之间及色彩冷暖浓淡之间等。如北京民族文化宫（图 4-89）就是运用了各种方法来体现出主从关系的：从对称布局中的主轴线与次轴线之间，从居中的高体量与两侧的低体量之间，从门窗洞、空廊与实墙之间，

从蓝绿色琉璃瓦与乳白色面砖之间等形成了一系列的对比关系，从而使整体建筑的造型既主次分明、丰富多彩，又完整统一。

在运用对比手法时，还应注意运用微差的构图手法。一般来说，对比手法易产生个性突出、鲜明强烈的形象感，而微差手法易取得呼应、协调和统一的效果。往往在一幢建筑中，对比与微差两种手法兼用，才能达到形体突出、形象生动及完整统一的效果。再以北京民族文化宫为例，它在形体构图处理上，不仅有对比的效果，还有微差的效果，诸如两端的绿色琉璃瓦顶与中央的塔楼

图 4-89　北京民族文化宫

绿色琉璃瓦顶及塔楼墙身绿色琉璃的横檐，就是运用同一材料的质感与色彩增加了彼此之间的呼应、和谐与统一。国外这方面的例子也不少。如巴西利亚的巴西国会大厦（图 4-90，见书前彩图）运用了竖向的两片板式办公楼与横向体量的政府宫的对比，上院和下院一正一反两个碗状的会议厅的对比，以及整个建筑形体的直与曲、高与低、虚与实的对比，给人留下极其强烈的印象。此外，该建筑充分运用了钢筋水泥的雕塑感和玻璃窗洞的透明感及大型坡道的流动感，从而协调了整体建筑群的统一气氛。

4.3.5　韵律与节奏

在公共建筑形体的构图中，还存在着节奏与韵律的问题。节奏是有规律的重复，韵律是有规律的抑扬变化。节奏是韵律的特征，韵律是节奏的深化。节奏与韵律运用理性、重复

性、连续性等特点，使建筑的各要素既具有统一性，又富于变化，产生类似听音乐的感觉。在公共建筑中，常用的韵律手法有连续的韵律、渐变的韵律、起伏的韵律、交错的韵律。

1. 连续的韵律

该手法强调运用一种或几种的组成要素，使之连续和重复出现所产生的韵律感。图 4-91 所示为某城市火车站，整个形体是由等距离的壁柱和玻璃窗组成的重复韵律，以增强其节奏感。另外，该设计为了克服因过分统一所带来的单调感，在入口部分加强了重点处理，如特殊的形体、深远的挑檐、空透的入口、灵活的墙面等，与整体造型的

图 4-91　某城市火车站

韵律形成了鲜明的对照，从而达到突出重点和协调整体的作用，取得了在统一中求变化的效果。意大利威尼斯总督府（图 4-92，见书前彩图），建于 1309—1424 年，下面两层均为具有连续韵律感的券廊，与上部的实墙面形成对比。券廊造型优雅，比例匀称，上下有变化，使该建筑成为欧洲最美丽的建筑之一。这种在统一韵律中加强重点装饰的手法，在公共建筑形体处理中经常采用，也是极为重要的构图技巧。巴西萨尔瓦多地铁 2 号线站（图 4-93，见书前彩图），建筑采用自支撑金属瓦结构，整个跨度约为 23m，等距划分成 10 个部分，分别覆盖屋顶。自支撑钢屋顶部分与水平面呈 10°，有助于自然通风和采光，整个建筑屋顶形成了节奏稳定的连续韵律。

2. 渐变的韵律

该手法常将某些组成要素（如体量的高低大小、色调的冷暖浓淡、质感的粗细轻重等）做有规律的增强与减弱，以造成统一和谐的韵律感。图 4-94 所示为某商场立面图，建筑顶部大小薄壳的曲线变化，其中有连续的韵律及彼此相似渐变的韵律，给人以新颖感和时代感。我国古塔塔身的形体变化（图 4-95，见书前彩图），就是运用相似的每层檐部与墙身的重复与变化而形成的渐变韵律，使人感到既和谐统一又富于变化。

图 4-94　某现代商场屋顶的韵律

3. 起伏的韵律

该手法虽然也是将某些组成部分做有规律的增减变化形成韵律感，但是它与渐变的韵律有所不同，是在形体处理中更加强调某一因素的变化，使形体组合或细部处理高低错落，起伏生动。图 4-96 所示为天津电信大楼（图 4-96），由 2 层过渡到 6 层，再过渡到塔座及高耸的塔楼，使整个轮廓线逐渐向上起伏，因而增强了建筑形体及街景面貌的表现力。图 4-31 所示的悉尼歌剧院由三组大小不同、方向各异的白色钢筋混凝土壳形成了起伏的韵律，整个建筑犹如船帆，又如盛开的花朵，显得婀娜多姿，轻盈皎洁。它以其独特的造型闻名于世，成为悉尼市的象征，并于 2007 年被联合国教科文组织列入《世界遗产名录》，彼时距其建成仅 34 年。

4. 交错的韵律

该手法运用各种造型因素（如体量的大小、空间的虚实、细部的疏密等）做有规律的纵横交错、相互穿插的处理，形成一种丰富的韵律感。例如：西班牙巴塞罗那博览会德国馆（图 4-25、图 4-65）无论是空间布局、形体组合，还是在运用交错韵律而取得的丰富空间等方面，都是异常突出的；广州进出口商品交易会展览楼（图 4-97）结合遮阳的要求，采用了有交错韵律的花格墙，在构图中花纹的垂直与水平的变化，体现出生动的形式美。

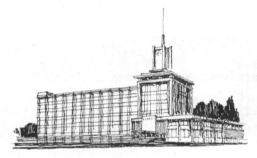

图 4-96　天津电信大楼

图 4-97　广州进出口商品交易会展览楼

总之，虽然各种韵律构图所表现的形式是多种多样的，但是它们之间都有一个如何处理好重复与变化的关系问题。显然，有规律的重复是获得韵律应有的条件，没有一定数量上的重复便形成不了节奏感；然而，只注意重复而忽视了必要的变化，也会产生单调乏味的后果。所以在形体与空间的构图中，既要注意有规律的重复，也要有意识地组织有规律的变化，才能更好地解决建筑形式美中的韵律问题。

4.3.6　比例与尺度

在进行公共建筑的创作时，在满足统一与变化构图原则的基础上，还应注意探求良好的比例与尺度。

1. 比例

建筑构图中的比例一般包含两个方面的概念：一是建筑整体或它的某个细部本身的长、宽、高之间的关系；二是建筑物整体与局部或局部与局部之间的关系。

不同的时代、地域、社会环境及建筑师的创作理念，往往导致许多不同的比例标准。此外，建筑所采用的材料与结构形式对比例也有影响。如西方古典建筑依据"柱式"来反映石材建筑的比例关系；我国宋代和清代的古建筑木构体系所形成的比例关系，都反映在宋《营造法式》和清《清工部工程做法则例》之中。近现代以来，由于生产技术水平的高度发展，人们的生活内容日趋复杂，建筑类型日益繁多，新的比例与尺度的观念随之产生和发展。尤其在现代公共建筑创作中，风格与形式更是多种多样和千变万化，因而重视三度空间中的比例关系胜于单纯追求某个立面的比例关系。

如杭州影剧院的造型设计（图 4-98）已看不到古典建筑的栏板、列柱、檐口和梁枋等细部作为推敲比例的对象，也看不到雀替彩画、装修花纹作为权衡尺度的依据，而是以大块体积的玻璃厅、高大体量的后台及观众厅显示它们之间的比例，并在恰当的体量比例中，巧妙地采用宽大的台阶、平台、栏杆及适度的门扇处理，表明其尺度感。这种新的比例与尺度处理手法，给人以通透明朗、简洁大方的感受，这是与现代的生活方式和新型的城市面貌相适应的。又如荷兰德尔佛特技术学院礼堂（图4-99）同样看不到诸如柱廊、山花等西方古典建筑形式的比例关系，而是紧密地结合功能特点，大胆暴露了观众厅倾斜的形体轮廓，比较自然地显现出大尺度的体量。另外，为了得到良好的比

图4-98　杭州影剧院

例关系，在横向划分与竖向划分的体量设计中，因细部尺度处理得当，使得整体建筑造型异常敦实有力。通过上述的分析可以看出，当代建筑设计的发展具有追求立体造型比例关系的趋势，而这种新的建筑审美观的建立，是与当代人们的行为心理和新的技术成就密切相关的。

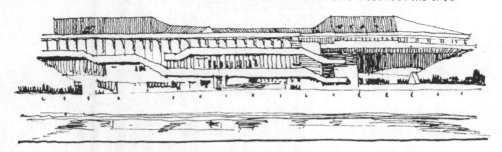

图4-99　荷兰德尔佛特技术学院礼堂

2. 尺度

建筑构图中的尺度指的是建筑整体与某些细部或与人之间，或人们所习见的某些建筑细部之间的关系。建筑的尺度感是通过人或与人所习见的某些建筑构配件（如踏步、栏杆等）及其他参照物（如汽车、家具、门窗等），将它们作为感觉上的标准，与建筑

图4-100　建筑的尺度感

相比较而产生的。如图4-100所示，几何形状本身并没有尺度，但有了参照物，或者采取人们所熟悉的某种划分后，尺度感便产生了。

尺度一般不是指要素真实尺寸的大小，而是指要素给人感觉上的大小印象和其真实大小之间的关系。从一般道理上讲，这两者应当是一致的，但实际上可能出现不一致的现象。如果两者一致，则意味着建筑形象正确地反映了建筑物的真实大小；如果不一致，则表明建筑形象歪曲了建筑物的真实大小。这时可能出现两种情况：一是大而不见其大，即实际尺寸很大，但给人的印象并不如真实的大；二是小题大做，即本身并不大，却故意装扮成很大的样子。对于这两种情况，通常都称为失掉了应有的尺度感。

下面以北京天安门广场（图4-101）为例，分析建筑的比例尺度问题。天安门城楼（图4-102，见书前彩图）位于广场轴线的中央，充分体现出了它是广场的主体建筑。它的体量虽然比人民大会堂和革命历史博物馆要小，但天安门的基座与两侧横向的大红墙形成一个气势磅礴的整体，各段比例不仅是协调的，重点也是突出的。城楼上的屋顶、梁枋、栏杆等细

部的尺度处理非常精巧恰当，更加衬托出整体建筑的雄伟气魄。所以总的感觉是天安门要比人民大会堂和革命历史博物馆大。人民大会堂（图 4-103）就其绝对尺寸来说，远比天安门大得多，但建筑体量及细部的划分比天安门细腻一些，再加之各个细部（如台阶、垂带、灯柱等）设计的精细，使其总体的尺度感并未超过天安门。而中国革命历史博物馆（图 4-84）因尺度处理得有些失调，整个建筑颇似两层的不大建筑，与人民大会堂相比，显得过于纤弱。

图 4-101 北京天安门广场

此外，在公共建筑创作中运用有关形式美的构图规律时，还要注意透视变形的问题。建筑形象的透视变形，缘于人们观赏建筑时的视差所致，即人的视点距建筑越近，感觉建筑形体越大，反之感觉越小；另外，透视仰角越大，建筑沿垂直方向的变形越大，前后建筑的遮挡越严重。考虑这一因素，推敲比例尺度，绝不能单纯地从立面上研究其大小和形状，而应把透视变形和透视遮挡考虑进去，才能取得良好形体的透视比例效果。如北京民族文化

图 4-103 北京人民大会堂

宫的塔楼，在正投影的立面上看（图 4-104），其比例是偏高的，建成后因透视变形而缩短的缘故，现场直观的塔楼顶部比例是合适的（图 4-105）。这是因为在建造过程中，考虑到透视变形的因素，做了矫正视差的处理，即把最高的重檐塔身和屋顶坡度抬高到适当的比例，以弥补由于视差而失掉的高度，取得了良好的比例效果。

图 4-104 北京民族文化宫正立面图

图 4-105 北京民族文化宫透视图

　　总之，在建筑设计整个过程中，应该全面而统一地考虑比例与尺度的问题，既不可脱离一定的尺度去孤立地推敲比例，也不能抛开良好的比例去单纯地考虑尺度问题，更不能置新的技术成就和新的精神要求于不顾，片面地、静止地追求某种固定的比例与尺度关系，只有因地制宜地把两者有机地相结合，反复研究和推敲，才有可能创造出比较完美的建筑艺术形象。

　　当然，在建筑造型艺术处理中，一定的光感、色感和质感也是不可忽视的因素。一般来说，暖色调给人以亲切热烈的感觉，冷色调则常给人以幽静深沉的感受；亮光容易突出材料的质感和色彩，并能使光滑的材料闪闪发光，粗糙的材料因造影而色泽暗淡等。因而在公共建筑造型设计中，常运用光线的明暗、颜色的冷暖、质地的粗细等对人的视觉所引起的不同感受，增强各种建筑形象的特色气氛，使设计意图能充分地发挥、升华和表达。

　　除此之外，随着光环境艺术的发展，尤其是灯光夜景的设计，可以取得光辉灿烂、万紫千红的艺术效果。公共建筑造型的艺术设计也应考虑灯光环境艺术的效果，创造出更加完美的建筑造型艺术效果，美化城市环境。如挪威奥斯陆地铁站（图4-106，见书前彩图），建筑入口处100m³的顶棚被发光的三维艺术图案所铺满，整座建筑成为一个发光的玻璃盒子，既装点了城市夜景，也成了街区的标志物。近年来，我国城市光环境的塑造继城市建筑外界面的亮化之后也转向到城市地铁空间。如上海地铁15号线吴中路站，设计师用LED灯带将黄浦江两岸的城市天际线重现在70m长的通道内，仿佛一幅动感画卷，上海的繁华被灯光展现得淋漓尽致。再如上海地铁陆家嘴站的光环境设计以"大浪流金"为主题，在通道全长112m的巨型LED电子屏上，金色巨浪翻滚不停，象征波澜壮阔的历史进程和中华民族生生不息的民族精神，令人难掩激动磅礴的心情！

拓展阅读

非线性建筑——当代建筑造型艺术新趋势

　　一直以来，人类认为世界是均质的，欧式几何、笛卡儿坐标系和牛顿运动定律成为人类解决和看待一切问题的标准。但非线性科学理论（非欧几何、拓扑学及相对论）的出现打破了人类原本的均质世界观，科学的进步不仅仅使人飞向宇宙，也在建筑学上得到发展。非线性建筑（图4-107~图4-109）就是其中之一。

　　非线性建筑试图摆脱传统建筑那种以实用、抽象、均质为特征的功能主义的单调，对当前社会环境下建筑的艺术性进行重新阐释。当代非线性建筑艺术风格强调建筑形态的混沌与去中心化、空间的流动性、外部形势的弱化等倾向。正是这些倾向决定了非线性建筑没有固定的形式，可以说它表现出一种多元化的后现代主义特征，在其中夹杂着表现主义、象征主义、表皮主义、自然主义及技术主义等多种思潮，非线性科学开启了当代建筑师新的设计思维，尽管他们的理念丰富多样，但其审美风格都较为一致地表现出以下几个倾向：

　　（1）建筑的弱形式倾向　弱形式是指以一种连续方式将异质元素整合在同一系统之中并保持元素差异性的形式，包含了柔性、平滑与混合等特点。当代非线性建筑的弱形式倾向折射出对传统建筑中那种"可判定性"与"强叙述"形态特征的叛离，是以弱形式符号对传统的强形体符号的否定。当代非线性建筑的这种弱形式倾向可以理解为对当前信息化、图像化与数字化社会的现实反映，它重新定义了当代建筑的形式语言，也反映了当代消费社会的建筑审美的变化。

图 4-107　马岩松设计的梦露大厦

图 4-108　非线性设计的建筑表皮

图 4-109　非线性设计的建筑内部空间

（2）建筑形态的混沌与去中心化倾向　非线性建筑试图追求一种混沌与去中心化的审美倾向，这种倾向强调的是一种模糊的、多样的、动态的美。传统建筑审美大多表现一种和谐、有序、纯粹的美，而混沌的建筑是开放的、动态的。优秀的建筑一般会引发人们的联想，使人进入一种建筑审美意境，这往往来自于建筑形态表现的跳跃性与不确定性。非线性建筑强调的混沌性结合建筑所要表达的意境，可以产生强烈的视觉效果。混沌与去中心化促使建筑师逐渐挣脱传统规则几何形体的束缚，从思维方式上改变传统建筑师创作的单一理念，催生出了丰富多彩的建筑造型风格，同时也改变了接受者对建筑审美的传统认识。那种传统建筑的平衡、稳定与和谐的表现手法被非线性建筑的激荡、扭曲与动态所取代，追求强烈的视觉冲击力成为当代建筑艺术表现出的美学特征。

（3）建筑空间的流动性倾向　建筑艺术给人提供的是一种造型与空间的审美体验，这种体验由于观看者所处的位置不同而不相同。建筑物是不同空间的组合，人在其中运动形成了审美体验。非线性建筑的创作试图打破传统功能主义的均值空间形式，构建出一种不规则、流动的复杂空间。这种复杂空间呈现出一种由清晰向模糊，由模糊向清晰不断循环变化的特征，表现出了一种更加强烈和更富时代感的流动性，非线性建筑的审美正是强调这种动态的流动性体验，这种流动性同时体现在建筑外部环境与内部空间上，非线性建筑的空间不仅仅是作为一个被体验的对象存在着，更是主动地影响着使用者的审美体验。

（4）建筑表现的技术美学倾向 非线性建筑作为当代信息化与数字化社会的产物，在审美风格上呈现出技术美学的特征。技术美学的理想表达取决于建筑师对技术的理解和创作构思，传统的建筑更多地倾向于逻辑思维，把技术作为一种形式甚至是一种装饰附加于建筑之上，而非线性建筑的存在就是依赖于技术的支撑，所以非线性建筑将技术融入建筑本身，运用技术表现时代的张力。当前的非线性建筑大多表现一种夸张的力度，这种技术美学影响下的形象结构是非线性建筑表现的最重要的东西。

随着非线性建筑这个设计新趋势正在从前卫转向主流，建筑创作的发展也顺应着时代从"线性叙事"到"非线性生成"（图4-110）。建筑创作从自上而下的以创作者为中心、以确定目标为导向的线性逻辑转变为自下而上的、无中心的、目标不确定的、强调方法与过程的非线性生成，因而生成的结果不会再被模仿或再现，而具有唯一性。非线性建筑创作理念必将为建筑设计的发展提供一线曙光，在复杂科学的理论方法指引下，通过更加合理的生成性研究为建筑创作提供更多的可能。

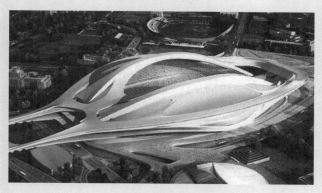

图4-110 非线性设计的体育馆

思 考 题

1. 查阅资料，思考如何辩证地看待建筑的空间与实体这一组关系。

2. 观察生活并查阅相关资料，选取一个公共建筑的类型，举例说明其形式是如何随着社会变迁而发生变化的。

3. 查阅资料，分析贝聿铭的建筑设计作品的设计手法是如何体现中国传统文化的，从中体会建筑师的家国情怀。

4. 查阅相关资料，总结当代公共建筑造型艺术的审美趋势和特点。

第 5 章

公共建筑的技术经济分析

公共建筑中的工程技术问题，是构成空间与形体的骨架和基础。同时，工程技术本身（如结构、设备、装修等）需要消耗大量的建筑材料和施工费用。结构部分不仅在耗材及投资上占据着相当大的比重，而且对建筑空间形体的制约很大。电气照明、采暖通风、空气调节、自动喷淋等设备技术，对建筑空间形体的影响也不小的。因此在公共建筑设计过程中，应对建筑的经济技术问题给予足够重视。

5.1 公共建筑设计与结构技术

5.1.1 建筑结构与公共建筑设计的关系

建筑作为一种人造空间，在建造过程和使用过程中都要承受各种荷载，包括自重、人与家具设备的重力、施工堆放材料的重力、风荷载、地震荷载、温度作用等，它们都有可能使建筑变形，甚至破坏。建筑结构是指保持建筑具有一定空间形状并能承受各种荷载的骨架。建筑结构有时也简称为结构。

功能、技术、艺术形象是建筑的三大构成要素。建筑结构与材料、设备、施工技术、经济合理性等共同构成建筑技术，是建造建筑的手段，也是保证其安全的重要手段。

任何一种结构形式都是为了适应一定的功能要求而被人们创造出来的。随着建筑功能的日益复杂，建筑结构也在不断发展和变化，并不断趋于成熟。例如：为了能灵活划分空间，并向高层发展，出现了框架结构；为了求得巨大的室内空间，出现了各种大跨度结构等。反过来，建筑结构的进步也在一定程度上改变了人们的生产、工作与生活。例如，有了气承式结构，我们甚至有可能将整个城市覆盖起来，建筑功能的内涵也就大不一样了。

建筑的结构形式不但要适应建筑功能的要求，而且应为创造建筑的美而服务。建筑的结构形式运用得当，结构自身也在创造美。古罗马的穹顶和拱券结构既为大跨度和高大建筑的建造解决了技术问题，也以其优美的形象让人印象深刻。古代砖石结构的敦实厚重，现代结构的轻盈通透，都给人以美感。所以，建筑结构的发展也在一定程度上改变了人的审美观。

在现代设计工作中，建筑和结构是两个既相互独立又紧密联系的专业工种。前者侧重解决适用与美观问题，后者侧重解决坚固问题；前者处于先行和主导地位，后者处于服务和从属地位。从分工来看，建筑设计由建筑师完成，结构设计由结构工程师完成；但是，两者之间并非完全独立，而是相互制约、密切配合的关系。只有真正符合结构逻辑的建筑才具有真实的表现力和实际的可行性。建筑构思必须和结构构思有机结合起来，才能创造出新颖而富于个性的建筑作品。所以，建筑师必须具备结构知识，在创造每个建筑作品时，都能考虑到结构的合理性和可行性，并挖掘出结构内在的美；在深化设计的过程中，要能与结构工程师实现最佳配合。

5.1.2 墙承重结构体系

墙承重结构体系是指以墙体为主要竖向受力构件的结构体系。这是一种既古老又年轻的结构体系，古老是因为它是建筑史上最早采用的结构体系，早在公元前两千多年的古埃及建筑中就广泛地采用了这种结构体系；年轻是因为人们至今还在利用它来建造建筑。

1. 墙承重结构体系的特点和设计要求

墙承重结构体系的最大特点是：墙体既用来围护、分隔空间，形成空间的垂直面，也用来承受梁、屋架、板传来的荷载，具有双重功能。从平面上来讲，墙体不仅是围护结构，也是承重结构，于是给设计造成了困难，如不能自由、灵活地按功能要求来分隔空间，不能获得较大的开敞的室内空间，开间尺寸不能整齐划一等。从立面上来讲，由于外墙既要承受结构的荷载，在刚度、胀缩、抗震等方面要求苛刻，因此开设门窗、洞口就要受到严格的限制，建筑立面效果常显得较厚实，有时不仅不能满足采光的要求，还给立面处理带来很多困难。从剖面上来讲，越是靠近底层，墙体承受的荷载越大，墙体也越厚，这就会使结构本身占据很多的有效空间。另外，由于墙体整体性差，墙承重结构的抗震能力也较差。

由以上特点可以得出，墙承重结构体系适用于多层和低层建筑，一般不适用于高层建筑，也不适用于需要大空间的建筑。由于它需要很多墙体来承重，所以特别适用于那些房间不大、层数不高，且为一般标准的公共建筑，如学校、办公、医院等。因受梁板经济跨度的制约，在平面布置上常形成矩形网格承重墙的特点。

针对墙体承重结构的特点，在进行建筑布局时应注意以下要求：

1）在设计中应依据建筑空间与结构布置的合理性和可能性，分清承重墙与非承重墙的作用，做到两者分工明确、布置合理，使整体建筑在适用、坚固、经济、美观等方面都能达到良好的效果。

2）从承重墙布置的方式看，有纵墙承重和横墙承重之分，应结合布局的需要加以选择。

3）承重墙体因需要承受上部屋顶或楼板的荷载，应充分考虑屋顶或楼板的合理布置，并要求梁板或屋面的结构构件规格整齐，模数统一，为方便施工创造有利的条件。

4）非承重墙也称隔断墙，因其不承受荷载，只能起到分隔空间的作用，一般多选用轻质材料，如空心砖、轻质砌块、石膏板、加气混凝土墙板等。

5）为了保证墙体有足够的刚度，承重墙的布置应做到均匀、交圈，并符合规范的规定。

6）为了使墙体传力合理，在有楼层的建筑中，上下承重墙应尽量对齐，门窗洞口的大小也应有一定的限制。此外，还应尽量避免小房间压在大房间之上，出现承重墙落空的弊病。

7）墙体的厚度和高度（自由高度与厚度之比）应在合理的允许范围内。

图 5-1、图 5-2、图 5-3 三个示例的平面布局，都显示了墙承重结构体系的特点及布局特征。

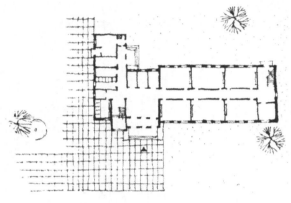

图 5-1 某小学的平面布局

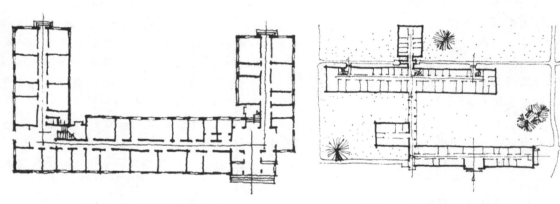

图 5-2 某办公建筑平面布局   图 5-3 某医院建筑平面布局

2. 墙承重结构体系的材料和施工

作为承重结构的墙体材料与施工方法随时代的发展在不断变化。早期的墙体材料主要是生土、石和砖，采用夯筑或砌筑法施工。现在除了砖砌体，其他形式已较少采用。随着工业化的发展，目前又出现了各种砌块建筑，以及采用预制装配法施工的大型墙板建筑。

目前我国采用的墙承重结构体系以砖或石墙承重及钢筋混凝土梁板系统最为普遍。它的竖向承重构件主要是砖砌体，水平承重构件（包括屋架和楼梯）材料主要是钢筋混凝土。这种结构形式能就地取材，施工简单，造价低廉，适应于我国大多数地区当前的经济和技术水平。然而，这种结构形式也存在很多缺点，主要是：

1）烧砖要占用耕地，消耗燃料，对农田损害严重，与农业的可持续发展发生矛盾，且浪费能源。

2）砌砖劳动强度大，速度也慢，不利于实现工业化和提高工效。

3）砖砌体强度低，墙体厚，增大了建筑的自重，减少了建筑的使用空间。

由于这些缺点，近年来我国加快了墙体改革的步伐，特别是砌块建筑发展很快。由于砌块不用烧制，可以利用工业废料和地方材料，高、宽尺寸可以加大，厚度减薄，所以加快了施工进度，增加了房屋的使用空间，显示了很大的优越性。此外，具有高度工业化水平的大型墙板也受到了重视，但由于这种体系要求建筑形式相对稳定，且要有较高的运输、吊装能力，使它的推广受到了一定限制。

在墙承重结构体系中，还有采用砖墙承重和木楼板或木屋顶结构建造的建筑，但由于木材消耗量大，当前我国很少采用。此外，也有采用石墙承重的建筑及其他类型承重墙的混合结构体系的建筑。由于选材不同，对公共建筑的空间组合将产生一定的影响，应在设计构思中权衡利弊，经过深入分析研究，审慎地加以解决。

5.1.3 框架结构体系

1. 框架结构体系

由梁、柱组成骨架承受全部荷载作用，且梁、柱之间采取刚性连接的结构称为框架结构体系。这种结构体系的最大特点是承重结构和围护、分隔构件完全分开，墙体只起围护、分隔作用。

框架结构体系从使用材料来分主要有钢筋混凝土框架和钢框架两类。钢筋混凝土框架的优点是造价低，耐久性和耐火性都较好，缺点是自重比钢结构大，施工速度和抗震性能也不如钢结构。钢框架的优点是自重轻，施工速度快，抗震性能好，但造价高，且钢材的防锈蚀问题较难解决。目前，我国主要采用钢筋混凝土框架。

钢筋混凝土框架按施工方法的不同，可分为全现浇整体式框架、装配式框架、装配整体式框架和半现浇式框架四种。半现浇式框架是指梁、柱现浇，楼板预制或者柱现浇，梁、板预制的框架结构。半现浇框架构造简单，比全现浇整体式框架节约模板约20%，比装配式框架节省钢材且整体性较好，所以应用较广，尤其是梁、柱现浇，楼板预制的半框架结构更受欢迎。

框架结构虽然比砖混结构造价高，但由于具有很多优点，所以应用也很广泛。主要优点是：

1）内墙不需承重，可以采用自重小、厚度薄的隔墙，这样减轻了房屋的重量，增加了使用面积，而且使空间的划分变得异常灵活，提高了建筑的使用范围。

2）由于外墙不承重，开窗较自由，底层可以全部架空，外墙面可以用带形窗、转角窗，甚至玻璃幕墙，使建筑形象变得轻盈活泼（图5-4，见书前彩图）。

3）框架结构承载能力更好，传力更可靠，抗振动和侧移的能力也更强，因而能建更大的跨度和更多的层数。

框架结构适用范围较广，工业建筑和民用建筑都大量采用，特别适宜要求大空间和能灵活划分空间的建筑。实践表明，框架结构的合理层数为6~15层，10层左右最为经济；在非地震地区，也可用于15~20层的建筑。

我国古建筑的举架木构体系颇具框架结构体系的特点，已沿用了数千年之久。西欧在中世纪才出现具有框架结构特点的建筑，直至19世纪钢和钢筋混凝土框架结构问世之后，建筑的发展出现了质的飞越。如果说西方古典建筑的辉煌成就是建立在砖石结构基础之上的，中国古典建筑的辉煌成就是建立在木构架基础之上的，那么西方近现代建筑的巨大成就在很大程度上是建立在钢或钢筋混凝土框架结构基础之上的。柯布西耶在 20 世纪初就预见到近代框架结构的出现会给建筑发展带来巨大而深刻的影响，他提出了"新建筑五点"：底层架空、屋顶花园、自由平面、横向长窗、自由立面。"新建筑五点"深刻地揭示出近代框架结构对于建筑创作所开拓的新的可能性，回顾近一个世纪以来建筑发展的实践活动，充分证明了其预见的正确性。

近代框架结构的应用不仅改变了传统的设计方法，还改变了人们传统的审美观念。采用砖石结构的古典建筑，越是靠近底层，荷重越大，墙体也越厚实，由此形成了一些关于"稳定"的原则——上轻下重、上小下大、上虚下实，并认为如果违反了这些原则就会使人产生不愉快的感觉。古典建筑立面处理按照台基、墙身、檐部三段论的模式来划分，正是这些原则的反映。采用框架结构的近现代建筑，由于荷载全部集中在立柱上，底层无须设置厚实的墙壁，而仅仅依靠立柱就可以承受建筑的全部荷载，因而它可以无视这些原则，甚至可以把这些原则颠倒过来，如底层架空，使建筑的外形呈上实下虚的形式。

由于支撑建筑空间的骨架是承重系统，而分割室内外空间的围护结构和轻质隔断是不承受荷载的。因此，柱与柱之间可根据需要做成填充墙或全部开窗，也可部分填充，部分开窗，或做成空廊，使室内外空间灵活通透。在框架结构体系下，室内空间常依照功能要求进行分隔，可以是封闭的，也可以是半封闭或开敞的。隔墙的形状也是多种多样的，可以是直线的，也可以是折线或曲线的。另外，从虚实效果上看，或虚或实，或实中有虚，或虚中有实，都可表达一定的设计意图。如北京饭店增建的新楼（图 5-5），充分表明了承重柱与轻隔墙的布置与分工，显示出框架结构体系的特色和优越性。

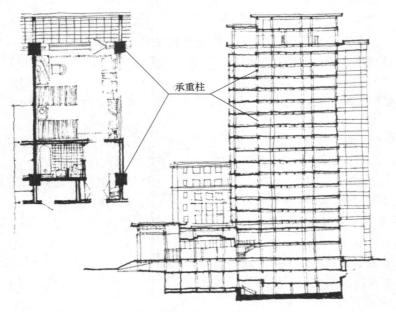

承重柱

图 5-5　北京饭店客房平面和剖面

因为框架结构体系既具有强度大、刚度好的优点，还给建筑空间组合赋予了较大的灵活性，所以适用于高层公共建筑或空间比较复杂的公共建筑。框架结构中墙体与柱网的关系，往往是紧密结合的。以钢筋混凝土框架结构体系为例，常选用6~9m的柱距，结合功能要求与空间处理，排成一定形式的柱网和轻墙，力求做到空间形体的完整性和结构体系的合理性。如广州流花宾馆（图5-6）为7层钢筋混凝土框架结构，柱网与客房、门厅等空间组合相配合，不仅平面布局紧凑合理，同时采用横向开窗与水平线条的划分，其造型也充分发挥了框架结构的优越性。有的公共建筑常依据空间组合的需要，将室内外的墙体灵活安排，因而隔墙和柱网之间可以是脱开的，也可以是部分脱开、部分衔接的，使建筑空间产生彼此流动渗透而又灵活多变的效果，这是砖混结构体系不能比拟的。如巴黎联合国教科文组织办公楼（图5-7）就体现了框架结构体系的特色，尤其是灵活开敞的底层空间与相对封闭的上层空间形体组合，显示出了极大的灵活性和独特的风采。

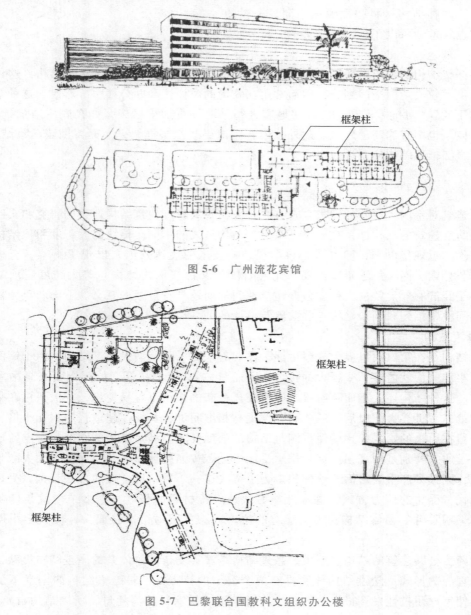

图 5-6　广州流花宾馆

图 5-7　巴黎联合国教科文组织办公楼

2. 半框架结构体系

半框架结构体系包括外围用墙承重，内部用梁、柱承重的内框架结构和底层用框架承重、上部用墙体承重的底层框架结构。它们是框架结构和混合结构结合或变形的结果。

内框架结构又称部分框架结构或墙体与内柱共同承重结构，其主要特点是建筑内部为梁、柱组成的框架，外围是承重的墙体，梁一端与柱刚接，另一端与墙铰接（图5-8）。这种结构具有框架结构内部空间大、划分灵活的优点，且造价稍低。但由于外墙承重，开门、窗仍受一定限制。此外，由于两种结构材料弹性模量不同，房屋的整体刚度也较差，所以不能用于高层建筑和地震区的建筑。

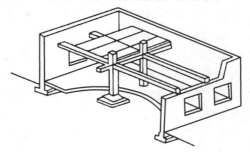

图5-8　内框架结构体系

底层框架结构的特点是底层采用钢筋混凝土框架，其余各层采用墙承重结构。这种结构为底层提供了较灵活的空间划分，因而常用在临街的商住楼和办公楼中。然而，这种结构体系"上刚下柔"，对抗震不利，所以在地震区须采取抗震加固措施，如在底层增加抗震墙。这种结构体系也不宜建高层建筑。此外，还有做二层或三层框架，上面再用墙承重结构的，其特点与底层框架结构体系近似。

5.1.4　大跨度结构体系

公共建筑对室内大空间的需求自古有之，人们对大跨度建筑结构体系的研究和实践从未停止。大跨度建筑的结构体系主要表现在屋顶结构形式的不同。传统的大跨度屋顶结构形式有拱、穹隆，近现代以来，随着材料科学和结构技术的飞速发展，出现了桁架、折板、刚架、壳体、悬索、网架及近年来出现的充气结构（又称气承式结构）等大跨度屋顶结构形式，这对于经济有效地解决大跨度公共建筑空间的问题具有重大的意义。下面着重分析悬索结构、空间薄壁结构和网架结构与公共建筑设计的关系。

1. 悬索结构

悬索结构是在第二次世界大战以后逐渐发展起来的一种新型大跨度结构。由于钢的强度很高，很小的截面就能够承受很大的拉力，因而早在20世纪初就开始用钢索来悬吊屋顶结构。当时，这种结构还处于萌芽阶段，钢索在风荷载的作用下容易失稳，一般只用在临时性建筑中。第二次世界大战以后，一些高强度钢材相继问世，其强度超过普通钢几十倍，刚度却大体停留在原来的水平，这就使得满足结构的强度要求与满足结构的刚度和稳定性要求之间发生了矛盾，特别是用高强度钢材来承受压力。若按强度计算，其截面可以大大减小，但一经受压，则极易产生变形而导致失稳。为了解决这一矛盾，最合理的方法就是以受拉的传力方式来代替受压的传力方式，这样才能有效地发挥材料的强度，悬索结构就是这样产生的。1952—1953年，悬索结构在美国建造的拉莱城牲畜贸易馆试验成功，使其运用得到了迅速发展。

在大跨度公共建筑的结构选型中，悬索结构是没有复杂支撑体系的屋盖结构类型，所以它是较为理想的形式。悬索结构体系具有两个突出的特点：一是悬索结构的钢索不承受弯矩，可以使钢材耐拉性发挥最大的效用，从而能够降低钢材的消耗量，所以结构自重较轻，从理论上讲，只要施工方便、构造合理，可以做成很大的跨度；二是施工时不需要大型的起重设备和大量的模板，施工期限较短。当然，在选择悬索结构形式时，需要注意受力的特性，解决好公共建筑空间环境的组合问题。另外，在荷载作用下，悬索结构体系能承受巨大的拉力，因此要求设置能承受较大压力的构件与之相平衡，这就是该结构体系的受力特殊性能。因此，为了使整体结构有良好的刚性和稳定性，需要选择良好的组合形式，常见的有单向、双向和混合三种类型（图5-9）。

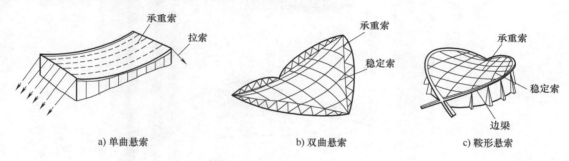

承重索 拉索	承重索 稳定索	承重索 稳定索 边梁
a) 单曲悬索	b) 双曲悬索	c) 鞍形悬索

图 5-9　悬索结构的一般形式

悬索在均布荷载的作用下必然会下垂，悬索的两端不仅会产生竖直向下的压力，还会产生向内的水平拉力。单向悬索结构为了支撑悬索并保持平衡，必须在悬索的两端设置立柱和斜向拉索，分别承受竖向压力和水平拉力。单向悬索结构的稳定性很差，特别是在风荷载的作用下，容易产生振动和失稳。

为了提高结构的稳定性和抗风能力，可以采用双层悬索结构或双向悬索结构。双层悬索结构的平面呈圆形，索分为上下两层，下层索承受屋顶的全部荷载，称为承重索，上层索起稳定作用，称为稳定索。上下两层索均张拉于内外两个圆环上而形成整体，其形状如自行车车轮，故双层悬索结构又称为轮辐式悬索结构。这种形式的悬索结构不仅受力状况均衡、对称，而且有良好的抗风能力和稳定性。用双向悬索分别张拉在马鞍形边梁上，也可以提高结构的稳定性。这种形式的悬索结构，承重索与稳定索具有相反的弯曲方向，向下凹的一组索为承重索，承受屋顶的全部荷载，向上凸的一组索为稳定索，这两组索交织成索网，经过张拉后形成整体，具有良好的稳定性和抗风能力。鞍形悬索结构具有较大的刚度，与其他悬索结构形式相比，其抗风和抗震性能较好，并有利于排除雨水。在注意解决整体结构稳定性的前提下，鞍形悬索结构不失为大跨度公共建筑中的一种良好结构形式。

除了上述各种悬索结构，还有一种结构是利用钢索来吊挂钢筋混凝土屋盖的，这种结构称为悬挂式结构，它充分利用钢索的抗拉特性，减小了钢筋混凝土屋盖承受的荷载。

悬索结构除了跨度大、自重轻、用料省，还具有以下特点：平面形式多样，使用的灵活性大、范围广；多变曲面形成的内部空间既宽大宏伟，又富有运动感；主剖面呈下凹的曲线形式，曲率较小，若处理得当，则既能适应功能要求，又可大大节省空间；外形变化多样，可为建筑的立面处理提供新的可能。

在美国斯克山谷建造的滑冰场（图5-10）采用了悬索与十字形金属空心梁相结合的结构体系，是单向悬索结构体系中较为典型的例子，支承体系以16根上细下粗向外倾斜的桅

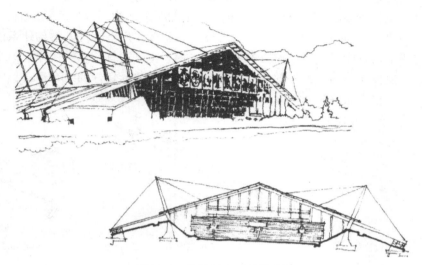

图 5-10　美国斯克山谷滑冰场

杆作为传力的支撑柱，并通过钢索吊起 16 根梁作为承受屋面荷载的骨架。该结构系统的金属斜梁达 69.8m，梁的下端固定于钢筋混凝土支座上，两组交叉悬臂梁覆盖了跨度为 91.4m 的空间。比赛场可容纳观众 8000 人。北京工人体育馆（图 5-11）是辐射悬索结构类型的典型例子，该体育馆规模宏大，建筑面积达 42000m^2，比赛大厅能容纳 15000 名观众，是我国首次采用悬索结构形式的大跨度公共建筑。钢索拉装在内环与边缘圆形状的结构之间，形成了净跨为 94m 的圆形屋顶，悬索沿径向辐射方向布置，分为上下两层，上索承受屋面荷载，并起到稳定索的作用，下索主要是承重索，将全部屋盖悬挂于空中。内环作为电气照明灯架与室内空间美化的考虑，上下钢索各 144 根，形成了上下起伏的车轮状几何形体的顶棚装饰效果。在结构选型上，比采用钢网架结构形式节约钢材 60%。

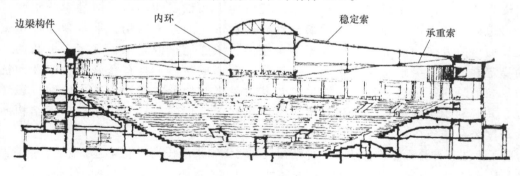

图 5-11　北京工人体育馆剖面图

　　杭州浙江人民体育馆（图 5-12）是鞍形悬索结构的典型例子。该馆比赛大厅为椭圆形（长轴 80m，短轴 60m），能容纳 5400 多位观众。鞍形悬索屋盖由两组弯曲方向不同的钢索系统组成，并呈双曲抛物线形状，其承重体系——索网是由正交布置的下凹形承重索和上凸形稳定索相互张紧而成，索网自重仅 7kg/m^2，而所承受屋面荷载达 120kg/m^2。从该馆选择鞍形悬索结构的形式来看，主要具有如下三个方面的优点：

图 5-12 浙江人民体育馆

1）在观众厅容量相同的条件下，椭圆形比赛大厅能获得更多的视线较好的席位。

2）在相同的条件下，一般鞍形悬索结构的技术经济指标优于其他结构形式。

3）鞍形屋盖能较合理地利用观众厅的空间，有利于音质和空调的处理。

2. 空间薄壁结构

空间薄壁结构也称为薄壳结构，是大跨度公共建筑中采用的另一种结构形式。钢筋混凝土由于其可塑性能，是壳体结构的理想材料。壳体结构一般具有以下特性：

1）壳体结构的刚度取决于它的合理形状，而不像其他结构形式需要加大结构断面，所以材料消耗量低。

2）壳体结构不像其他结构形式那样，静载是随跨度增长而加大的，所以其厚度可以做得很薄。

3）壳体结构本身具有骨架和屋盖的双重作用，而不像其他结构形式只起骨架作用，屋盖结构体系需要另外设置。由于承重与屋盖合而为一，使这种结构体系更加经济有效，且在建筑空间利用上更加充分。

综上可见，壳体结构可以适应于力学要求的各种曲线形状，不仅内部应力分配合理、均匀，而且可以保持极好的稳定性，具有合理的外形，所以壳体结构尽管厚度极小，却可以覆盖很大的空间。壳体结构按其受力情况不同，可以分为筒壳、折板、单曲面壳和双曲面壳等多种类型（图 5-13）。在实际应用中，壳体结构的形式更加丰富多彩。不同的壳体结构既可以单独使用，又可以组合起来使用；既可以覆盖大面积的空间，又可以覆盖中等面积的空间；既可以适应方形、矩形平面的要求，又可以适应圆形、三角形平面的要求，乃至其他特殊形状平面的要求。

福州火车站（图 5-14）候车大厅的屋盖是由五波 20m 跨的长筒薄壳组成，大厅面积为 1200m², 净高为 13m, 可容纳 1000 人左右。山东体育馆（图 5-15）则是采用双曲扁壳的例子，比赛大厅屋顶的双曲扁壳边长为 48m×48m, 板厚仅为 7cm, 拱高为拱跨的 1/5, 屋顶结构与建筑空间之间的配合，比较紧凑合理。法国巴黎工业展览馆（图 5-16）为 218m/218m/218m 的三角形装配整体式钢筋混凝土薄壳，即把预制好的双曲板在现场浇筑成整体结构系统。该建筑的壳体由地面至拱高为 48m。由于壳体本身选用了多波的双层结构，总厚度为

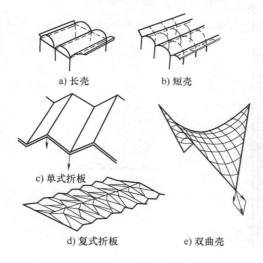

a) 长壳　　　b) 短壳

c) 单式折板

d) 复式折板　　　e) 双曲壳

图 5-13　壳体结构常用形式

图 5-14　福州火车站

图 5-15　山东体育馆

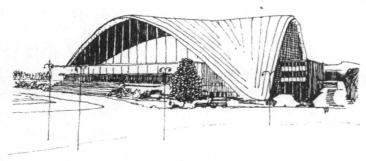

218m

图 5-16　法国巴黎工业展览馆

65cm，所以整个壳体结构具有较大的刚度，并能承受弯曲与扭转的作用，同时对隔热、隔声、电气及采暖等也有周密的考虑。意大利罗马的奥运会体育馆（图 5-17）平面呈圆形，直径达 100m，可容纳 14000 名观众，屋盖边缘部分为折波形钢丝网水泥装配式结构。由 SOM 事务所设计的美国空军礼拜堂（图 5-18，见书前彩图）则是折板结构的典型实例。

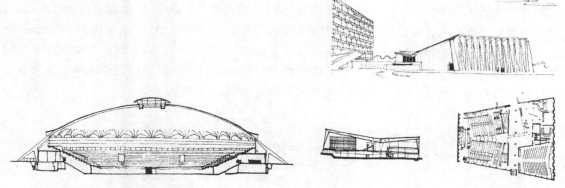

图 5-17　罗马奥运会体育馆　　　　　　图 5-19　巴黎的联合国教科文总部的会议厅

近年来，由于结构技术的不断发展，出现了介于折板和壳体之间的新型结构，如蛇腹形的折壳结构等。蛇腹形折壳结构依受力后的弯曲线，使构件由跨中向端部变截面，其中间部分可承受最大的弯矩。这种结构形式远比梁柱结构和一般形式的壳体刚度大，结构高度小（一般折高为 1m 左右），而且音响效果较好。巴黎的联合国教科文总部的会议厅（图 5-19）就采用了钢筋混凝土折壳结构。该会议厅拥有 1000 人的大会议厅和 500 人的小会议厅，大会议厅的折壳跨度为 40m，内部高度为 12～14m。该建筑端墙折壳结构的处理，能够与屋盖折壳体系相结合，融会成一个完整的统一体。同时在屋盖与两侧墙之间采用了滑动连接的技术措施，可以使折壳体系既能承受风力，又能保证屋盖结构抵抗因温度或其他因素而产生的变形影响。在新型结构的建筑设计上，该建筑的设计经验是值得借鉴的。

3. 空间网架结构

在现代公共建筑中，网架结构也是一种新型的大跨度结构。它具有刚性大、变形小、应力分布较均匀、能大幅度地减轻结构自重、节省材料等优点。网架结构可以用木材、钢筋混凝土或钢材制成，并且具有多种多样的形式，使用灵活方便，可适应多种形式的建筑平面的要求。

近年来，国内外许多大跨度公共建筑或工业建筑普遍采用了这种新型的大跨度结构来覆盖巨大的空间。采用金属管材的网架结构（图 5-20，见书前彩图），能承受较大的纵向弯曲力，与一般钢结构相比，可节约大量钢材和降低施工费用（根据有关资料统计，节约钢材约 35%，降低施工费用约 25%，甚至在某些情况下，耗钢量接近于普通钢筋混凝土梁中的钢筋数量）。因此，空间网架结构，用于大跨度公共建筑，具有很大的经济意义。

网架结构分为单层平面网架、单层曲面网架、双层平板网架、双层穹窿网架等多种形式。单层平面网架由两组正交的正方形网格组成，可以正放，也可以斜放，比较适合正方形平面的建筑或接近正方形的矩形平面的建筑。另外，由于空间平板网架具有较大的刚度，所以结构高度不大，这对于大跨度空间造型的创作，具有显著的优越性。常见的网架形式有圆形、方形、矩形、六角形及八角形等。

空间平板网架结构体系在我国已有较大的发展。例如：上海体育馆的网架形式为圆形（图 5-21），直径为 114m，总建筑面积 47800m^2，能容纳观众 18000 人；南京五台山体育馆的网架形式为八角形（图 5-22），长向为 88.6m，短向为 76.8m，总建筑面积为 17930m^2，能容纳观众 10000 人；北京首都体育馆的网架形式为矩形（图 5-23），东西长为 122.2m，南北宽为 107m（比赛大厅为 99m×112.2m），建筑面积约 40000m^2，能容纳观众 18000 人。随着我国高新技术的不断发展，尤其是轻质高强钢材的不断更新，空间网架结构体系的发展日新月异，这将为大跨度公共建筑空间的发展提供更加宽广的前景。

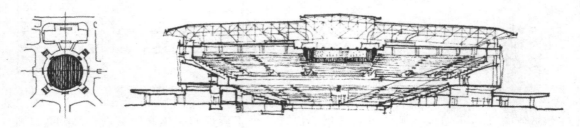

图 5-21　上海体育馆

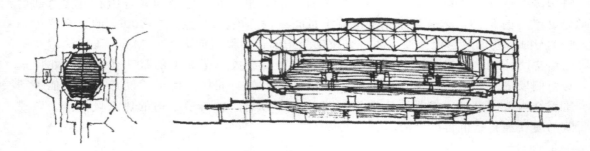

图 5-22　南京五台山体育馆

4. 充气结构

由于先进技术的不断发展，近年来在一些大跨度公共建筑中开始采用充气结构。充气结构是指用高分子材料、涂层织物等材料制成气囊，充以空气后利用气囊内外的压差承受外力并形成的一种结构。薄膜系统充气后，使之能承受外力，形成骨架与围护系统，两者结合为统一的整体。

充气结构按其形式可以分为构架式充气结构和气承式充气结构两种。构架式充气结构属于高压充气体系，由于气梁受弯、气柱受压、薄膜受力不均匀，不能充分发挥材料的力学性能。气承式充气结构为低压充气体系，充气后的薄膜大部分受拉，从而可以使薄膜材料充分发挥其耐拉性能，且薄膜基本上均匀受力，材料的力学性能得到了充分的发挥，加上气囊本

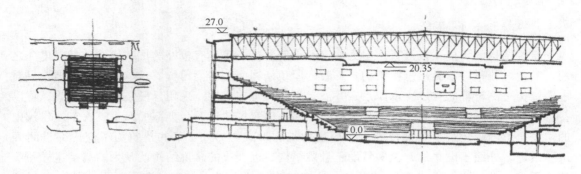

图 5-23 北京首都体育馆

身很轻，可用来覆盖大面积的空间。此外，风雪、震荡、自重等荷载，大部分由薄膜内外压差所承受，因此自重可忽略不计，这是充气结构体系最大的优点。

充气结构根据它独特的力学原理，形成的外形也具有独特的几何规律性——处处都是曲线、曲面，根本找不到任何平面、直线或直角。这和传统的建筑形式和美学观念很不相同，只有严格地遵循它的独特规律进行构思，才能有机地把它和建筑功能要求、审美要求统一为一个整体。

大跨度公共建筑，如博览会、体育馆建筑使用充气结构的比较多。如 1975 年在美国建成的亚克体育馆（图 5-24），容量高达 80000 名观众。该建筑的薄膜气承屋盖面积为 35000m²，是目前世界上最大的充气建筑。在这座充气建筑中备有电子报信系统，能及时反映出漏气、漏水等故障，以利及时修复。当然，充气结构的历史还比较短，尚有不少问题需进一步研究，如充气薄膜材料的老化、充气结构体系的精确计算等问题。充气结构技术在我国也有一定的发展，但多处于研究与试制阶段，常用于较小规模的临时帐篷、库房、展览厅等。随着各种建筑技术的科技含量不断提高，尤其是高分子材料的日益更新与发展，预计充气结构体系也会得到相应的发展。

图 5-24 美国亚克体育馆

5.1.5 悬挑结构体系

悬挑结构的历史比较短暂，因为在钢和钢筋混凝土等具有较好的抗弯性能的材料出现之前，其他材料不可能做出悬挑结构。一般的屋顶结构两侧需要设置支承体系，悬挑结构只要求沿结构一侧设置立柱或支承体系，并通过它向外延伸出挑。采用悬挑结构覆盖空间，可以使空间的周边处理成没有遮挡的开放空间。因而体育场建筑看台上部的遮篷、火车站建筑中的雨篷、影剧院建筑中的挑台等多采用这种结构形式。另外，某些建筑为了使内部空间开敞、通透，外墙不设立柱，也多借助于悬挑结构。近现代的悬挑结构就是为了满足这样一些功能要求和设计意图逐步发展起来的。悬挑结构的特点是立柱少，四周不设墙体，空间开敞、通透，建筑形象轻巧活泼，但造价一般稍高，施工难度稍大。

悬挑的方式可分为单面、双面、四面等（图 5-25）。单面出挑的悬挑结构，其横剖面呈"厂"字形，这种结构由于出挑部分的重心远离支座，如果处理不当，整个结构极易倾覆。双面出挑的悬挑结构，其横剖面呈 T 形，这种结构形式是对称的，因而具有良好的平衡条件。一般体育场建筑看台上部的遮篷属于前一种形式，由于看台本身具有极好的稳定性，如果两者结合牢固，就不会产生倾覆现象。火车站建筑中的雨篷多采用后一种形式，这种形式虽然本身具有良好的平衡条件，但为了保证安全，立柱的基础也必须做妥善处理。

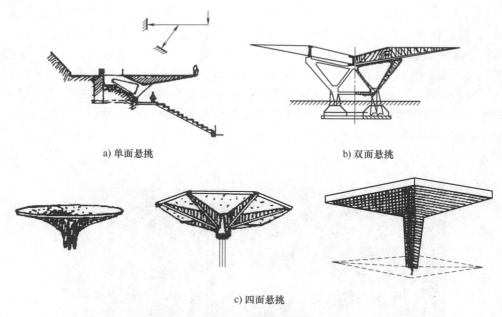

a) 单面悬挑　　　　　　　　　　　　　b) 双面悬挑

c) 四面悬挑

图 5-25　悬挑结构形式

还有一种四面出挑、形状如伞的悬挑结构，其主要特点是把支承集中于中央的一根支柱上，使覆盖的空间四面临空。近代某些建筑师常常利用这种结构来实现设计意图，室内空间中央低、四周高，周边不设置立柱，将外墙处理成为完全透明的玻璃幕墙。若干个四面悬挑的结构组合起来，也可以覆盖大面积空间，大多数展览馆、工业厂房就是采用这种结构形成空间的。

5.1.6 其他结构体系

除了以上五种基本结构体系，还有一些常见的结构类型，如框架-剪力墙结构、剪力墙结构、筒体结构、帐篷结构等。

1. 框架-剪力墙结构体系

由于风荷载、地震作用的影响，高层建筑结构不但要承受竖向压力，还要承受水平荷载产生的弯矩和剪力，因而必须有足够的抗侧力刚度。框架结构虽然有较高的承载能力和一定的抗侧移能力，但随着层数的增多，抗侧力刚度明显不足。据分析，一幢18层高的房屋，若采用框架结构，则底层柱的截面尺寸约需950mm×950mm，这显然是不经济的。如果在框架之间增加一些刚度很大的墙体，用以承担巨大的剪力（这种墙称为剪力墙），这样组成的结构形式便称为框架-剪力墙结构体系（图5-26）。在这种体系中，竖向荷载由框架和剪力墙共同承担，而水平荷载的80%~90%都由剪力墙承担，因而它具有更好的抗侧移能力。框架-剪力

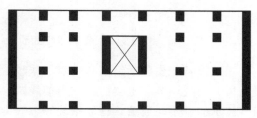

图 5-26　框架-剪力墙结构体系平面布置举例

墙结构体系适用于15~25层建筑，最高不宜超过30层，最经济的范围是12~15层。

2. 剪力墙结构体系

当建筑层数进一步增加（一般超过25层）时，水平荷载不断增大，如果仍然采用框架-剪力墙结构体系，则需要设置很多剪力墙，此时框架的作用已很小；当剪力墙完全取代了框架时，就成为一种新的结构体系——剪力墙结构体系。

剪力墙结构的侧向刚度和抗水平荷载能力要比框架结构大得多，适合于既要求有很强的抗垂直荷载能力，又要求有很强的抗水平荷载能力的高层特别是超高层建筑。剪力墙结构体系适用于15~50层的建筑。由于这种结构有很多横墙，空间的划分相对受限制，所以适用于住宅、旅馆等需要很多小房间的建筑。

3. 筒体结构体系

剪力墙结构把承重结构和分隔空间的结构合二为一，内部空间组合会因为受到结构要求的限制而失去灵活性。为了克服这种矛盾，近年来人们又试图采用筒体结构，用极大刚度的核心体系来加强抗侧向荷载能力。这种由若干片纵横交接的剪力墙围合成筒状封闭形骨架的受力体系称为筒体结构体系（图5-27）。

筒体结构把分散布置在各处的剪力墙相对集中于核心井筒，并利用它设置电梯、楼梯和各种设备管道，从而使平面布局具有更大的灵活性。筒体结构有很大的抗侧力刚度和抗扭能力，所以能承受更大的水平荷载。筒体结构有很多种形式，如框架与筒体结合、筒

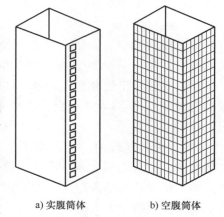

a) 实腹筒体　　　　b) 空腹筒体

图 5-27　筒体结构体系示意

套筒、群筒等。筒体结构造价高，主要用于高层和超高层公共建筑，如办公楼等。有些超高层建筑甚至把外墙也设计成井筒，于是就出现了内、外两层井筒。

4. 帐篷结构

帐篷结构的薄膜是由柔性高分子材料制成的，重量极轻，这种结构的主要问题在于以何种方法把薄膜绷紧而使之可以抵抗风力。当前最常用的方法就是使之呈反向的双曲面形式：沿着一个方向呈正曲的形式，沿着另一个方向呈负曲的形式，作用在正、负两个方向上的力保持平衡后，不仅可以把薄膜绷紧，还可以使之既抗侧向压力，又抗侧向吸力。其特点是结构简单、重量轻，适用于作为某些半永久性建筑的屋顶结构或某些永久性建筑的遮篷。

5.2　公共建筑设计与设备技术

5.2.1　建筑设备的作用及设计原则

建筑设备主要包括给水与排水、采暖通风与空气调节、建筑电气三大系统，具体包括采暖通风、空气调节、电器照明、通信线路、闭路电视、网络系统、自动喷淋及煤气管网等。随着技术的进步，通信、智能系统等也成为建筑设备的重要组成部分。建筑设备属于建筑的物质技术条件，它的作用是保证和提高建筑的使用质量，为人们创造良好的生活和工作环境。建筑设备技术的不断发展，不仅给公共建筑提供了日益完善的条件，也给公共建筑设计工作带来了不少的复杂性。

处于寒冷地区的公共建筑一般都需要考虑采暖的问题。对于标准较高的宾馆、饭店、写字楼及聚集人流较多的体育馆、影剧院、展览馆、超级市场等公共建筑，往往需要装设空气调节。装设采暖、通风及空调设备，相应地需要安排设备用房，其中包括锅炉房、冷冻机房及风道、管道、散热器、送风口、回风口等设施，它们都需要占据一定的建筑空间，因此设备布置与空间组合存在着密不可分的关系。当然，城市热力网的发展，将从城市总体规划上统一设置设备用房，从而可以删掉单体、群体或一定设备用房的累赘。但在没有城市热力网系统的情况下，依然需要考虑如下一些问题：

1）在总体环境与建筑布局中，要恰当合理地安排设备用房的位置，如锅炉房、水泵房、冷冻机房以及其他机房等辅助设施。在高层公共建筑中，除了要在底层及顶层考虑设备层，还需要在适当的层位上考虑设备层，以解决设备管网的设置问题（图 5-28）。

2）在公共建筑的空间组合中，要充分考虑设备的要求，力求做到建筑、结构、设备三方面的合理解决。特别是对于采用集中式空调系统的公共建筑，由于风道断面大，极易与空间处理及结构布置发生矛盾，因而需要注意各种管道穿过墙体、楼梯等处对结构安全性的影响。装设空调房间的送风口、回风口等，除了需要考虑使用要求，还需要与建筑细部装修设计相配合。在设计时应采取各种技术措

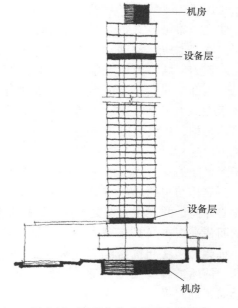

图 5-28　高层公共建筑设备层示意

机房
设备层
设备层
机房

施，降低设备机房及风管等处发出的噪声。

3）在考虑人工照明与电气设备时，应采取相应的技术措施解决防火、隔热等问题，应与空间组合、结构布局统一考虑，才能全面地解决公共建筑设计的综合问题。

建筑设备的选择应遵循以下原则：

1）充分适应建筑质量标准的要求。设备标准是建筑质量标准的一个重要方面，两者必须相适应。在高标准的建筑中选择低标准的设备和在低标准的建筑中选择高标准的设备，都是不可取的。

2）满足设备的技术要求，确保功能的发挥。每种建筑设备都有自身的技术要求，如给水系统要考虑水量和水压，电气系统要考虑用电量和电压等，如果这些条件不具备，那么建筑设备就不能发挥应有的作用。

3）应做到经济、合理、安全、方便。

4）应满足建筑空间组合与艺术处理的要求。

综上所述，公共建筑设计除了需要考虑结构技术问题，还应深入考虑设备技术问题。否则，不仅会影响建筑空间的完整与使用，也会影响设备本身的质量标准与正常运转。

5.2.2 室内给水与排水系统

随着社会科技的不断发展，人类取水不再通过雨水或山泉，而是打开自来水龙头就可以得到水。然而，这些自来水仍然源于对雨水、地下水的收集、积蓄、净化，然后由市政管道引入建筑。所以，我们不仅要了解建筑的给水与排水系统，还要有珍惜和保护水资源的意识。

1. 给水系统

民用建筑的给水系统主要有生活给水和消防给水。需要设置消防给水系统的建筑有：厂房、库房、高度超过24m的科研楼；超过800个座位的影剧院、俱乐部和超过1200个座位的礼堂、体育馆；体积超过5000m³的商店、医院、学校等建筑物；超过7层的单元式住宅；超过6层的塔式住宅、通廊式住宅、底层设有商业网点的单元式住宅；超过5层或体积超过1000m³的其他民用建筑；国家级文物保护单位的重点砖木或木结构的古建筑。

一般室内消防给水是在各层适当位置布置消防箱，以保证消防水枪能喷射到建筑物的任何角落。有特殊要求的建筑和部位还应采取其他消防措施。

多层民用建筑一般由市政管道直接给水。当设有消防给水系统时，最好与生活给水系统合并共用。高层建筑和防火要求特别高的建筑，可采用水箱供水、水泵供水或水泵与水箱联合供水等形式。生活给水和消防给水必须各自独立，甚至可将生活给水分成饮用水与非饮用水两个单独的系统。高层建筑常需分层供水，一般可以每十层左右设一给水系统，水箱设在设备层内。消防给水系统沿高度分区，控制消防水压不大于80m或建筑高度不超过50m。消防给水系统可以与生活给水系统合用水箱，但应有单独的水泵和电源。

有的建筑还设有热水供应系统。给水方式多为下行上给式或上行下给式。

2. 排水系统

民用建筑的室内排水系统包括生活污水与雨水，一般采取分流制，也可以采用合流制。卫生要求高的，可以将厕所的排污与其他生活污水排放分开。雨水管的间距一般为8~16m。

3. 建筑设计与给排水系统的关系

用水房间在平面上应尽量集中布置，竖向上下对齐，以利于布置和节省管道。应避免将用水房间，特别是厕所布置在其他使用房间的直接上方，否则应设置设备层或采取其他措施，以避免漏水。

竖向管道在室内有明装和暗藏两种。暗藏又可分为设管道井或采取后包做法两种。管道井的断面应符合管道安装、检修所需空间的要求，并尽可能在每层靠走道一侧设检修门或可拆卸的壁板。同一管道井内不应敷设在安全、防火和卫生方面互有影响的管道。南方地区可将雨水管布置在室外，顺墙而下，并注意不要影响立面美观，必要时可藏入外墙的凹槽内。

当建筑物内需设水泵间时，应考虑振动和噪声的不利影响，尽可能将其设在底层、地下室或半地下室内。如果在楼层中设水泵间，则最好将水泵间上下重叠，以免供水主管弯曲。

5.2.3 电力电气系统

公共建筑电力电气系统包括强电系统和弱电系统。

1. 强电系统

室内强电系统包括配电线路、插座、灯具及其他用电设备。我国民用建筑的室内电力电气线路的电压有 220V 和 380V 两种，以满足不同电流负载的用电设备的要求。一般民用建筑室内线路多为暗敷，即将电线埋设于墙体和楼板里，在一定的使用区间内设置一个配电箱，并加载短路保护、过载保护等。在现浇楼板中，导线穿管可埋入板内。如采用预制楼板，穿管有困难时，可在板上设 60~80mm 厚找平层，或置入吊顶内。

配电箱（盘）是接受或分配电能的装置，应安装在既干燥、通风、采光良好、操作方便，又不影响美观的地方，通常设在门厅、楼梯间或走廊的墙壁内。它也有明装与暗藏两种安装方式，现多采用嵌墙暗装，暗装时箱底距地面 1.5m。明装电度表板底口距楼地面不小于 1.8m。

在高层建筑中，有时需将各户电度表集中装置在一间房内，称为电表房。电表房大多设在底层的电梯井或楼梯附近。为检修方便，有时还在每一层楼设分配电间或分配电箱。电表房的面积视电表数量而定，分配电间的面积不小于 $2m^2$，二者门都应外开。分配电箱应嵌墙暗装。

室内供电来自市政电网，当建筑内有用电量较大的电气设备时，也可以单独设立供电系统。

建筑物的防雷也属于电力设计的范畴。建筑物的防雷包括对直击雷、感应雷击和侵入波的防护，以防直击雷为主。防直击雷的保护装置由接闪器（避雷针、避雷带或避雷网）、引下线和接地极组成。有些建筑顶部的避雷针还可以起到一定的装饰作用，避雷带比避雷针更美观、安全，因而应用较多。

要注意电源进户线和防雷装置引下线对建筑立面的影响。架空电源进户线的位置不宜选在建筑物的正面，必要时应采用埋地电缆引入。防雷装置引下线必要时可藏入墙面凹槽内，或利用柱内钢筋作为引下线。

2. 弱电系统

建筑弱电系统一般包括通信、有线电视等系统，有些建筑中还设有安保监控、消防报警、背景广播等系统。随着对建筑节能的日趋关注，建筑的智能化管理技术也得到了越来越多的应用,如照明节能智能化、电梯智能化、空调智能化等。

3. 灯具照明

在公共建筑设计中,灯具的设计是室内设计的重点之一。人工照明的设计与安装应满足以下要求:保证舒适而又科学的照度、适宜的亮度分布,防止眩光的产生,选择优美的灯具形式和创造一定的灯光环境的艺术效果。在满足有效、美观的基础上,应优先选择高效节能灯。

根据照度的分布,人工照明可分为一般照明(整个场所或场所某部分照度基本均匀的照明)、局部照明(局限于工作部位的照明)和混合照明三种形式。按受光的情况,人工照明可分为直接照明、半直接照明、间接照明、漫射照明等类型。照明线路的供电一般为单相交流 220V 二线制,当负载电流超过 30A 时,应考虑采用 380V/220V 的三相四线制供电。室内照明线路的安装方式有明敷、暗敷两种方式。明敷采用瓷夹板、瓷珠、瓷瓶、铝卡片、木槽板或塑料槽板布线。暗敷可以穿塑料管、钢管敷设或采用塑料护套线直接埋入。

不同公共建筑对照度要求是不一样的。一般学校教室的照度应满足学生看清黑板上的字迹、教师的示范实验及做笔记的要求;会堂建筑观众厅的照度应满足与会者阅读文件、做记录的要求;剧院、体育馆观众席的照度应满足在表演间歇时观看节目单的要求等。剧院舞台与体育馆比赛场地的照明随着表演内容的不同而不同。在大型会堂中,如果考虑拍摄电影的要求,所需要的照度约在 500lx 以上。若考虑彩色电视的录像,所要求的照度标准还要高。但是一般会堂建筑的照度通常定为 200lx 左右就能满足阅读文件等一般的要求。体育馆的照度标准是与比赛内容密切相关的,如进行乒乓球比赛时,台面最低的照度应保持 430lx 以上,而一般球类及体操比赛,场地的最低照度在 200~250lx 间选用。各类公共建筑人工照明的照度标准可参考《建筑设计资料集》[一]的有关内容。

在大空间的公共建筑中,除了要考虑照度的要求,还应考虑亮度的分布问题,以保证视觉的舒适感。同时,适宜的亮度还能创造出良好的空间气氛。亮度的分布通常与照明的方式及顶棚、墙面颜色的反射系数有关。如阶梯教室,装设黑板的墙面如果亮度过大,就会与黑板形成强烈对比,这就会分散学生的注意力,并容易造成视觉疲劳。同样,在会堂的建筑中,如果观众厅中的顶棚、墙面亮度暗淡,即使观众席位达到了足够的亮度,也会产生沉闷的感觉。相反,在剧院建筑中,往往利用亮度的差别来引导观众视线的集中。如在开演时,为了加强演出的效果,把观众的视线吸引到舞台上,往往把观众厅周围环境的亮度控制得暗淡一些,与舞台表演区的亮度形成强烈的对比,借以增强演出的气氛。上述这些恰好说明了人工照明处理,是与一定的功能要求和特定的艺术气氛相结合的。

人工照明还应注意眩光的问题。一般的白炽灯、碘钨灯如果处理不好,容易产生眩光。而荧光灯表面亮度比白炽灯小,即便明装也不会引起耀眼的眩光感觉。当光源与人眼处在 0°~30°时,眩光最为强烈(图 5-29)。通常采用加大灯具保护角、控制光源不外露等方法,作为防止产生眩光的措施。此外,还可以采取提高光源的悬挂高度、选用间接照明或漫射照明等减弱眩光的措施。

公共建筑的人工照明设计还应考虑灯具的美观问题,应赋予灯具一定的装饰性,使灯光的造型与建筑的使用性质和空间处理相协调,起到点缀空间、引导空间、扩大空间及丰富空

○《建筑设计资料集》编委会. 建筑设计资料集 [M]. 北京:中国建筑工业出版社,1999.

间的作用。灯具设计还应与整体空间的设计意图相协调，灯具的造型与安装高度对建筑空间处理与美观有一定影响，用灯光来烘托环境气氛也是建筑艺术处理的一种手段，所以建筑师与电气工程师应密切配合，精心设计。

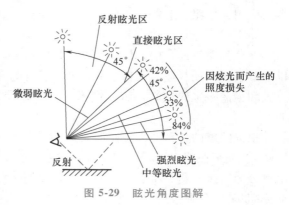

图 5-29 眩光角度图解

灯具形式与整体建筑空间的艺术环境相协调的同时还应把阴影效果考虑进去。当阴影效果柔和适度，则可增强物体的立体感和视觉的舒适感。如果阴影强烈，致使物体与背景之间产生过分对比的情况，则容易引起眩目与视觉疲劳，尤其像体育馆这类公共建筑，多要求比赛区不产生阴影，常用提升灯具高度和增加光源数量的方法解决这个问题。

在公共建筑设计中，结合功能要求及空间艺术处理的需要，选择适宜的照明方式，使灯光效果与建筑空间的设计意图相互协调。目前人工照明的光源基本上有白炽灯、荧光灯与碘钨灯三种。白炽灯和碘钨灯的光色偏暖，荧光灯的光色偏冷。一般荧光灯比白炽灯的发光效率高，且表面亮度小，温度低，耗电小，因而寿命长，这些都是它的优点。碘钨灯比白炽灯体积小，光色好，光效高，寿命长，因此适用于大空间的公共建筑。由于上述三种光源的光色不同，在选用时应结合空间艺术处理的要求，发挥各种照明效果的特点。另外，白炽灯、碘钨灯的表面温度较高，尤其是大功率综合型的灯泡或灯管组合在一起时温度更高，因此在嵌入式的灯具设计中必须考虑防火措施。

人工照明设计，应使光源的光通量射向需要照明的区域，尽量减少光能的无益损耗，因而常用各种反射罩、反射面及扩散格片，以加强光线向指定的区域反射。如果需要光线柔和的效果，则可采用漫射罩，在考虑照度时应把漫射罩损失的光补充进去。

在公共建筑的空间组合中，大面积的照明设计常和空调、音响等设备的安装有矛盾。因此，应统一考虑建筑、结构、空调、音响等方面与人工照明之间的协调问题。国外有的公共建筑甚至将电气照明散发的热量用于采暖，在热天则采取将灯槽中的热量从屋面层吸走等措施。这些综合解决方法，不仅可以减轻设备的负荷，还可以充分利用建筑的空间。

5.2.4 采暖通风及空气调节系统

人们对于冷暖的感觉主要通过空气而获得。此外，空气质量（如湿度、颗粒污染物等）是直接影响人们舒适、健康的因素。在没有通风设备和空调设备以前，人们主要通过打开门窗进行自然通风，从而解决闷热、潮湿的问题。但地球上大部分地区处于"冬冷夏热"的恶劣环境中，同时有些室内空间为无法开窗的封闭空间，因此，为了改善公共建筑室内的空气环境，满足健康、舒适的要求，需要设置采暖、通风和空调系统。

1. 采暖系统

采暖系统由散热器、阀门和管道组成。根据热媒不同，采暖系统可分为热水采暖、蒸汽采暖和热风采暖三种。热水采暖适用于长时间采暖的建筑，如住宅、医院、幼儿园、旅馆等。蒸汽采暖适用于短时间或间歇采暖的建筑，如学校、影剧院、食堂等。热风采暖多应用于局部采暖的建筑。根据作用范围不同，采暖系统又可分为局部采暖（热源和散热设备设在同一房间）和集中采暖（由一个热源同时向多个房间供热）。前者主要用于南方地区，后者主要用于北方地区。

上述供暖方式通常需要消耗能源，如煤、油、气、电等。随着近年来人们环保、生态意识的日益增强，人们开发了多种可用于室内供暖的绿色能源，如地热等。随着采暖技术的不断发展，新的采暖方式有地板辐射采暖、带型辐射板采暖等。新兴采暖技术的不同性能特点，必然会对公共建筑设计提出许多新的要求，应当在建筑空间组合中加以综合解决。

2. 通风系统

某些工业生产过程会产生大量余热、粉尘、蒸汽和有害气体，在人员集中的公共建筑中人会产生大量热、湿和二氧化碳，为了改善室内空气环境，需要不断向室内送入新鲜空气，同时把污浊空气排出室外，这就是通风，又称换气。按通风方式不同，通风可分为全面通风和局部通风。按通风机制不同，通风又可分为自然通风和机械通风。

与水体相似，空气是有压力的，空气总是顺着压力由大（正）向小（负）的方向流动。因此，有效的办法是让室内的不良空气处于负压空间，尽量避免其流向清洁区。此外，通风系统往往与消防的排烟系统综合考虑，即平时作为通风系统，发生火灾时则转换为排烟系统。

3. 空气调节系统

某些高标准的民用建筑（如宾馆、商店、影剧院等）往往要求室内的温度、湿度和清洁度全年都保持在一定范围内，此时用换气的办法已不能满足，而必须对送入的空气进行净化、加热或冷却、干燥或加湿等处理，这种通风方式就是空气调节，简称空调。按送风方式不同，空调系统可分为集中式空调、局部式空调和混合式空调三种。

集中式空调是将各种空气处理设备和风机集中布置在专用房间内，通过风管同时向多处送风。它适用于风量大而集中的大空间建筑，如影剧院、体育馆、大会堂等。集中式空调的气流组织主要有上送下回与喷口送风两种。上送下回的气流组织指气流从上向下流动，具有路线短捷、容易控制的优点。以影剧院建筑为例，如果选择上送下回的气流组织，则能形成迎面风，可以增强舒适感。但当天花较低时，容易造成部分气流从后面或侧后方吹向观众，这样的效果就比较差一些。另外，在影剧院、会堂建筑中，喷口送风的气流组织可选用高速送风口的方式，它一般装在观众厅后墙的上部。这样喷出的气流很自然地沿着顶棚的下表面流向舞台的前方，经过组织再将气流折回，使观众接受舒适的迎面风。另外，集中式空调系统还具有管道短和不占用顶棚上部空间等优点，所以适用于一些新型屋顶结构形式，如空间薄壁结构、悬索结构与网架结构等大跨度的公共建筑。

局部式空调是将空调机组直接放在需要空调的房间或相邻房间，就地局部处理房间的空气。它适用于住宅、宾馆、办公楼等。目前空调机组已大量定型生产，各种型号、规格的产品很多，用户可根据需要选用。

混合式空调就是既有局部处理，又有集中处理的空调系统，适用于空间组成复杂，又要求能调节空气环境的公共建筑，如高级宾馆等。

在公共建筑中，无论采用哪种类型的空调系统，都存在着气流组织的问题。应该做到将处理好的空气，送到人们活动或逗留的区域，使整体活动空间的气流保持合乎标准的温湿度、洁净度及送风速度，并能及时地排除污浊的空气，保持均匀稳定、舒适合理。图5-30所示为上海体育馆空气调节的气流组织示意。

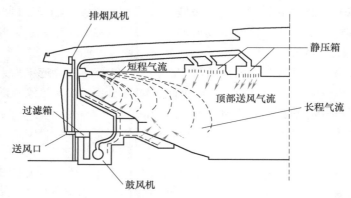

图 5-30　上海体育馆空气调节的气流组织示意

4. 采暖通风及空调系统与公共建筑设计

采用集中式采暖和空调时，要妥善安排设备及管道的位置，既要满足自身的要求，又要不影响美观。建筑层高要考虑设备与管道占用的空间，要充分利用吊顶空间、桁架上的空间、下弦之间的空间来布置设备与管道。

暖通设备系统对建筑物的围护结构提出了较高的要求。建筑的围护结构要进行热工计算，以确定其构造做法。门、窗也要做适当的密闭处理。

采用集中式采暖和空调时，需要有相应的设备用房（如锅炉房、冷冻机房、空调机房等）和设施（如风管、管道、地沟、管道井、散热器、送风口、回风口等）。在建筑布局中要恰当安排设备用房的位置和大小。各种设施的布置要与装修设计紧密配合。采用局部空调时，应考虑空调机组的位置，并与建筑立面处理结合起来。

为了解决各种设备管网布置的衔接问题，高层建筑往往要设置设备层。高度在 30m 以下的建筑通常利用底层或地下室、顶层作为设备层；高度在 30m 以上的建筑还应根据给排水、暖通和电气的分区情况在适当层位上设置设备层。设备层竖向布置的典型方式是：从楼地面上 2.0m 内布置机器设备，以上 0.75~1.0m 高度内布置空调风道和各种管道，再上面 0.6~0.75mm 高度内布置给排水管道，最上面 0.6~0.75m 范围为电气配线区。如果没有机器设备，或者将机器设备布置与管道布置错开，设备层的层高为 2.6m 左右。

5.3　公共建筑的技术经济分析

5.3.1　公共建筑与经济分析

公共建筑的经济问题涉及的范围是多方面的，如总体规划、环境设计、单体设计和室内设计等，在考虑上述各方面的问题时，应把一定的建筑标准作为思考建筑经济问题的基础。因为不符合国家规定的建筑标准，过高过低都会带来不良的后果。当然，对建筑设计工作者来说，应坚持规范与标准，防止铺张浪费，锐意追求建筑设计的高质量。另外，由于建筑的地区特点、质量标准、民族形式、功能性质、艺术风格等方面的差异，在考虑经济问题时应该区别对待。对于大量性建造的公共建筑，标准一般可以低一些；对于重点建造的某些大型公共建筑，标准可以高一些。尽管如此，对于档次较高的大型公共建筑，仍需控制合理的质量标准，防止不必要的浪费。当然，也应防止片面追求过低的指标与造价，致使建筑质量低下。

评价建筑设计是否经济，可以从多方面考虑，其中涉及建筑用地、建筑面积、建筑体积、建筑材料、结构形式、设备类型、装修构造及维修管理等方面的问题。目前，评价单体民用建筑设计的经济性，主要根据技术经济指标来进行，而每平方米建筑面积的造价是最重要的指标。但是，仅仅根据技术经济指标来评价建筑的经济性是很片面的，全面评价应从以下几方面进行：

1. 建筑技术经济指标

这些指标包括建筑面积、建筑系数、每平方米造价等，它们是评价建筑经济性的重要指标。其中，每平方米造价指标最重要，它是建筑所消耗的工日、材料、机械及其他费用的综合反映。在保证建筑的功能和质量标准的前提下，每平方米造价越低越经济。建筑系数也是一个重要的衡量指标。在保证安全的前提下，减小结构面积；在保证使用的条件下，提高有效面积系数，减少有效面积的体积系数或增加单位体积的有效面积系数，都能取得经济效果。但是，进行建筑经济分析时必须具有全面观点，不能为追求较低的每平方米造价而降低建筑质量标准，也不能因为追求各项建筑系数的表面效果而影响使用功能。过窄的楼梯，过低的层高，过小的辅助面积，既不方便使用，又会因为需改建等原因造成更大的浪费。此外，为了增加可比性，我国还将平均每平方米建筑面积的主要材料（钢材、木材、水泥和砖）消耗量作为衡量建筑经济性的一项指标。

2. 长期经济效益

要取得良好的长期经济效益，就需要恰当地选择建筑的质量标准。片面追求建筑费用的节约而降低质量标准，不但影响建筑的使用水平，而且会增加使用期的维修费用，降低使用年限，从而造成浪费。一幢建筑使用期内各项费用的总和，通常比一次性建设投资大若干倍。由此可见，注重建筑的长期经济效益，是取得良好经济效果的一个重要途径。基于这种原因，在建筑设计中选择建筑的质量标准时，具有适当的超前意识是必要的。

3. 结构形式与建筑材料

分析表明，砖混结构房屋各部分造价占总造价的比例为：基础6%～15%，墙体30%～40%，楼、屋盖20%～40%，门窗10%左右，设备5%～10%。可见，结构部分对建筑的经济性影响很大。因此，在建筑设计时必须合理选择结构形式，并做好结构设计。

建筑材料的费用一般占工程总造价的60%～70%。因此，合理选择材料，尽量就地取材和利用工业废料，并注意材料的节省，也是降低建筑造价的重要内容。

4. 建筑工业化

在建筑设计中，采用标准设计越多，工业化程度越高，对加快施工进度，提高劳动生产率，从而减少建设投资就越有利。

5. 适用、经济、技术和美观的统一

一切设计工作，都应力求在节约的基础上达到实用的目的，在合理的物质技术基础上努力创新，设计出既经济实用，又美观大方的建筑来。一幢不适用的建筑实质上是一种浪费。技术上不合理的节约会带来不良后果。片面强调经济而不注意美观也不可取。

在建筑设计中有相对性质的技术经济分析，如运用上述比例系数的控制方法，还有绝对性质的经济分析与控制的方法，即常用的建筑工程概算、预算和决算。但在方案设计阶段，

应着重注意相对性质的技术经济指标分析，这样可以给定案后的概算奠定一个比较经济的基础。当然，在运用相对性质的技术经济指标分析问题时，需要持全面的观点，防止片面追求各项系数的表面效果，如过窄的走道、过低的层高、过大的进深、过小的辅助面积等，不仅不能带来真正的经济效果，而且会严重损害合理的功能要求与美观要求，这将是最大的不经济。

总之，在公共建筑设计中，建筑经济问题是一个不容忽视的方面。如果说功能与美观的问题是公共建筑设计的基础；建筑技术是构成建筑空间与形体的手段的话，那么经济问题是公共建筑设计的重要依据。所以，在着手进行公共建筑的空间组合时，应力求布局紧凑，充分利用空间，以获得较好的经济效果，才是合理而又全面地解决设计问题的良好方法。

5.3.2 公共建筑设计的主要经济技术指标

1. 建筑面积

建筑面积是指建筑物勒脚以上各层外墙墙面所围合的水平面积之和。它是国家控制建筑规模的重要指标，是计算建筑物经济指标的主要单位。

根据规定，地下室、层高超过 2.2m 的设备层和储藏室，阳台、门斗、走廊、室外楼梯及缝宽在 300mm 以内的变形缝等，均应计入建筑面积，而突出外墙的构件、配件、附墙柱、垛、勒脚、台阶、悬挑雨篷等，不计算建筑面积。

2. 每平方米造价

每平方米造价也称单方造价，是指每平方米建筑面积的造价。它是控制建筑质量标准和投资的重要指标。它包括土建工程造价和室内设备工程造价，不包括室外设备工程造价、环境工程造价及家具设备费用（如教室的桌凳、实验室的实验设备、影剧院的座椅和放映设备）。

影响单方造价的因素有很多，除了建筑质量标准，还有材料供应、运输条件、施工水平等，并且不同地区之间差异很大，所以只在相同地区才有可比性。

要精确计算单方造价较困难，通常在初步设计阶段可采用概算造价，在施工图完成后采用预算造价。工程竣工后，根据工程决算得出的造价，是较准确的单方造价。

3. 建筑系数

（1）面积系数 常用的面积系数及其计算公式如下

$$有效面积系数 = \frac{有效面积}{建筑面积} \times 100\%$$

$$使用面积系数 = \frac{使用面积}{建筑面积} \times 100\%$$

$$结构面积系数 = \frac{结构面积}{建筑面积} \times 100\%$$

有效面积是指建筑平面中可供使用的全部面积。对于居住建筑，有效面积包括居住部分、辅助部分及交通部分楼地面面积之和。对于公共建筑，有效面积则为使用部分和交通系统部分楼地面面积之和。户内楼梯、内墙面装修厚度及不包含在结构面积内的烟道、通风道、管道井等应计入有效面积。使用面积等于有效面积减去交通面积。

民用建筑通常以使用面积系数来控制经济指标。使用面积系数的大小也反映了结构面积和交通面积所占比例的大小。不同类型的公共建筑其面积使用系数不尽相同，如中小学校建筑的使用面积系数约为60%。

提高使用面积系数的主要途径是减小结构面积和交通面积。减小结构面积可采取以下三种措施：一是合理选择结构形式，如框架结构的结构面积一般小于砖混结构；二是合理确定构件尺寸，在保证安全的前提下，尽量避免"肥梁""胖柱"及厚墙体；三是在不影响功能要求的前提下，适当减少房间数量，减少隔墙。为了达到减小交通面积的目的，在设计中应恰当选择门厅、过厅、走廊、楼梯、电梯间的面积，切忌过大。此外，合理布局，适当压缩交通面积也是方法之一。

（2）体积系数　有些公共建筑只控制面积系数，依然不能很好地分析建筑经济问题，还必须考虑如何充分利用空间，并在空间组合时尽量控制体积系数，这也是降低造价的有效措施。如体育馆的比赛大厅、影剧院的观众厅、铁路旅客站的候车大厅、展览馆的陈列厅、超级市场的营业大厅等，在相同的面积控制下，如果对建筑体积未能加以控制，其体积系数可能出入很大。即使在一般性的公共建筑中，如学校、医院、旅馆、办公楼等，如果层高偏高，则会因增大了建筑体积而造成投资显著增加。这就表明，选择适宜的建筑层高，控制必要的建筑体积，同样是经济有效的措施。

常用的体积系数及计算公式如下

$$\text{有效面积的体积系数} = \frac{\text{建筑体积}}{\text{有效面积}}$$

$$\text{单位体积的有效面积系数} = \frac{\text{有效面积}}{\text{建筑体积}}$$

从上述两个控制系数的分析来看，单位有效面积的体积越小越经济，而单位体积的有效面积越大越经济。所谓越大或越小是相对的，需要建立在使用合理、空间完整的基础上，偏大偏小的系数都不具有实际意义。如剧院观众厅的体积指标，可控制在 $4\sim9\text{m}^3$/座，一般为 4.2m^3/座。剧院观众厅的有效面积可控制在 0.7m^2/座左右。有了这些经验数字，才能在建筑设计方案中考虑系数值的经济性、适用性与可能性。

显然，即使面积系数相同的建筑，体积系数不同，经济性也不同。因此，合理进行建筑剖面组合，恰当选择层高，充分利用空间，是有经济意义的。

4. 容量控制指标

1）建筑覆盖率，又称建筑密度，计算公式如下

$$\text{建筑覆盖率} = \frac{\text{建筑基底面积之和}}{\text{总用地面积}} \times 100\%$$

2）容积率，计算公式如下

$$\text{容积率} = \frac{\text{总建筑面积}}{\text{总用地面积}}$$

基地上布置多层建筑时，容积率一般为 $1\sim2$；布置高层建筑时，可达 $4\sim10$。

3）建筑面积密度，计算公式如下

$$\text{建筑面积密度} = \frac{\text{总建筑面积}}{\text{总用地面积}}$$

5. 高度控制指标

1）平均层数，计算公式如下

$$平均层数 = \frac{总建筑面积}{建筑基底面积之和}$$

$$平均层数 = \frac{容积率}{建筑覆盖率}$$

2）极限高度，是指地段内最高建筑物的高度，有时也用最高层数来控制。城市规划对此往往有控制要求。

6. 绿化控制指标

1）绿化覆盖率，有时又称绿化率，是指基地内所有乔木、灌木和多年生草本所覆盖的土地面积（重叠部分不重复计算）的总和占基地总用地的百分比。一般新建筑物基地绿化率不小于 30%，旧区改扩建的绿化率不小于 25%。

2）绿化用地面积，是指建筑基地内专门用作绿化的各类绿地面积之和，包括公共绿地、专用绿地、宅旁绿地、防护绿地和道路绿地，但不包括屋顶和晒台的绿化。

7. 用地控制指标及有关规定

（1）用地面积　用地面积是指所使用基地四周红线框定的范围内用地的总面积，单位为公顷，有时也用亩或平方米。在考虑建筑经济问题时，除了需要深入分析建筑本身的经济性外，建筑用地的经济性也是不容忽视的。因为增加建筑用地，相应地会增加道路、给排水、供热、煤气、电缆等城市建设投资，还会扩大城市规模，造成多占农田与管理复杂的问题。一般建筑室外工程费用占全部建筑造价的 20% 左右。当然，尽量节约用地，不等于说置合理的使用要求于不顾，去追求片面经济指标效果，而是要以实事求是的态度，做到既不浪费土地，又能满足卫生防火、日照通风、安全疏散、布局合理、形体美观、环境优美等基本要求。此外，在节约用地的问题上，建筑本身的紧凑布局、提高层数、争取进深等，也是节约用地的有力措施。值得注意的是，单体建筑设计如果做到了充分利用空间，对节约用地是有积极意义的。因为在同样用地的条件下，面积或体积系数提高了，就等于降低了用地。一般城市规划部门提出若干用地定额，以保证用地的经济性，例如：小学每个学生控制用地定额为 $15 \sim 30m^2$，中学每个学生控制用地定额为 $20 \sim 35m^2$；400 床以上的医院，每张病床的用地面积为 $90 \sim 100m^2$ 等。

（2）红线　红线可分为道路红线和建筑红线两种。道路红线是指城市道路（包括公用设施）用地与建筑用地之间的分界线。建筑红线是指建筑用地相互之间的分界线。红线由城市规划部门划定。

（3）建筑范围控制线　建筑范围控制线是指城市规划部门根据城市建设的总体需要，在红线范围内进一步标定可建建筑范围的界线。建筑范围控制线与红线之间的用地归基地执行者所有，可布置道路、绿化、停车场及非永久性建筑物、构筑物，也计入用地面积。

（4）征地线　征地线表示建设单位（业主）需办理建设征用土地范围的控制线。征地线与红线之间的土地不允许建设单位使用。

5.3.3 公共建筑设计经济性的影响因素及提高措施

1. 建筑物平面形状与建筑物平面尺寸的影响

建筑物的平面形状与建筑物的平面尺寸（主要是面宽、进深和长度）不同，其经济效果也不同，主要表现在以下三个方面：

（1）用地经济性不同　用地经济性可用建筑面积的空缺率来衡量。空缺率越大，用地越不经济。建筑面积的空缺率计算公式如下

$$建筑面积的空缺率 = \frac{建筑平面的长度 \times 建筑平面最大进深}{底层平面建筑面积} \times 100\%$$

可见，建筑平面越方正，用地越经济；建筑物的进深越大，越能节约用地。

（2）基础及墙体工程量不同　基础及墙体工程量的大小，可用每平方米建筑面积的平均墙体长度来衡量。该指标越小越经济。考虑到内墙、外墙、隔墙造价不同，通常分别统计，以利比较。由于外墙造价最高，因而缩短外墙长度对经济性影响最显著。一般来说，建筑物平面形状越方正，基础和墙体的工程量越小；建筑物的面宽越小，进深越大，基础和墙体工程量也越小。

（3）设备的常年运行费用不同　方正的建筑平面，较大的进深和较小的面宽，可使外墙面积缩小，建筑的热稳定性提高，这对减少空调与采暖费用是有利的。

综上所述，进行建筑平面设计时，应力求平面形状简洁，减少凹凸；适当增大建筑的进深与缩小面宽；另外，减少建筑体个数，增加建筑长度也可节省用地。

2. 建筑层数与层高的影响

适当增加建筑层数，不仅可以节约用地，而且可以减小地坪、基础、屋盖等在建筑总造价中所占的比例，还可降低市政工程造价。但层数过多时，虽可节省用地，但也会因公共设施增加和结构形式的改变而影响经济性。层高的增加，不但增加了房屋的日照间距，还增大了墙体工程量和房屋使用期间的能源消耗，增加了管线长度。由此可见，在保证空间使用合理性的前提下，适当降低层高，选择经济的建筑层数，是降低建筑造价的有效措施。

3. 建筑结构的影响

从上部结构来看，应选择合理的结构形式与布置方案。例如，对6层及以下的一般民用建筑，选用砖混结构是经济合理的，但对需要大空间的建筑，则可能采用框架结构更经济合理。

对于基础，一是选择基础材料要因地制宜，二是要采用合理的基础形式，三是要确定安全而经济的基础尺寸与埋深，以降低造价。

4. 门、窗设置的影响

从单位面积来看，门、窗的造价大于墙体，特别是铝合金门、窗的造价可高出墙体10余倍。此外，门、窗的数量与面积还将影响采暖和空调系统的运行费用。因此，设计中应避免设置过多、过大的门、窗。

5. 建筑用地的影响

增加用地，不但会增加土地征用费，还会增加道路、给排水、供热、燃气、电缆等城市建设投资。除了上述节约土地措施，在建筑群体布置中，也应合理提高建筑密度，选择恰当的房屋间距，使布局紧凑。

拓展阅读

结构、空间、艺术的综合设计——石家庄国际会展中心

2023 年 4 月 10 日中国建筑学会发布 2019—2020 建筑设计奖（建筑创作类）评审结果公告。清华大学团队设计的石家庄国际会展中心（图 5-31~图 5-33，见书前彩图）荣获 2019—2020 建筑设计奖（建筑创作类）金奖。

石家庄国际会展中心位于石家庄市正定新区，总用地面积 64.4hm^2。项目总建筑面积 35.9 万 m^2，其中地上 22.9 万 m^2。由中央枢纽区串联会议和展览各个部分，呈鱼骨式展开。多标高步行系统实现人、车、货分流。展览部分包含七个面积 1.1 万 m^2 标准展厅和一个面积 2.6 万 m^2 的大型多功能展厅。总体展览建筑面积达 11 万 m^2，是目前建成的世界最大悬索结构展厅。

基于前期调研，设计团队提出 5 项设计策略：

1）围绕会展建筑的开放城市空间。场地不设围墙，市民可以自由出入，靠近城市干道界面多设置近人尺度景观小品，鼓励与外部互动与交往。同时将原规划贯穿东侧绿地的地面车道改为地下车道，将北侧园博园到南侧滹沱河公共绿地休闲步行通道连为一体，为市民创造丰富、连续、宜人的公共开放空间。

2）灵活高效的功能组合。建筑设置多标高平台系统，供货线路与人行流线互不交叉。展厅沿枢纽区鱼骨式生长，两三成组。既能保持整体运营的连贯性，又相对成组团独立对外经营。设置一个相对独立的 2.6 万 m^2 多功能展厅，承担包括展览、会议、演艺、赛事等功能。大观演厅采用无固定座席布置，后排设置少量活动座椅，可根据需要分隔成 2~4 个小厅。约 3000m^2 大宴会厅也可以分隔为 3 个小厅独立运营。

3）结合会展建筑大跨度空间的需要，应用悬索结构实现功能要求，同时实现富有韵律感的连续屋面。石家庄国际会展中心的 7 个标准展厅全部采用全球罕见双向悬索结构，较桁架结构约节约一半用钢量。悬索结构展厅屋面连绵起伏错落有致，展厅大跨度屋盖，主承重结构最大跨度 105m，次承重结构最大跨度 108m。展厅索结构施工顺序如图 5-34 所示。

4）由悬索结构自然形成的大屋面形成对传统建筑的强烈映射，同时在展厅山墙面细部抽取借鉴正定县隆兴寺摩尼殿歇山抱厦意象，用新材料新技术呈现几何力学和建筑美学的统一，也进一步提升了参观者对建筑在地性的认同度。

5）为实现建筑性能的绿色可持续，从策划设计启动阶段，就引入绿色三星的相关设计要求，从建筑全寿命周期角度考虑设计策略的组合。

石家庄国际会展中心立足于"前策划—后评估"研究合理规划空间布局，结合造型巧妙运用悬索结构大大降低了钢材用量，发掘正定地域特色并抽象表达，以前置绿色目标导向引导设计。该项目建成后取得了良好的社会、经济、环境效益。

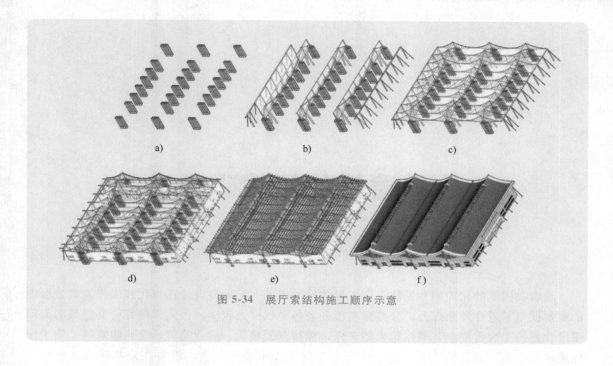

图 5-34　展厅索结构施工顺序示意

思　考　题

1. 选择一份自己的设计作业，分析结构选型是否合理，并给出修改方案。

2. 选择一份自己的设计作业，从给排水系统的角度分析建筑平面的房间布局是否合理，并给出修改方案。

3. 查阅相关资料，了解当前公共建筑中常采用的节能设备，思考在自己的设计中应用的可能性。

4. 以石家庄国际会展中心为启发，查阅相关资料，思考建筑结构与建筑空间巧妙结合，实现传统建筑形式的现代转译的途径。

第6章

公共建筑的无障碍设计

　　随着我国老龄化加剧和慢性疾病人群数量的增加，无障碍设计在当代和未来建筑发展中的重要性与紧迫性日渐提升。公共建筑服务的各类残疾人较多，因此，做好公共建筑的无障碍设计显得尤为重要。公共建筑类型多样，包括办公建筑、商业建筑、交通建筑等，为了使建筑内的残疾人和行动不便人群能够享有与健全人平等的权利，需要在公共建筑的室内空间、室外空间等方面做好无障碍设计，满足各类残疾人和行动不便人群的需求。

6.1　公共建筑与无障碍设计

6.1.1　公共建筑无障碍设计的必要性和必然性

　　无障碍设计这个概念始于 1974 年联合国组织提出的设计新主张。无障碍设计强调在科学技术高度发展的现代社会，一切有关人类衣食住行的公共空间环境及各类建筑设施、设备的规划设计，都必须充分考虑具有不同程度生理伤残缺陷者和正常活动能力衰退者的使用需求，配备能够应答、满足这些需求的服务功能与装置，营造一个充满爱与关怀、切实保障人类安全、方便、舒适的现代生活环境。残疾人口的存在及人口老龄化的趋势使得无障碍设计的普及变得更加迫切。

　　现代社会文明的目标之一就是让全体人民都尽可能地平等享受到社会发展成果。历史上，残疾人等弱势群体在这方面受到了很多限制、歧视和不公正待遇。起初对他们的帮助手段就是将其收容到所谓的"福利设施"中，但从此他们与社会隔绝，很难再享受到各种社会公共环境的便利，也很难再有所发展。20 世纪 30 年代，在北欧国家萌芽了一场"正常化"运动，即残疾人要求回归社会"正常"地生活；这场运动延续扩展到了整个欧洲大陆、美国和日本，尤其是二战后为数不少的伤残军人的福利需求不可忽视，一些发达国家出台了有关无障碍设计的法规。随后，由于发达国家汽车业和交通大发展导致的负面影响——大量残疾人，加之老龄化社会的到来，残疾人和老年人占总人口的比例和他们发出的主张权利的声音已经无法再轻视，于是在各方群体的努力推动之下，20 世纪 60 年代，美国出台了世界上第一部无障碍设计标准 ANSI 117.1《残疾人可达、可用的建筑标准》。1968 年美国《建筑障碍法》规定了政府资助的公共建筑必须适合残疾人的设计要求；1991 年《美国残疾人法案》的配套规范《残疾人法案无障碍纲要》规定了所有公共建筑都必须符合无障碍设计标准。

综上所述，公共建筑的无障碍设计是保护人权，推动社会公正平等的必要手段，也是随着经济发展和社会进步而产生的必然结果。

6.1.2 国内外无障碍设计的发展

在 20 世纪八九十年代，一些新型的无障碍设计理念先后诞生，包括美国的"通用设计"（universal design）、北欧的"全容设计"（design for all）及英国的"包容性设计"（inclusive design）等，可以统称为"广义无障碍"理念。他们反对将残疾人特殊对待，而是与健全人的需求统一考量，可谓是"人性化设计""以人为本"设计的最佳代表。广义无障碍也将无障碍从建筑环境扩展到产品设计、信息标识、就业、教育乃至社会制度的各个层面。

在国际上，无障碍设计得到了广泛的关注和推广。一些国家已经在建筑设计、交通规划和产品设计等方面制定了严格的无障碍设计标准。

美国是世界上第一个制定"无障碍标准"的国家，其无障碍环境建设既有多层次的立法保障，又已进入了科研与教育的领域；各种无障碍设施既有全方位的布局，又与建筑艺术协调统一，同时给残疾人、老年人带来了方便与安全。为了从根本上转变观念，美国许多高等院校建筑系专门设立了无障碍设计技术课程，作为必须训练的一项基本功。现在美国的新建道路和建筑物基本能做到无障碍建设，改造也能考虑无障碍，尤以残疾人居住的建筑最为突出，针对使用者的特殊要求，采取了更多措施，包括建筑设施的灵活调整等，以使残疾人通行安全和使用方便。

日本目前为残疾人、老年人增设的无障碍设施比较普及，国家制定的统一建设法规中就包括残疾人、老年人无障碍设计。每一幢建筑物竣工时，有专门部门验收其是否符合残疾人、老年人无障碍设计。在一些公共设施中，尤其是商店，按商业建筑面积大小实现不同等级的无障碍设计，建筑面积大于 $1500m^2$ 的大中型商业建筑要为残疾人、老年人提供专用停车场、厕所、电梯等设施。在机场、电力火车站、电力火车及道路等地方和设备，无障碍设施、服务也较为完善。

我国无障碍设施的建设是从无障碍设计规范的提出与制定开始的。1985 年 3 月，在"残疾人与社会环境研讨会"上，中国残疾人福利基金会、北京市残疾人协会、北京市建筑设计院联合发出了"为残疾人创造便利的生活环境"的倡议。北京市政府决定将西单至西四等四条街道作为无障碍改造试点。1985 年 4 月，在全国人大六届三次会议和全国政协六届三次会议上，部分人大代表、政协委员提出在建筑设计规范和市政设计规范中考虑残疾人需要的"特殊设置"的建议和提案。1986 年 7 月，建设部、民政部、中国残疾人福利基金会共同编制了我国第一部《方便残疾人使用的城市道路和建筑物设计规范（试行）》，并于 1989 年 4 月 1 日颁布实施。

随着经济发展和社会进步，我国的无障碍设施建设取得了一定的成绩，北京、上海、天津、广州、深圳、沈阳、青岛等大中城市比较突出。在城市道路中，为方便盲人行走修建了盲道，为方便乘轮椅残疾人修建了缘石坡道。建筑物方面，大型公共建筑中修建了许多方便乘轮椅残疾人和老年人从室外进入到室内的坡道，以及方便使用的无障碍设施（楼梯、电梯、电话、洗手间、扶手、轮椅位、客房等）。但总的来看，同残疾人的需求及发达国家和地区的情况相比，我国的无障碍设施建设还存在一定差距。然而，无障碍设计在国内外仍面临一些挑战：一方面，一些公共场所和基础设施仍存在无障碍设施不足的问题，使得残疾人和老年人的出行和使用受到限制；另一方面，一些设计师和开发者对无障碍设计的认识和意识仍较低，导致设计不够人性化和便利。

总的来说，无障碍设计在国内外都得到了越来越多的关注和重视。随着社会的发展和人们对无障碍设计的认识不断提高，无障碍设计将在未来继续发展和完善，为所有人创造一个更加包容和可访问的社会环境。

6.1.3　公共建筑无障碍设计的原则和范围

随着社会文明的进步，人们对于建筑无障碍设计的认识也逐步加深。从一开始以保护残疾人的出行安全和方便为初衷，逐步发展到关注生理机能退化的老年人和生理发育尚未健全的儿童；广义无障碍设计理念出现后，无障碍环境的设计更是考虑到了所有人，人人都有可能遇到行动与使用的环境障碍，如携带大件行李等。我国建筑无障碍设计的法规也在加速完善之中，从 1989 年第一部 JGJ 50—1988《方便残疾人使用的城市道路和建筑物设计规范》到 2001 年 JGJ 50—2001《城市道路和建筑物无障碍设计规范》，再到 2012 年颁布 GB 50763—2012《无障碍设计规范》，无障碍设计法规的关注对象也逐步转向广义无障碍的视角。当下公共建筑无障碍设计的基本理念就是：尽最大可能考虑所有人群的使用要求，做到真正的"以人为本"，包括各类残疾人、老年人、儿童、孕妇、外国人和有临时障碍的普通人。

当代的广义无障碍设计使得公共建筑更为易用、宜人，同时不损害设计方案的艺术性。无障碍设计应是公共建筑设计的提升而不是负累。也就是说，无障碍设计不是仅仅满足规范基本要求就足够了，还要求建筑师发挥设计想象力，力求使其为建筑方案锦上添花，而不是画蛇添足。无障碍坡道由于长度长、占用空间大常令一些建筑师头疼，其实完全可以巧妙地与常规建筑构件融合为一体。例如：横滨的某社区小广场高差的设计，既不影响健全人走阶梯，又方便残疾人利用折返的坡道上"台阶"，还丰富了社区景观的变化（图 6-1）；德国科隆卡尔克青年人冒险中心的坡道与入口台阶结合得天衣无缝，并富有形式美的感染力（图 6-2）；日本九州产业大学美术馆展厅（图 6-3，见书前彩图）的展台位于中心，并呈曲线布置，使乘轮椅者缩短了观赏流线，从而节省体力，也充分考虑视觉障碍者各角度触摸感受雕塑的需求，达到了让所有人都能全方位地体验艺术作品的目的，是一个成功融合无障碍设计的案例。

建筑的无障碍设计是通过对建筑及其构造、构件的设计，使残疾人能够安全、方便地到达、通过和使用建筑内部空间。其设计和实施范围应符合国家和地方现行的有关标准和规定。我国现行的 GB 50763—2012《无障碍设计规范》将建筑物的无障碍设计的主要实施范围分为公共建筑和居住建筑两大类。

公共建筑中无障碍设计的重点空间包括以下三个部分：

1）室外空间的无障碍设计，包括缘石坡道、盲道、出入口、停车位等。

2）室内空间的无障碍设计，包括交通空间、卫生设施、轮椅席位、家具等。

图 6-1 日本横滨某社区小广场

图 6-2 德国科隆卡尔克
青年人冒险中心

3）其他部分的无障碍设计，包括低位服务设施、无障碍标识系统和信息无障碍等。

6.2 公共建筑室外空间的无障碍设计

公共建筑的室外空间是从城市空间到建筑空间的过渡，同时也承担着由城市无障碍空间到建筑空间转变的功能，在进行公共建筑室外空间设计时必须认真做好无障碍设计。

6.2.1 缘石坡道

缘石坡道是一种常见的无障碍设施，一般设置于人行道口或人行横道两端，避免由人行道路缘石带来的通行障碍，方便乘轮椅者、老人、推婴儿车的家长等行动不便的人进入人行道的一种坡道。当公共建筑基地的车行道与人行通道地面存在高差时，在人行通道的路口及人行横道两端应设置缘石坡道（图6-4）。

（1）缘石坡道的设置要求

1）缘石坡道的坡面应平整、防滑。

2）坡口与车行道之间不宜有高差；当有高差时，高出车行道的地面不应大于100mm。

3）宜优先选用全宽式单面坡缘石坡道。

（2）缘石坡道坡度要求

1）全宽式单面坡缘石坡道的坡度不应大于1:20。

2）三面坡缘石坡道正面及侧面的坡度不应大于1:12。

3）其他形式的缘石坡道的坡度均不应大于1:12。

（3）缘石坡道的宽度要求

1）全宽式单面坡缘石坡道的宽度应与人行道的宽度相同。

2）三面坡缘石坡道的正面坡道宽度不应小于1.20m。

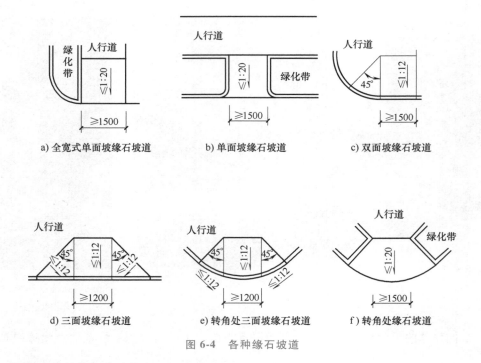

图 6-4　各种缘石坡道

3）其他形式的缘石坡道的破口宽度均不应小于 1.50m。

缘石坡道的设置不仅能够使行动不便者出行更加便利，而且可以使空间过渡更加自然，并且提升了公共建筑的开放性，促进了社会的和谐与发展。因此，在进行公共建筑室外空间设计的过程中，应重视缘石坡道的合理设置与布局。

6.2.2　盲道

盲道是专门帮助盲人行走的道路设施。盲道一般由两类砖铺就，一类是条形引导砖，引导盲人放心前行，称为行进盲道；另一类是带有圆点的提示砖，提示盲人前面有障碍，该转弯了，称为提示盲道（图 6-5）。

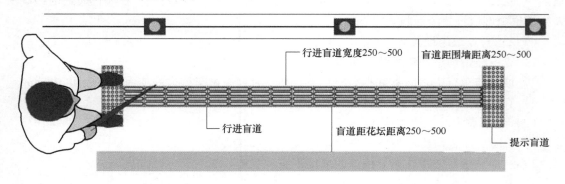

图 6-5　盲道

（1）盲道的设置要求

1）盲道按其使用功能分为行进盲道与提示盲道。

2）盲道的纹路应凸出路面 4mm 高。

3）盲道铺设应连续，应避开树木（穴）、电线杆、拉线等障碍物，其他设施不得占用盲道。

4）盲道的颜色宜与相邻的人行道铺面的颜色形成对比，并与周围景观相协调，宜采用中黄色。

5）盲道型材表面应防滑。

（2）行进盲道的设计要求

1）行进盲道应与人行道走向一致。

2）行进盲道的宽度宜为 250~500mm。

3）行进盲道宜在距离围墙、花台、绿化带 250~500mm 处设置。

4）行进盲道宜在距树池边缘 250~500mm 处设置；如无树池，行进盲道与路缘石上沿在同一水平面时，距路缘石不应小于 500mm，行进盲道比路缘石上沿低时，距路缘石不应小于 250mm。

5）盲道应避开非机动车停放的位置。

6）行进盲道的触感条规格应符合表 6-1 的规定。

表 6-1　行进盲道的触感条规格

部位	尺寸要求/mm	部位	尺寸要求/mm
面宽	25	高度	4
底宽	35	中心距	62~75

（3）提示盲道的设计要求

1）行进盲道在起点、终点、转弯处及其他有需要处应设提示盲道，当盲道的宽度不大于 300mm 时，提示盲道的宽度应大于行进盲道的宽度。

2）提示盲道的触感圆点规格应符合表 6-2 的规定。

表 6-2　提示盲道的触感圆点规格

部位	尺寸要求/mm	部位	尺寸要求/mm
表面直径	25	圆点高度	4
底面直径	35	圆点中心距	50

6.2.3　无障碍出入口

无障碍出入口是方便残疾人、老年人等行动不便或有视力障碍者使用的安全出入口。主要指门口处，要求地面平整、防滑、没有障碍物。公共建筑的出入口是建筑联系室内环境与室外环境的交通节点，应保证建筑室内外无障碍设计的连续性，尤其是无障碍通行路线的畅通衔接。因此，在进行公共建筑设计时，对于出入口的无障碍设计是不可或缺的。

供残疾人使用的出入口，应设在通行方便和安全的地段。室内设有电梯时，出入口应靠近电梯厅。图 6-6 所示为无障碍出入口实例，设有残疾人国际通用标志、连续盲道、问询窗口、盲文导向板、提示铃等。

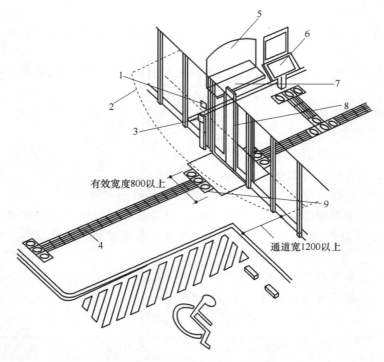

图 6-6　无障碍出入口实例

1—国际通用标志　2—屋檐或雨篷　3—对讲机　4—行进盲道　5—问询窗口
6—触摸盲文导向板　7—设置音响装置（提示铃等）　8—自动门　9—提示盲道

1. 无障碍出入口的设计规定

1）出入口地面应平整、防滑。

2）室外地面滤水篦子的孔洞宽度不应大于 15mm。

3）同时设置台阶和升降平台的出入口宜只应用于受场地限制无法改造坡道的工程。

4）除平坡出入口外，在门完全开启的状态下，建筑物无障碍出入口的平台净深度不应小于 1.50m。

5）建筑物无障碍出入口的门厅、过厅如设置两道门，门扇同时开启时两道门的间距不应小于 1.50m。

6）建筑物无障碍出入口上方应设置雨篷。

2. 无障碍出入口的类型

（1）平坡出入口　无台阶同时无较陡坡道的建筑出入口是人们在通行中最为便捷和安全的出入口，它将残疾人与健全人一视同仁，也是无障碍出入口的最佳选择，通常称为平坡出入口（图 6-7）。它的主要缺点在于占地面积较大。

平坡出入口的设计要点为：①地面坡度不应大于 1：20，当场地条件比较好时，不宜大于 1：30；②无障碍入口和轮椅同行平台应设雨篷，图 6-7 中虚线表示雨篷范围。

（2）同时设置台阶和轮椅坡道的出入口　当建筑室内外高差过大而必须设有踏步时，应设置坡道连接室内外高差。图 6-8 所示为典型的公共建筑入口台阶、U 形坡道和扶手形式。台阶扶手应由端部向前延伸 300mm 以上，设置高度为 850～900mm，需设两层扶手时，

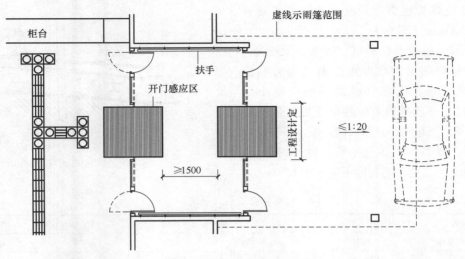

图 6-7　平坡出入口平面图示意

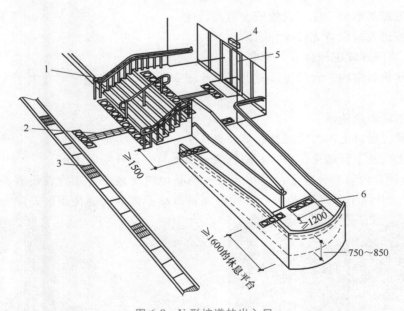

图 6-8　U 形坡道的出入口

1—盲文提示　2—行进盲道　3—排水沟　4—音响提示铃　5—自动门　6—提示盲道

低位扶手高度为 650~700mm。如需设计室外盲道应铺设到门厅入口。寒冷积雪地区地面应设融雪装置，坡道、地面都应使用防滑材料，坡道坡度 1/12 以下，有效宽度在 1200mm 以上（与楼梯并设时 900mm 以上），每升高 750mm 设置平台缓冲；坡道扶手高度要求同台阶扶手。

　　轮椅坡道的设置应符合以下要求：

　　1）轮椅坡道宜设置成直线形、直角形或折返形，不宜设置成圆形或弧形。

　　2）轮椅坡道的净宽度不应小于 1.00m，无障碍出入口的轮椅坡道净宽度不应小于 1.20m。

　　3）轮椅坡道高度超过 300mm 且坡度大于 1:20 时，应在两侧设置扶手，坡道与休息平台的扶手应保持连贯，长度一般比坡道延长不小于 300mm（图 6-9）。

4）坡道的坡面应平整、防滑、无反光。

5）轮椅坡道的坡度可按照其提升的最大高度来选用，当坡道所提升的高度小于 300mm 时，可选择相对较陡的坡度，但不得小于 1∶8。当坡道超过最大高度或水平长度时（表 6-3），应当设置休息平台，坡道的起点、终点、休息平台的水平长度不应小于 1.50m。

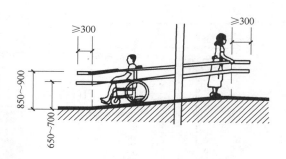

图 6-9　坡道扶手高度与水平延伸长度

表 6-3　轮椅坡道的最大高度和水平长度

坡度	1∶20	1∶16	1∶12	1∶10	1∶8
最大高度/m	1.20	0.90	0.75	0.6	0.30
水平长度/m	24.00	14.40	9.00	6.00	2.40

6）轮椅坡道的临空一侧应设置安全阻挡设施。

7）轮椅坡道处应设置无障碍标志。

台阶的无障碍设计应符合以下要求：

1）公共建筑的室内外台阶踏步宽度不宜小于 300mm，踏步高度不宜大于 150mm，并不应小于 100mm。

2）台阶的踏步应防滑。

3）三级及三级以上的台阶应在两侧设置扶手。

4）台阶上行及下行的第一阶宜在颜色或材质上与平台有明显区别。

（3）同时设置台阶和升降平台的出入口　当基地内场地条件不允许设置坡道时，可在建筑出入口布置升降平台（图 6-10）供残疾人及行动不便的人群使用。升降平台的设置应

a) 垂直升降平台

b) 斜向升降平台

图 6-10　升降平台

符合以下要求：

1）升降平台只适用于场地有限的改造工程。

2）垂直升降平台的深度不应小于1.20m，宽度不应小于900mm，应设扶手、挡板及呼叫控制按钮。

3）垂直升降平台的基坑应采用防止误入的安全防护措施。

4）斜向升降平台宽度不应小于900mm，深度不应小于1000mm，应设扶手与挡板。

5）垂直升降平台的传送装置应有可靠的安全防护装置。

6.2.4 无障碍机动车停车位

无障碍机动车停车位是指为肢体残疾人驾驶或者乘坐的机动车专用的停车位，这种停车位的设计通常更为宽敞，使得轮椅或其他辅助设备的使用者能够轻松进出车辆。为了防止一般驾驶人员占用，无障碍机动车停车位通常会使用无障碍标志清晰地标注。

无障碍机动车停车位应满足如下要求：

1）应将通行方便、行走距离路线最短的停车位设为无障碍机动车停车位。

2）建筑基地内总停车数在100辆以下时应设置不少于1个无障碍停车位；100辆以上时应设置不少于总停车数1%的无障碍停车位。

3）无障碍停车位的尺寸如图6-11所示，垂直式停车位尺寸一般为宽2500mm，长6000mm，一侧应设宽度不小于1200mm的通道，供乘轮椅者从轮椅通道直接进入人行道和到达无障碍出入口。相邻两个无障碍停车位可共用一个轮椅通道。

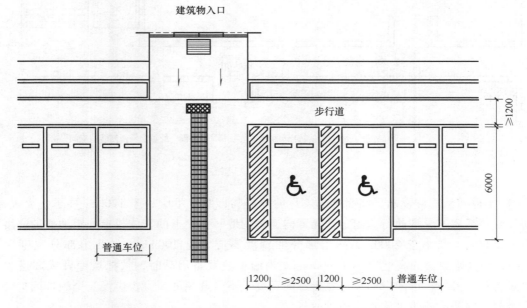

图6-11 无障碍停车位与建筑入口、轮椅通道的关系

4）无障碍停车位的地面应平整、防滑、不积水，地面坡度不应大于1：50。

5）无障碍停车位的地面应涂有停车线、轮椅通道线和无障碍标志。

6.3 公共建筑室内空间的无障碍设计

6.3.1 交通空间的无障碍设计

1. 无障碍通道

走廊、通道是人们在建筑物内部行动的主要空间，同无障碍坡道类似，无障碍通道在坡度、宽度、高度、材质、扶手等方面应方便残疾人的通行。无障碍通道的设计首先应该满足的是轮椅正常通行和回转的宽度，人流较多或者较长的公共走廊还要考虑两个轮椅交错的宽度；通道应该尽可能做成正交形式；疏散避难通道尽可能设计成最短的路线，与外部不直接连通的走廊不利于残疾人避难，应尽量避免；地面材料的要求与坡道相似；由于墙面与轮椅经常会发生碰撞，因此墙面应适当采取保护措施。

（1）形状

1）考虑步行困难及老年人要求，走廊不宜太长，若过长时，需要设置不影响通行的休息场所，一般将其设在走廊的交叉口，每50m应设一处可供轮椅回转的空间（图6-12）。走廊宽度宜在1200mm以上，人流较多或较集中的大型建筑的室内走道宽度不宜小于1.80m。检票口、结算口轮椅通道宽度不应小于1.50m。

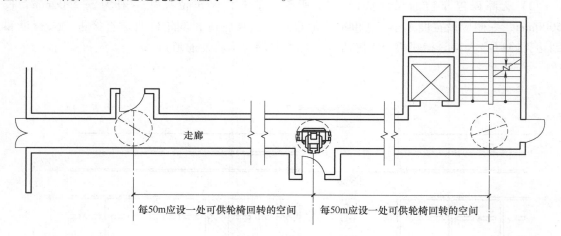

图 6-12　走廊与轮椅回转空间

2）走道两侧不应设凸出墙面影响通行的障碍物，照度不应小于120lx。柱子、灭火器、陈列展窗等都应不影响通行。固定在无障碍通道的墙、立柱上的物体或标牌距地面的高度不应小于2.00m；如小于2000m，凸出部分的宽度不应大于100mm；如凸出部分宽度大于100mm，则其距地面的高度应小于600mm。当墙上放置备用品时，须把墙壁做成凹进去的形状来装置。另外，可考虑局部加宽走廊的宽度。不能避免的障碍物应设安全栏杆围护。屋顶或墙壁上安装的照明设施不能妨碍通行。

3）步行空间的净高度不应小于2200mm，楼梯下部尽可能不设通道。斜向的自动扶梯、楼梯下部空间可以进入时应设置安全挡牌。

4）在走廊和通道的转弯处宜做成曲面或抹角或加装护角。

（2）有效宽度

1）走廊、通道需要 1200mm 以上的宽度，室外走道不宜小于 1500m。如果轮椅要进行 180°回转，需要 1500mm 的宽度。

2）如果两辆轮椅需要交错通行，宽度不小于 1800mm。走道的设计要考虑人流大小、轮椅类型、拐杖类型及层数要求等因素。便于残疾人通行的走廊宽度，大型公建及老年人、残疾人专用建筑走道不小于 1.80m，中小型公共建筑不小于 1.20m。

（3）地面材料 使用不易打滑的地面材料，其地面应平整、光滑、反光小或无反光，不宜设置厚地毯。若使用地毯，其表面应与其他材料保持同一高度。不宜使用表面绒毛较长的地毯。采用适宜的地面材料可更容易识别方位，利于视觉残疾者；在面积较大的区域内设计通道时，地面、墙壁及屋顶的材料或色彩宜有所变化。

（4）高差 走廊或通道有高差的地方，应采用经过防滑处理的坡道（图 6-13）。走道一侧或尽端与地坪有高差时，应采用栏杆、栏板等安全设施，端部延长 300~450mm，走廊尽量不设台阶，若有台阶时应与坡道或升降平台并设。

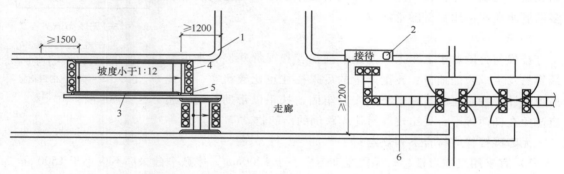

图 6-13 走廊中高差的处理方法
1—抹角或斜面 2—呼叫按钮 3—扶手 4—提示盲道 5—盲文指示 6—行进盲道

（5）扶手 在医院、诊疗所、残联等残疾人较多的建筑空间中，需在两侧墙面 850~900mm 和 650~700mm 两个高度设走廊扶手，且应连续（图 6-14）。靠墙面的扶手的起点和终点处应水平延伸不小于 300mm 的长度。扶手的内侧与墙面的距离不应小于 40mm，应安装

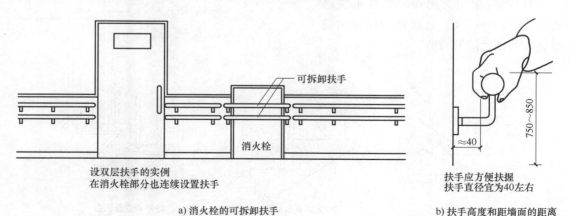

a）消火栓的可拆卸扶手

b）扶手高度和距墙面的距离

图 6-14 双层扶手的设置

坚固（能承受 100kg 以上的质量）且形状易于抓握。圆形扶手的直径应为 35~50mm，矩形扶手的截面尺寸应为 35~50mm。

（6）护板　建筑室内墙面下部踢脚常规做法不能很好适应轮椅使用者的要求，应设高度 350mm 的护板或缓冲壁条，转弯处应考虑做成圆弧曲面，也可以加高踢脚板或在腰部高度的侧墙上采用些其他材料。

（7）色彩、照明　建筑室内界面色彩设计，应使用高对比色帮助人们感知信息，提醒注意危险。如将色带贴在与视线高度相近（1400~1600mm）的走廊墙壁上、在门口或门框处加上有对比的色彩、墙面地面色彩区别、使用连续的照明设施（图 6-15），建议色彩对比度高于 30%。

（8）标志　标志应考虑便于视觉残疾者阅读。文字、号码采用较大无衬线字体，做成凹凸等形式的立体字形，视觉残疾者较多的场所还应使用盲文触觉标志。

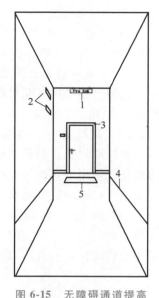

图 6-15　无障碍通道提高
人们注意力的措施
1—逃生指示牌　2—方向指示
色带　3—带颜色的门框
4—黑色墙裙　5—图案

2. 无障碍楼梯与台阶

楼梯与台阶对于老年人、儿童、挂拐者和视觉残疾者来说是最容易发生危险的地方，摔倒产生的后果往往也比较严重，因此值得设计者特别注意。除了需要安装牢固的扶手以帮助行走，还应避免在梯面等平台处出现容易让人跌倒的凸起物。

无障碍楼梯应符合下列规定：

1）宜采用直线形楼梯，梯段宽度不应小于 1200mm，休息平台深部不应小于 1500mm。

2）公共建筑楼梯的踏步宽度不应小 280mm，踏步高度不应大于 160mm。

3）宜在两侧 850~900mm 处均做扶手，并宜设置双层扶手，保持起点与终点处水平延伸 300mm 以上（图 6-16）。

4）不应采用无踢面和直角形突缘的踏步（图 6-17），面层处理应采用防滑材料或设置防滑构造。

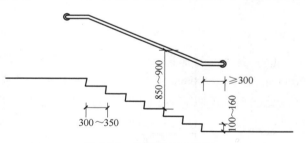

图 6-16　楼梯的尺寸要求

a) 无踢面踏步　　　　b) 突缘直角形踏步　　　　c) 踏步安全挡台

图 6-17　踏步形式

5）踏步面的一侧或两侧凌空时应设置安全挡台，防止拐杖滑出（图 6-18），三级或三级以上的台阶，两侧还应设置扶手。

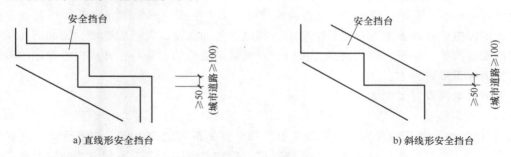

图 6-18 安全挡台的形式

6）扶手形状为圆形或椭圆形，与墙壁距离大于等于 40mm（图 6-19）；儿童较多的场所应设双层扶手，上层高度 850~900mm；下层高度 650~700mm；扶手的起点或终点应延伸至少 300mm 长度。

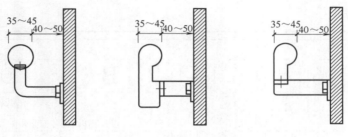

图 6-19 扶手截面及承托件

7）距踏步起点和终点 250~300mm 处宜设提示盲道，改变铺装材料或做成有脚感区别的地面，最好能明确台阶数。图 6-20 所示为走廊和楼梯的衔接。

8）踏面和踢面的颜色宜有区分和对比，与合理的照明一起使用，增强台阶的对比效果（图 6-21）。

9）楼梯上行及下行的第一阶宜在颜色或材质上与平台有明显区别。

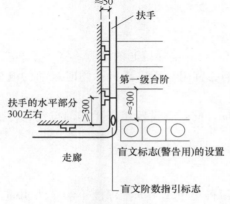

图 6-20 楼梯标志的平面示例

图 6-21 楼梯中对比色的提示效果

3. 无障碍电梯

电梯是建筑物内垂直交通空间的重要组成部分，对肢体残疾者的重要性不言而喻。《无障碍设计规范》"强条"要求：建筑内设电梯时，至少应设一部无障碍电梯。与普通电梯相比，无障碍电梯在许多地方存在特殊要求，如电梯门的宽度、关门的速度、轿厢的面积、在轿厢内安装扶手、镜子、低位及盲文按钮、音响播报层数的设备等，并应在电梯厅的显著位置安装国际无障碍标志。

无障碍电梯设置要求如下：

（1）控制按钮

1）电梯内外的按钮要在使用者能够触及和看到的范围之内，按下按钮后要有声音或视觉回馈反应，表明电梯已确认呼叫。回馈对视力残疾者或因人多看不到电梯的情况是非常重要的，有助于消解候梯人的紧张情绪。

2）控制按钮应置于控制板上，控制板与背景和按钮应有明显的区别，按钮符号可凸出，也可凹入，或在按钮下设置盲文符号，并于按钮左边设置凸出或凹入的上、下符号。报警按钮要有凸起的铃铛形状的标记，无障碍按钮在控制板面内的设置高度距离地面应为900~1100mm（图6-22）。

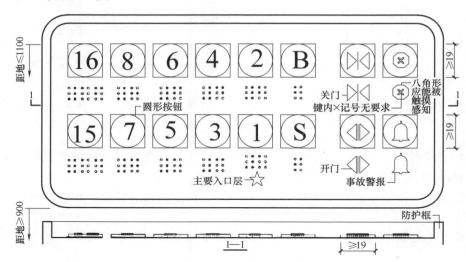

图 6-22　可供残疾人用电梯选层按钮示例

（2）候梯厅

1）公共建筑候梯厅的深度不小于1.80m（图6-23）。电梯门洞的净宽不宜小于900mm。

2）候梯厅应设置电梯运行显示装置和抵达音响，宜用有声广播提示同时起动的电梯哪一部先行。

3）候梯厅控制按钮呼叫按钮高度为0.9~1.10m，同时宜设置用脚操作的按钮，方便上肢障碍人士。

4）电梯出入口应设置提示盲道。

（3）轿厢

1）供残疾人使用的电梯轿厢空间尺寸：宽度不得小于1.10m，深度不小于1.40m，轿厢门开启的净宽度不应小于800mm。

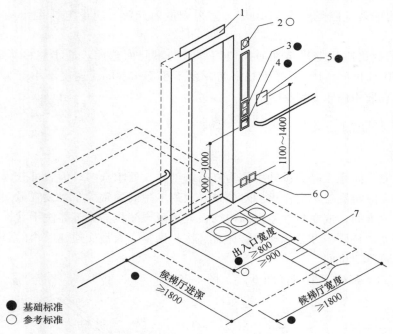

● 基础标准
○ 参考标准

图 6-23 电梯候梯厅尺寸与设备示例

1—楼层标志 2—音响装置 3—盲文标志 4—轮椅使用者操作按钮

5—国际通用标志 6—脚下操作按钮 7—盲道设置

2）在轿厢的侧壁上应设高 0.90～1.10m 带盲文的选层按钮，盲文宜设置在按钮旁。

3）轿厢至少两面壁上应设高 850～900mm 扶手，内部设应急电话，轿厢正面高 900mm 处至顶部应设置镜子或采用有镜面效果的材料（图 6-24）。

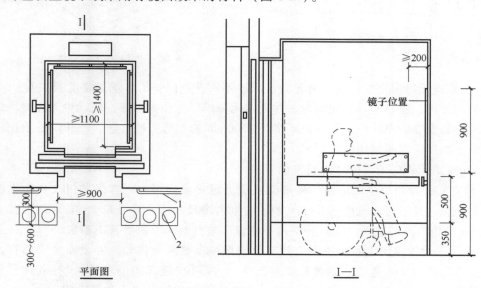

平面图

I—I

图 6-24 轿厢内设备与尺寸示例

1—引导扶手 2—提示盲道

4）轿厢内的最低照度应大于100lx，宜采用漫射光源。应设电梯运行显示装置和报层音响。

5）轿厢的规格应依据建筑性质和使用要求的不同而选用。最小规格为深度不应小于1.40m，宽度不应小于1.10m；中型规格为深度不小于1.60m，宽度不小于1.40m；医疗建筑和养老建筑宜选用病床专用梯。

6.3.2 卫生设施的无障碍设计

1. 卫生间

公共建筑卫生间是无障碍设计中较为复杂的部分，要求众多，大致可分为专用独立式无障碍卫生间和无障碍厕位两类考虑。对公众开放的卫生间通常除了要设置男女卫生间，还应设专用无障碍卫生间，或在男女卫生间内均设置无障碍厕位与无障碍洗手盆，男卫生间还应设无障碍小便器。科研、办公、司法、体育、医疗康复、大型交通建筑内的公众区域至少要有一个专用无障碍卫生间。

（1）独立式无障碍卫生间（图6-25、图6-26）

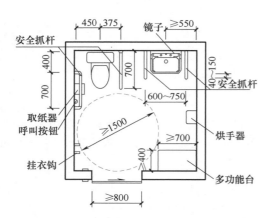

图6-25 独立式无障碍卫生间平面图

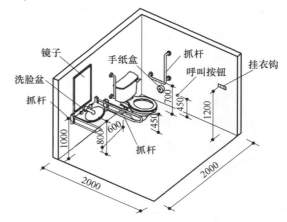

图6-26 独立式无障碍卫生间轴测图

1）独立式无障碍卫生间能够满足残疾人、不同性别陪护人、携带婴儿及其他一些特殊情况人士的使用，应易于寻找和接近，并设有无障碍标志作为引导，应设置无障碍坡道便于轮椅出入。最重要的设计原则包括：不小于1500mm的轮椅回转空间，外开门或推拉门，洁具设安全手抓杆，呼叫按钮。

2）独立式无障碍卫生间详细要求如下：

① 独立式无障碍卫生间应在门外表面或墙上设无障碍标志，宜设按钮式自动推拉门或外开式平开门，且通行净宽度不小于0.80m。室内净尺寸不应小于2m×2m，宜留有直径不小于1.5m的轮椅回转空间。入口和室内不应设高差，地面应防滑且不积水。

② 独立式无障碍卫生间的主要洁具应至少设洗手盆和坐便器，并设安全手抓杆。还应至少设置多功能台（可置物、给婴儿换尿布等）、呼叫按钮（用于求救）、挂衣钩。有条件还可设置脚踏式冲水按钮、无障碍小便器、儿童坐便器和儿童洗手盆等设施。

③ 坐便器两端距地面700mm处应设长度不小于700mm的水平安全手抓杆，另一侧应设高1.40m的垂直安全手抓杆。取纸器应设在坐便器的侧前方，高度为400~500mm。

④ 坐便器旁的墙面上应设高度为 400~500mm 的求救呼叫按钮。

⑤ 无障碍洗手盆的水嘴中心距侧墙应大于 550mm，底部应留出至少宽 750mm、高 650mm、深 450mm 的乘轮椅者所用的膝部和脚部空间。出水龙头宜采用感应式自动出水或杠杆式水龙头，水盆上方应安装镜子。

⑥ 无障碍小便器两侧应在距墙面 250mm 处，设高度为 1200mm 的垂直安全手抓杆，并在高度 900mm 处设置 550mm 长的水平安全手抓杆。

⑦ 安全手抓杆应安装牢固，直径应为 30~40mm，内侧距墙面不应小于 40mm。

（2）男女卫生间无障碍设计

1）基本要求：

① 女卫生间的无障碍设施包括至少 1 个无障碍厕位和 1 个无障碍洗手盆；男卫生间的无障碍设施包括至少 1 个无障碍厕位、1 个无障碍小便器和 1 个无障碍洗手盆。

② 卫生间门应方便开启并且通行净宽度不应小于 800mm。

③ 入口至无障碍设施的通道应留有直径不小于 1500mm 轮椅回转空间。

④ 地面防滑、不积水；无障碍厕位应设置无障碍标志。

2）无障碍厕位的设计要求：

① 尺寸做到 2.00m×1.50m 为宜，不应小于 1.80m×1.00m。

② 无障碍厕位的门宜向外开启，如向内开启，需在开启后厕位内留有直径不小于 1.50m 的轮椅回转空间，门的通行净宽不应小于 800mm（图 6-27），平开门外侧应设高 900mm 的横向扶手，在关闭的门扇内侧设高 900mm 的关门拉手，并应采用门外可紧急开启的插销。

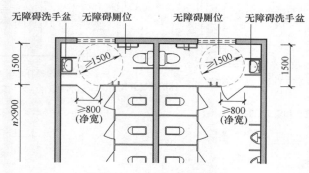

图 6-27 大尺寸无障碍厕位

③ 厕位内应设坐便器，便器两侧设安全手抓杆，要求同独立无障碍卫生间的坐便器（图 6-28）。

3）卫生间的其他设置要求：

① 卫生间应设置在使用效率较高的通道或容易发现的位置，在大厅及楼梯附近较为理想。各层尽可能处于同一位置，而且男女卫生间的位置也不宜变化。

② 地面、墙壁及卫生设施宜采用对比色

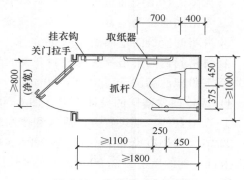

图 6-28 小尺寸无障碍厕位

彩，以便弱视者分辨。

③ 多功能台长度不宜小于 700mm，宽度不宜小于 400mm，高度宜为 600mm。

④ 挂衣钩距地面高度不应大于 1.20m。

⑤ 取纸器应设在坐便器的侧前方，高度为 400~500mm。

2. 公共浴室

1）公共浴室的无障碍设计要求：

① 公共浴室的无障碍设施包括 1 个无障碍淋浴间或盆浴间及 1 个无障碍洗手盆。

② 公共浴室的入口和室内空间应方便乘轮椅者进入和使用，浴室内部应能保证轮椅进行回转，回转直径不小于 1.50m。

③ 浴室地面应防滑、不积水。

④ 淋浴间入口宜采用活动门帘，当采用平开门时，门扇应向外开启，设高 900mm 的横向扶手。在关闭的门扇内侧设高 900mm 的关门拉手，并应采用门外可紧急开启的插销。

⑤ 在公共浴室内应设置一个无障碍厕位。

2）无障碍淋浴间的设计要求（图 6-29）：

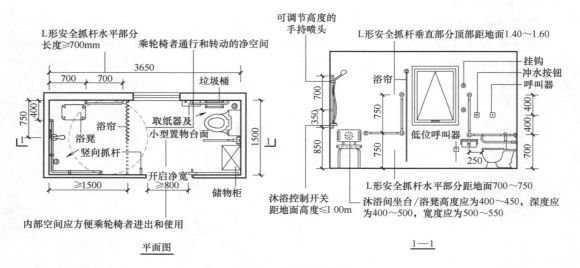

图 6-29　无障碍淋浴间

① 无障碍淋浴间的短边宽度不应小于 1.50m。

② 淋浴间坐台高度宜为 450mm，深度不宜小于 450mm。

③ 淋浴间应设距地面高 700mm 的水平手抓杆和高 1.40~1.60m 的垂直手抓杆。

④ 淋浴间内的淋浴喷头的控制开关的高度距地面不应大于 1.20m。

⑤ 毛巾架的高度不应大于 1.20m。

3）无障碍盆浴间的设计要求（图 6-30）：

① 在浴盆的一端设置方便进入和使用的坐台，其深度不应小于 400mm。

② 浴盆内侧应设高 600mm 和 900mm 的两层水平手抓杆，水平长度不应小于 800mm；洗浴坐台一侧的墙上设高 900mm、水平长度不小于 600mm 的安全手抓杆。

③ 毛巾架的高度不应大于 1.20m。

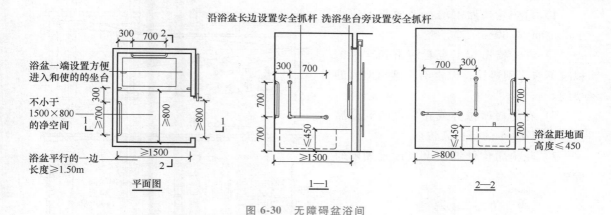

图 6-30 无障碍盆浴间

6.3.3 轮椅席位的无障碍设计

在会堂、法庭、图书馆、影剧院、音乐厅、体育场馆等观众厅及阅览室，座位数为 300 座以下时应至少设置一个轮椅席位，300 座以上时不应少于 0.2% 且不少于 2 个轮椅席位。轮椅席位所在位置应方便残疾人到达和疏散（图 6-31），轮椅的通行宽度 1200mm，轮椅席设置在中间时可用撤除 6 席普通座椅的方式解决，而在最后排时撤除 3 席便可。县市级以上图书馆还应备有视觉残疾者使用的盲文图书、录音室，具体设计要求如下：

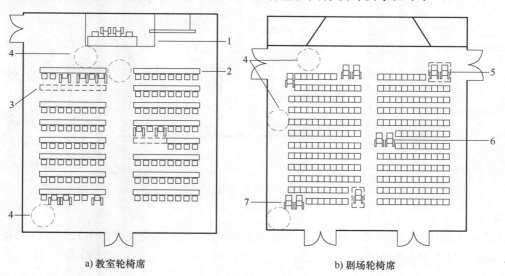

a) 教室轮椅席   b) 剧场轮椅席

图 6-31 轮椅席的设置

1—手语翻译 2—听觉残疾人席位 3—撤除桌子设轮椅席 4—轮椅回转空间
5—前排轮椅席位 6—中间轮椅位置 7—后排轮椅席位设置

1）轮椅席位应设在便于到达疏散口及通道的附近，不得设在公共通道范围内。图 6-32 所示为某电影院轮椅席位设置。

2）观众厅内通往轮椅席位的通道宽度不应小于 1.20m。

3）轮椅席位的地面应平整、防滑，在边缘处宜安装栏杆或栏板。

4）每个轮椅席位的占地面积不应小于 1.10m×0.80m。

5）在轮椅席位上观看演出和比赛的视线不应受到遮挡，但也不应遮挡他人的视线。

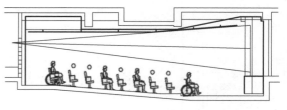

6）在轮椅席位旁或在邻近的观众席内宜设置 1∶1 的陪护席位。

7）轮椅席位处地面上应设置无障碍标志。

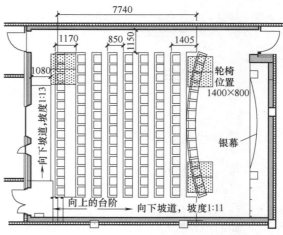

图 6-32 某电影院轮椅席位置设置

6.3.4 家具的无障碍设计

家具无障碍设计的总体原则是方便残疾人使用，避免因这些设施引发的伤害或危险。

1. 触摸式平面图

在建筑出入口附近，宜设表示建筑内部空间划分情况的触摸式平面导向图（盲文平面图，图 6-33），并宜安装发声装置。

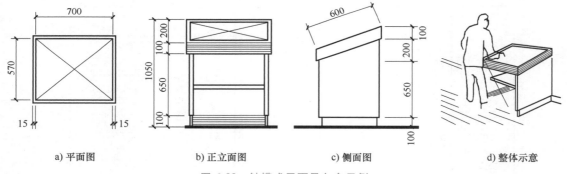

a) 平面图　　　b) 正立面图　　　c) 侧面图　　　d) 整体示意

图 6-33 触摸式平面导向台示例

2. 服务台

1）对于轮椅使用者，服务台高度应在 700~800mm，下部应有腿部伸入空间，深度不小于 450mm，高度不小于 600mm，宽度不小于 750mm（图 6-34）。

2）对于拐杖使用者，需设置座椅及拐杖停靠的场所；对于站立使用者，其高度最好同时能支撑不稳定的身体或另设扶手；对于视觉残疾者，不应设置玻璃隔墙。

3. 桌子

对于轮椅使用者，其下部要留出脚踏板插入的空间，宜做成固定式或不易移动式。

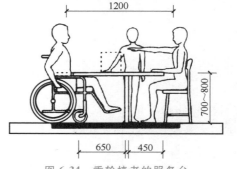

图 6-34 乘轮椅者的服务台

4. 饮水机（图6-35）

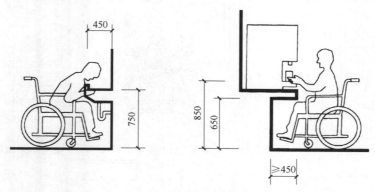

图6-35　供乘轮椅者使用的饮水器

1）对于轮椅使用者，饮水机下方要有能插入脚踏板的空间，最好选用从墙壁中突出的饮水器。

2）考虑到视觉残疾者，突出饮水器最好配置在离开通行路线的凹陷处。

3）饮水器及开关统一设在前方，最好手脚都能进行操作。

4）饮水器高为700～800mm。

5. 控制按钮

1）主要控制按钮的高度必须设置在轮椅使用者能够触及的范围，并设在距地面1200mm以下的位置（图6-36），所有的控制系统都应做成易用的形状和构造。

2）同一用途的控制开关，在同一建筑物内应尽可能为同一种设计。

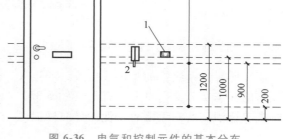

图6-36　电气和控制元件的基本分布
1—综合插座　2—电话　3—警报器拉线延伸位置

3）考虑视觉残疾者使用方便，简单的控制开关要明确说明其内容，如电源插座、电视插座、电话、警报器标志等。

6.4　其他无障碍设计

6.4.1　低位服务设施

低位服务设施是指为方便行动障碍者使用而设置的高度适当的服务设施。低位服务设施的使用者主要为身材矮小的成人、儿童及乘坐轮椅的人。在公共建筑中，办理各种业务的柜台都应该考虑此类人群的需求，常见的低位服务设施主要有问询台、服务窗口、安检验证台、行李托运台、借阅台等（图6-37）。

低位服务设施上表面距地面高度宜为700～850mm，其下部至少留出宽750mm、高650mm、深450mm的供乘轮椅者膝部和足尖部的移动空间。同时低位服务设施前部应有轮椅回转空间，回转直径不小于1.50m。挂式电话距离地面高度不应大于900mm。

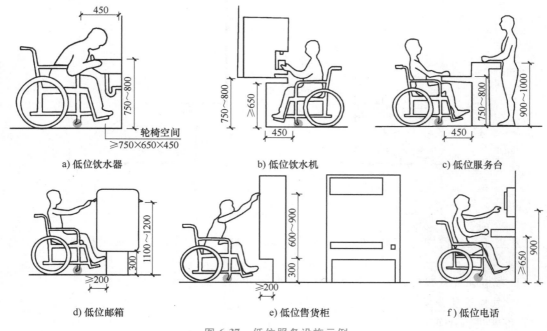

a) 低位饮水器　　　　　　　　b) 低位饮水机　　　　　　　　c) 低位服务台

d) 低位邮箱　　　　　　　　e) 低位售货柜　　　　　　　　f) 低位电话

图 6-37　低位服务设施示例

6.4.2　无障碍标识系统和信息无障碍

无障碍标识系统指的是供残疾人、老年人、伤病人及其他有特殊需求的人群使用的无障碍设施的标志及公共信息图形符号（图 6-38）。从广义的范围来讲，无障碍标识应包括触觉和听觉等标识及所有无障碍特性的导向标识。

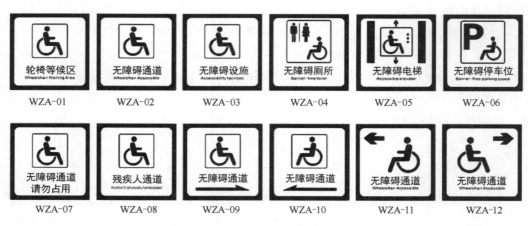

图 6-38　无障碍标志

（1）无障碍标志的分类及要求

1）通用的无障碍标志应符合图 6-39 的规定。

2）无障碍设施标志牌应符合图 6-40 的规定。

3）有指示方向的无障碍设施标志牌需符合图 6-41 的规定。

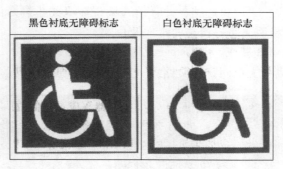

图 6-39　通用的无障碍标志设置要求

用于指示的无障碍设施名称	标志牌的具体形式	用于指示的无障碍设施名称	标志牌的具体形式	用于指示的无障碍设施名称	标志牌的具体形式	用于指示的无障碍设施名称	标志牌的具体形式
听觉障碍者使用的设施	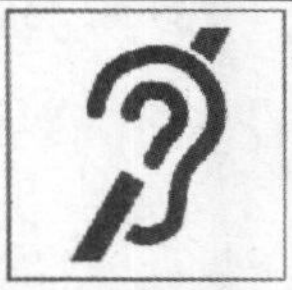	肢体障碍者使用的设施		低位电话		无障碍通道	
供导盲犬使用的设施	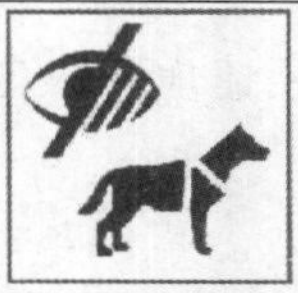	无障碍厕所		无障碍机动车停车位	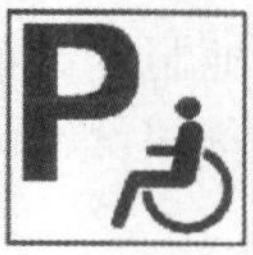	无障碍电梯	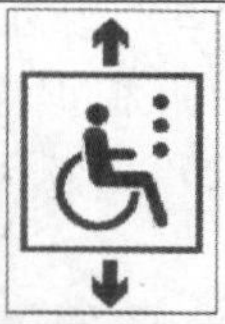
视觉障碍者使用的设施		—	—	轮椅坡道	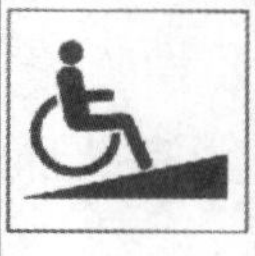	无障碍客房	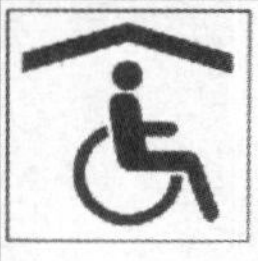

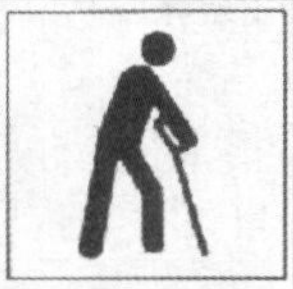

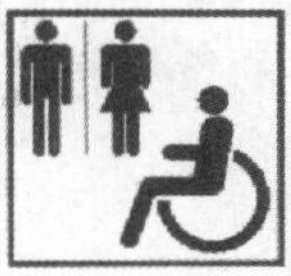

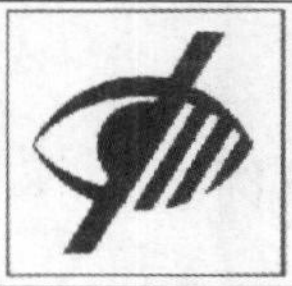

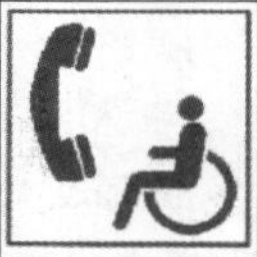

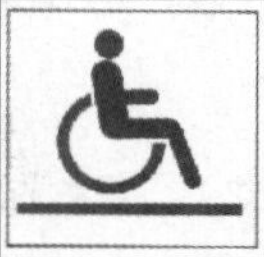

图 6-40　无障碍设施标志牌设置要求

用于指示方向的无障碍设施标志牌的名称	用于指示方向的无障碍设施标志牌的具体形式	用于指示方向的无障碍设施标志牌的名称	用于指示方向的无障碍设施标志牌的具体形式
无障碍坡道指示标志		无障碍厕所指示标志	
人行横道指示标志		无障碍设施指示标志	
人行地道指示标志		无障碍客房指示标志	
人行天桥指示标志		低位电话指示标志	

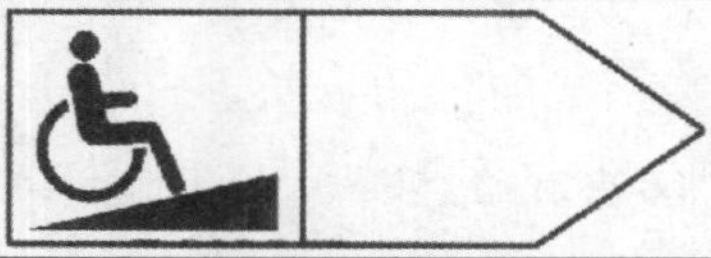

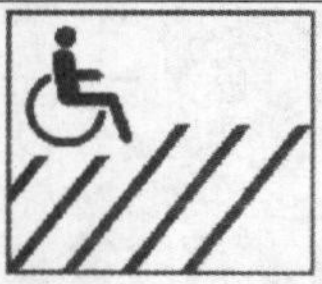

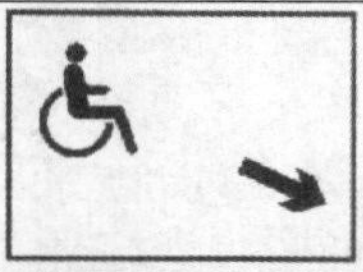

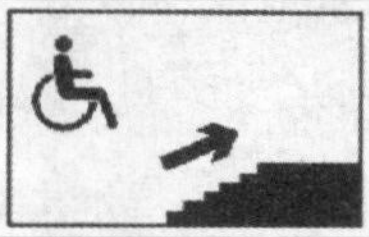

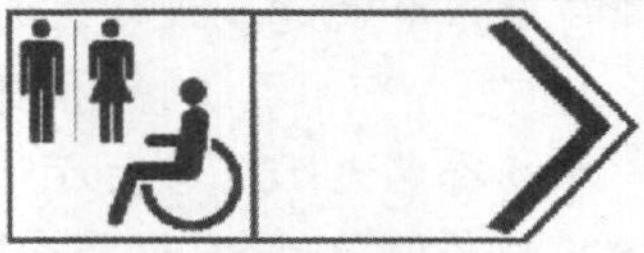

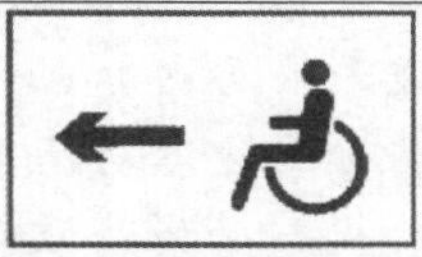

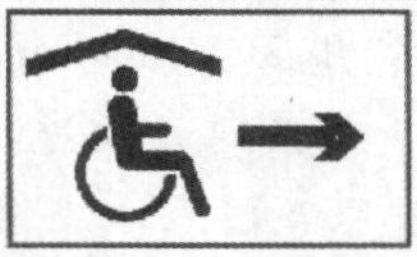

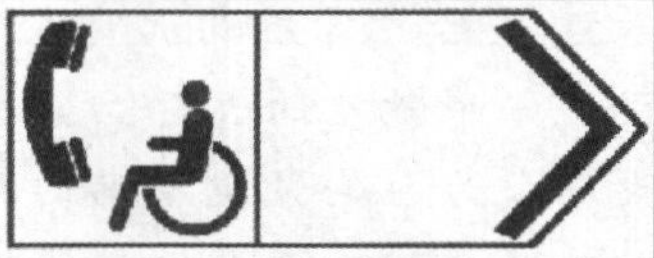

图 6-41　有指示方向的无障碍设施标志牌设置要求

4）无障碍标志应醒目，避免遮挡，并且纳入城市环境或建筑内部的引导标志系统，形成完整的系统，清楚地指明无障碍设施的走向及位置。

（2）盲文标志的分类及要求

1）盲文标志可分成盲文地图、盲文铭牌、盲文站牌（图6-42）。

| a) 盲文地图 | b) 盲文站牌 | c) 盲文铭牌 |

图 6-42　盲文标志

2）盲文标志的盲文必须采用国际通用的盲文表示方法。

（3）信息无障碍设备及设施的要求

1）根据需求，因地制宜设置信息无障碍的设备和设施，使人们便捷地获取各类信息；

2）信息无障碍设备和设施位置和布局应合理。

拓展阅读

为所有人而设计——公共建筑无障碍设计案例

随着北京冬残奥会的举办，更多的残疾人走进了大众的视野。残疾人和老年人作为最常见的轮椅使用者，是社会重要的组成人员，城市中的很多设计却忽略了他们的使用和感受，而在社会的不断发展中，有越来越多的设计开始关注他们。以下4个案例，将无障碍融入公共建筑设计，也让公共建筑更加平等地为所有人服务。

1. 布罗德维尤 100 号大厅

布罗德维尤 100 号大厅是一个改造项目。改造前的建筑十分不易到达，入口需要上数英尺的阶梯才能进入，并且没有配置无障碍坡道，楼层内部也有复杂的高差，需要通过踏步到达不同高度。为了使建筑更加适应时代，更加人性化，以此来更好地服务整个社区，Quadrangle 建筑事务所对其进行了一系列的改造。入口橙色的广告牌十分亮眼，将入口凸显出来（图6-43）。进入建筑后，首层的大部分楼板被拆除，形成了一个挑空的大厅。通透而充满动感的大厅成为人们聚集活动的地方，也成为整栋建筑的活力源泉。设计师在室内利用

图 6-43　布罗德维尤 100 号建筑外立面

坡道连接不同标高的楼层，并用橙色作为指引，为轮椅使用者提供了便利。橙色和黑色钢制楼梯相互交错，形成一个丰富又明快的友好空间（图6-44，见书前彩图）。

2. 拱门博物馆

拱门博物馆位于美国著名的圣路易斯拱门下方（图6-45，见书前彩图），建筑主体是一个埋设在地下的地景建筑。建筑的核心理念就是创造一个所有游客都能平等的使用体验，无障碍设计成为其中最重要的部分。博物馆的主入口利用高差，从拱门基座处设置环形坡道，缓缓下到入口的标高，形成了良好的可通达性，既满足了无障碍需求，又形成了一个与城市景观融合的建筑。环形也成为该建筑最大的标志性元素之一。环形坡道一直延续至地铁站，让来访者从下地铁开始就能体验到人性化的设计，由此来提升建筑的可达性，也响应了绿色交通。通过建筑前方圆形的广场，就可以进入大厅区域。入口通透的玻璃与夯实的地表形成虚实的对比，室内的视线也毫无遮挡地触及室外的自然景色。室内大厅区域可以实现自然采光，同时与室外广场形成视线上的延续（图6-46，见书前彩图）。

博物馆严格遵守《美国残疾人法案》，在室内的设计上也十分注重为轮椅使用者提供便利（图6-47）。室内也利用了很多原有的坡道，并新设了很多无障碍扶手，这些扶手保留了旧混凝土的造型，来维持建筑原有的历史感。室内的尺寸和布局也根据轮椅使用者进行了优化。

图 6-47 拱门博物馆室内坡道

3. 科瑟穆斯岛无障碍度假村扩建

穆斯岛度假村扩建项目包括了一栋新建的主楼，以及周边辐射的度假公寓，形成了整体性的无障碍度假区（图6-48，见书前彩图）。其中多功能的主楼成为项目的核心，设计师以残疾人活力和体能挑战为出发点，为所有来访者提供无区别而具有特殊意义的无障碍体验活动场地。

主楼以圆形向外辐射，一圈100m的坡道（图6-49，见书前彩图）绕建筑缓缓上升，通向屋顶层的展望台。通过坡道，来访者可以使用轮椅到达不同的标高，去不同的功能区（图6-50）进行活动，还能欣赏不同高度的景观。环形坡道的内侧设置了多个活动平台，沿途还设有休息平台，轮椅使用者可以根据体能进行适度挑战。坡道与建筑浑然一体，让无障碍元素与其他元素融合在一起，为来访者提供无差别的使用体验。度假

图 6-50 建筑室内体育馆

公寓的布局也呈环形，中间是一个室外公共活动区域，每间房都有良好的景观。室内的无障碍洁具和活动床，可灵活调整床间距离，门上的超大房间号一目了然。穆斯岛度假村不仅是一处功能完善、充满运动和交流空间的无障碍乐园，而且通过与大自然的完美融合，创造了一处享受大海潮起潮落，感受大自然壮丽美景，抚慰心灵的人间天堂。

4. 赞斯医疗中心（图 6-51～图 6-53）

赞斯医疗中心是一家高效紧凑型的医疗建筑，外立面的底层采用了红色面砖，与上半部分的白色形成对比，让建筑在街道中凸显出来。

进入建筑，首层大厅尺度亲切，弧形的连廊连接二层，在首层形成弧形的虚空间。配合弧形的天窗，视野一览无余，在大厅营造出舒适怡人的氛围。连廊作为内街，将整个建筑串联起来，通向不同的功能区，并连接两端的景观庭院，方便轮椅使用者在室内外活动。各个空间地面平整无高差，在内街的连接下都非常容易到达，空间的标识尺度大，对比度高，还考虑了发光和照明，提供了良好的信息指引。木材的大面积使用让室内明亮温暖，墙上的手绘画呼应了赞丹地区的工业遗产。螺旋形的楼梯让光线到达首层，滑梯的设置让这里成为孩子们的乐园。

图 6-51　赞斯医疗中心外观　　　　　　　　图 6-52　赞斯医疗室内

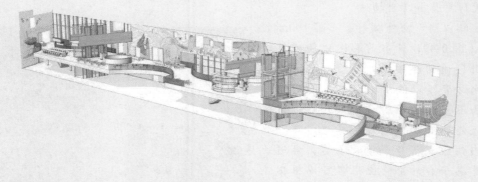

图 6-53　赞斯医疗中心剖透视

思 考 题

1. 查阅相关资料，结合无障碍设计的发展历程，思考无障碍设计与"以人为本"的建筑设计理念的关系。

2. 选择一份自己的设计作业，思考应增加的无障碍设施，并给出设计方案。

3. 查阅相关资料结合实地调研，思考在城市更新的语境下，老旧公共建筑需要增加的无障碍设施及设计方法。

第7章

公共建筑与可持续发展

可持续发展是当今时代的主题，可持续发展建筑是"可持续发展观"在建筑领域中的体现。可持续发展的公共建筑是指在可持续发展理论和原则指导下设计和建造的公共建筑，它不但包括建筑材料、建筑物、城市的区域规模大小等，还涉及与这些有关的功能性、经济性、社会文化和生态因素。

7.1 可持续发展与绿色建筑

随着环境问题的日渐严重，可持续发展已经成为全世界人类共同追求的一个目标，在此基础上建筑领域也在发生着一场非常重大的变革。传统的建筑活动虽然为人们提供了生活和生产建筑，但是也在过度消耗着人类的自然资源，生产的建筑垃圾、建筑废气等对环境产生大量的污染，而基于可持续发展的绿色建筑要求尽可能地节约能源、减少污染，提高建筑的生态效益和环保效益，这对世界的可持续发展起到重要的推动作用。

7.1.1 绿色建筑概述

在环境压力的影响下，人们认识到传统城市发展模式、传统建筑体系是不可持续的。在建筑的发展和建设过程中必须优先考虑生态环境问题，并将其置于与经济建设和社会发展同等重要的地位，因此，思想敏锐的建筑师开始探索建筑可持续发展的道路，"绿色建筑"概念便应运而生。

绿色是大多数植物生长复苏的标志，是生命的象征。植物吸收二氧化碳、产生氧气，自身能储存能量和物质，依靠自然因素维持生命运转，在生命周期内完全融于自然环境。"绿色"所指的便是取之自然又回报自然，实现经济、环境和生活质量之间相互促进与协调发展的文化。

关于绿色建筑，大卫和鲁希尔·帕卡德基金会曾经给出过一个定义："任何一座建筑，如果其对周围环境所产生的负面影响小于传统的建筑"，那么它就可以被称为绿色建筑。这个定义昭示着"现代建筑"对人们赖以生存的环境造成了过多的负担。我国原建设部颁布的《绿色建筑评价标准》中，将绿色建筑定义为"在建筑的全寿命周期内，最大限度地节约资源（节能、节地、节水、节材）、保护环境和减少污染，为人们提供健康、适用和高效的使用空间，与自然和谐共生的建筑"。

在各种报刊和书籍上，常有"绿色建筑"（green building）、"生态建筑"（ecological building）、"低碳建筑"（low-carbon building）、"节能建筑"（energy-efficient building）等相似的概念出现。宽泛地说，这些词表述的是同一个意思，那就是注重建筑的设计建造和使用对资源的消耗和给环境造成的影响，同时也强调为使用者提供健康舒适的建成环境。但这些概念在细节上仍是有所区别的。

生态建筑是借用生态学原理来看待建筑与周边环境所形成的体系（建筑生态系统），利用技术使物质、能源在这个建筑生态系统中达到自我循环，在营造舒适建筑环境的同时达到资源消耗和环境污染最小化的目的。

低碳建筑和零碳建筑是在二氧化碳对气候变化的负面影响的理念基础上提出的，要求在建筑的设计、建造、运营、管理和拆除的全生命周期中，提高能效，减少对化石燃料的使用，从而降低二氧化碳排放。

节能建筑与绿色建筑相比，范畴较小，仅针对建筑能耗提出要求，是一个比较简单明确的概念，易于推广发展。各国往往通过推出强制性的建筑节能设计标准来设定节能建筑的门槛。

总之，可持续发展观念提出后，在其思想原则指导下，绿色建筑的内涵和外延都在不断扩展。可以说，从"生态建筑""绿色建筑""低碳建筑"到"可持续建筑"是一个从局部到整体、从低层次向高层次的认识发展过程。也可以根据绿色的程度不同，把可持续建筑理解为绿色建筑的最高阶段。绿色建筑并不是一种建筑的新风格，而是一种结合 21 世纪人类发展所面对的环境问题，由建筑专业做出的回应。

7.1.2 绿色建筑的设计原则

绿色建筑的兴起是与绿色设计观念在全世界范围内的广泛传播密不可分的，是绿色设计观念在建筑学领域的体现。绿色设计（green design，GD）这一概念最早出自 20 世纪 70 年代美国的一份环境污染法规，它与现在的环保设计（design for the environment，DFE）含义相同，是指在产品整个生命周期内优先考虑产品环境属性，同时保证产品应有的基本性能、使用寿命和质量的设计。因此，与传统建筑设计相比，绿色建筑设计有两个特点：一是在保证建筑物的性能、质量、寿命、成本要求的同时，优先考虑建筑物的环境属性，从根本上防止污染，节约资源和能源；二是设计时考虑的时间跨度大，涉及建筑物的整个生命周期，即从建筑的前期策划、设计概念形成、建造施工、建筑物使用直至建筑物报废后对废弃物处置的全生命周期环节。

绿色建筑设计除了要满足传统建筑的一般设计原则，还应遵循可持续发展理念，即在满足当代人需求的同时，应不危及后代人的需求及选择生活方式的可能性。绿色建筑的设计包含两个要点：一是针对建筑物本身，要求有效地利用资源，同时使用环境友好的建筑材料；二是要考虑建筑物周边的环境，要让建筑物适应本地的气候、自然地理条件。具体在规划设计时，应尊重设计区域内土地和环境的自然属性，全面考虑建筑内外环境及周围环境的各种关系。绿色建筑设计应符合以下三项原则：

1. 资源利用的 3R 原则

建筑的建造和使用过程中涉及的资源主要包含能源、土地、材料、水。3R 原则即减量（reducing）、重用（reusing）和循环（recycling），是绿色建筑中资源利用的基本原则，每一项都必不可少。

减量是指减少进入建筑物建设和使用过程的资源（能源、土地、材料、水）消耗量。通过减少物质使用量和能源消耗量，从而达到节约资源（节能、节地、节材、节水）和减少排放的目的。

重用即再利用，是指尽可能保证所选用的资源在整个生命周期中得到最大限度的利用。尽可能多次及尽可能采用多种方式的使用建筑材料或建筑构件。设计时，注意使建筑构件容易拆解和更换。

循环是指选用资源时须考虑其再生能力，尽可能利用可再生资源；消耗的能量、原料及废料能循环利用或自行消化分解。在规划设计中能使其各系统在能量利用、物质消耗、信息传递及分解污染物方面能形成一个卓有成效的相对闭合的循环网路，这样既对设计区域外部环境不产生污染，周围环境的有害干扰也不易入侵设计区域内部。

2. 环境友好原则

在建筑领域的环境包含两层含义：其一，设计区域内的环境，即建筑空间的内部环境和外部环境，也称为室内环境和室外环境；其二，设计区域的周围环境。

1）室内环境品质：考虑建筑的功能要求及使用者的生理和心理需求，努力创造优美、和谐、安全、健康、舒适的室内环境。

2）室外环境品质：应努力营造出阳光充足、空气清新、无污染及噪声干扰，有绿地和户外活动场地，有良好的环境景观的健康安全的环境空间。

3）周围环境影响：尽量使用清洁能源或二次能源，从而减少因能源使用而带来的环境污染；规划设计时应充分考虑如何消除污染源，合理利用物质和能源，更多地回收利用废物，并以环境可接受的方式处置残余的废弃物。选用环境友好的材料和设备。采用环境无害化技术，既包括预防污染的少废或无废的技术和产品技术，也包括治理污染的末端技术。要充分利用自然生态系统的服务，如空气和水的净化、废弃物的降解和脱毒、局部调节气候等。

3. 地域性原则

地域性原则包含三方面的含义：

1）尊重传统文化和乡土经验，在绿色建筑的设计中应注意传承和发扬地方历史文化。

2）注意与地域自然环境的结合，适应场地的自然过程：设计应以场地的自然过程为依据，充分利用场地中的天然地形、阳光、水、风及植物等，将这些带有场所特征的自然因素结合在设计中，强调人与自然过程的共生和合作关系，从而维护场所的健康和舒适，唤起人与自然的天然情感联系。

3）当地材料的使用，包括植物和建材。乡土物种最适宜在当地生长，管理和维护成本最低，同时物种的消失已成为当代最主要的环境问题。所以保护和利用地方性物种也是对设计师的伦理要求。本土材料的使用，可以减少材料在运输过程中的能源消耗和环境污染。

7.2 绿色建筑的设计方法

7.2.1 太阳能应用

太阳能一般是指太阳光的辐射能量，是一种有利于保护环境的清洁能源。太阳能每年辐射到地面上的能量相当于燃烧 $1.3×10^6$ 亿 t 标准煤所产生的能量。研究太阳能建筑的总体目标，就是既要利用太阳能替代传统能源来满足建筑的日常运行要求，还要满足建筑使用者的舒适度和使用需求。太阳能在建筑上的具体应用包括被动式太阳能利用、太阳能光热利用和太阳能光伏利用等方式。

1. 被动式太阳能利用

被动式太阳能利用通常指被动式太阳能供暖，是合理利用环境条件，通过建筑朝向的合理布置，内部功能的巧妙处理和安排，建筑材料、结构和构造的恰当选择，使房屋在采暖季充分收集、存储、利用太阳能，解决建筑室内采暖问题的一种方式。使用被动式太阳能供暖技术进行设计建造的建筑称为被动式太阳房。

被动式太阳房可以划分为两大类：直接受益式和间接受益式。直接受益式是指太阳辐射直接穿过建筑透光面进入室内；间接受益式是指通过一个接受部件（或称太阳能集热器），太阳辐射在接受部件处转换成热能，再经由送热方式对建筑供暖。

直接受益式（图 7-1a）：在白天，阳光透过大面积的南向玻璃窗照射到室内的地面、墙壁和家具中，使得热量被吸收。吸收到的太阳能，一部分在室内空间以辐射和对流形式等加以传递，一部分则是导入到蓄热体，待到夜晚再慢慢地将热量释放，使得房间能够维持一定

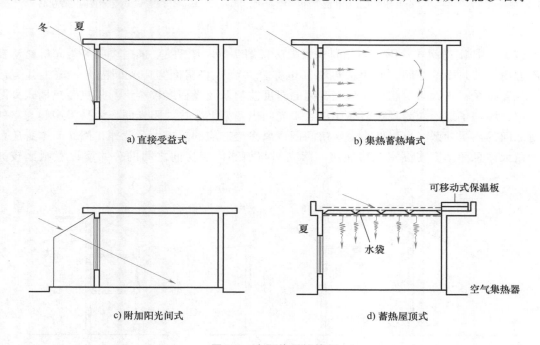

a) 直接受益式   b) 集热蓄热墙式

c) 附加阳光间式   d) 蓄热屋顶式

图 7-1 太阳能利用简图

温度。所以，直接受益式更多应用在白天需要升温快的房间或是仅在白天运用的房间，如教室和办公室。由于直接受益式太阳房具有白天升温迅速的特点，适用于冬季需要采暖并且晴天较多的地区，如我国华北和西北地区等。

间接受益式又分为集热蓄热墙式、附加阳光间式、蓄热屋顶式等。

（1）集热蓄热墙式 集热蓄热墙（图 7-1b、图 7-2）的设计方式是在直接受益式太阳窗后面筑起一道重型结构墙。砖石结构墙的外表面涂有高吸收率的涂层以提高太阳辐射吸收率，白天蓄热，夜间向室内辐射热量，进而减小了室内昼夜温差波动幅度，克服了直接受益式太阳房温度波动幅度较大的缺陷，因此热舒适性较好，适合居住。其顶部和底部分别开有通风孔，设有可控制空气流动的活动门，可以根据气候和室内外的环境适时地通风换气，调节室内温度。集热蓄热墙式太阳房的特点在于既可以使南向玻璃充分吸收太阳辐射，又可以保留一定的墙面以便进行室内布置，能够适应不同房间的使用要求。

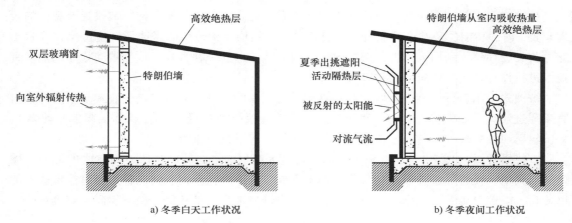

图 7-2　特朗伯集热墙工作原理

（2）附加阳光间式 附加阳光间式太阳房（图 7-1c、图 7-3）采用玻璃等透光材料建在朝南方向能够封闭的空间，并用蓄热墙（也称公共墙）将房间与阳光间隔开，墙上开有门窗。与直接受益式太阳房相比，采暖房间的温度波动及眩光程度较小。与集热蓄热墙式太阳房相比，增加了地面作为集热蓄热体，且阳光间内室温上升快。阳光间作为采暖房间与室外环境之间的热缓冲区，可以减小采暖房间因冷风渗透造成的热损失。此外，阳光间本身还可作为白天休息活动室或温室花房使用。阳光间与相邻内层房间之间的公共墙设置则比较灵

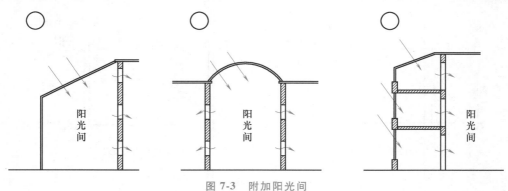

图 7-3　附加阳光间

活，既可以设成砖石墙，也可以设成落地门窗或带缆墙的门窗，适应性较强。

（3）蓄热屋顶式 蓄热屋顶式（图7-1d）和蓄热墙类似，集热和储热功能都经由相同部件完成。屋顶的浅池经由水床组成，设置有可以开闭的隔热盖板，冬夏兼顾，适用于冬季不太寒冷并且纬度较低的地区。这种采暖方式要求屋顶具备较强的承载能力，而且隔热盖板的操作相对烦琐，因此实际应用较少。蓄热屋顶的优势在于它的布置不受方位的限制，而且将屋顶作为室内散热面，既能使室温均匀，也不会影响室内的布置。

2. 太阳能光热利用

太阳能热水系统是指利用温室原理，将太阳辐射转化为热能，并向冷水传递热量，进而获得热水的一种系统。它主要是由太阳能集热器、贮水箱、泵和连接管道、支架、控制系统及辅助能源等组成。

（1）太阳能热水系统分类

1）按生活热水与集热器内传热工质的关系划分为直接式系统（也称一次循环系统）和间接式系统（也称二次循环系统）。

2）按贮水箱与集热器的关系划分为紧凑式系统、分离式系统和闷晒式系统。

3）按辅助热源的安装位置划分为内置加热系统和外置加热系统。

4）按辅助热源启动方式划分为手动启动系统、全日自动启动系统和定时自动启动系统。

5）按供水范围划分为集中供热水系统、集中-分散供热水系统和分散供热水系统。

6）按太阳能集热系统运行方式划分为自然循环系统、直流式系统和强制循环系统。

（2）太阳能光热构件与建筑结合方式

1）屋面太阳能光热系统。坡屋面集成太阳能集热器是将太阳能安装在南向的屋顶上，使集热器的倾角与屋顶坡度保持一致，能够较好地体现集热器与建筑的一体化设计。形式不同的集热器能够表现出不同的屋顶形式，如平板型集热器的玻璃质感能够形成类似天窗的效果。坡屋顶可利用的集热面积比平屋顶要小，集热器与坡屋顶相结合，有利于充分利用屋顶的面积，但这种方式在安装技术方面较平屋顶更复杂，需要考虑对屋顶防水、保温、排水、布瓦的影响。按照屋面和集热器的关系，目前常用的形式有架空式和嵌入式。

平屋面集成太阳能集热器安装简便，集热器与屋面的连接构造简单，系统管线易隐蔽，便于后期维护。平屋面能够提供的面积相对较大，因此集热器安装对建筑外观和建筑朝向没有特殊要求。平屋面集成太阳能集热器按照集热器支架形式可分为阵列支架式、整体支架式两种。

2）立面太阳能光热系统。建筑的屋顶往往不能提供足够的集热器安装面积，此时一般将太阳能集热器与墙体结合布置。此种方式既有效减少了管线长度，又丰富了立面效果。应保证集热器能获得充足的日照条件，集热器可安放在建筑立面的窗间墙、窗下墙、女儿墙、阳台等位置。

墙面集成太阳能集热器：集热器在墙面的安装位置可分为窗间墙、窗下墙两种。依据户型本身的阳台和开窗具有的规律性，集热器的加入可以加强建筑立面上的线条感。

阳台集成太阳能集热器：在阳台上可以统筹布置集热器、贮水箱、空调室外机等设备，实现了空间的高效利用。集热器设置在阳台上与贮水箱及用水点之间的连接管线较短，便于局部热水系统的管理与维护，在阳台上的安装操作更加方便、安全，也利于后期维护与管理。

3. 太阳能光伏利用

太阳能光伏发电系统是利用光伏电池板将太阳辐射能直接转化成电能的系统，以下简称光伏发电系统。光伏发电系统主要由：太阳能电池板、蓄电池、控制器、逆变器及负载等组成，如图 7-4 所示。

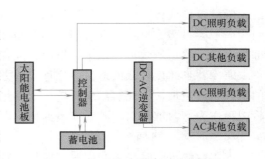

图 7-4 太阳能光伏发电过程示意

（1）太阳能光伏发电系统原理及分类 光伏发电的基本工作原理就是在太阳光的照射下，根据光伏效应原理，将太阳光能直接转化为电能。经过串联的太阳能电池进行封装保护可形成大面积的太阳能电池组件，和功率控制器等组件一起组成光伏发电装置。光伏发电系统生产直流电，并通过转换器转化成 220V、50Hz 的交流电。在这些系统中，多余的电能被储存在蓄电池中。光伏发电系统可分为独立光伏发电系统与并网光伏发电系统。

独立光伏发电系统也称为离网光伏发电系统，如图 7-5a 所示。其构件主要有太阳能电池组件、控制器、蓄电池等。若为交流负载供电，还需要配置交流逆变器。独立光伏电站是指包括边远地区的村庄供电系统、太阳能户用电源系统、通信信号电源、阴极保护、太阳能路灯等各种带有蓄电池的、可以独立运行的光伏发电系统。

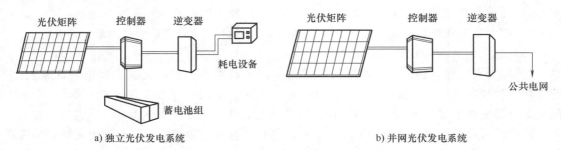

a) 独立光伏发电系统   b) 并网光伏发电系统

图 7-5 光伏发电系统

并网光伏发电系统将产生的直流电经过并网逆变器转换成符合电网要求的交流电之后直接接入公共电网，如图 7-5b 所示。集中式大型并网光伏电站一般都是国家级电站，其主要特点是将所发电能直接输送到电网，再由电网调配后向用户供电。但这种电站投资高、建设周期较长、需要较大占地面积。而分散式小型并网光伏发电系统，特别是光伏建筑一体化发电系统，由于投资小、建设快、占地面积小、政策支持力度大等优点，是目前并网光伏发电的主流设施。

（2）影响太阳能光伏发电效率的因素 任何一种光伏材料的使用都离不开光，无论是直射光还是漫射光，因此对太阳辐射能的接受、转换效率是影响光伏发电效率的重要因素，这是光伏幕墙设计的前提。影响发电效率的因素有很多，以下重点分析方位角、倾角、光伏板间距及光伏板运行环境等因素。

1）方位角和倾角。方位角是从某点的指北方向线起，按顺时针方向到目标方向线之间的水平夹角；倾角是指光伏板与水平面所成的角。当太阳光垂直于光伏板照射（入射角为0°）的时候，光伏板吸收太阳辐射效率最大；入射角越大，光伏板吸收太阳辐射的效率越低。

2）光伏板间距。在光伏系统的应用过程中，通常将光电模板连接成组以便增大系统的电压。也就是电流会通过串联电路的每个模板。一个模板有阴影就会限制其他模板的电流产出，很小的阴影（如天线投下的影子）都会使其性能明显降低。因此，避免光伏设备表面出现阴影非常重要。在光伏板的设计过程中，既要避开建筑物与周边环境对光伏板的遮挡，还要避免光伏板间相互遮挡。

3）运行环境。光伏设备的具体运行环境对其转化效率也有重要影响。空气中灰尘的覆盖会阻挡光伏板接收太阳辐射，严重时甚至无法使用，因此在光伏幕墙设计过程中需要考虑如何减少积尘，并定期进行维护和清洁。光伏设备运行环境的另一方面就是温度。一般商用的太阳能电池的转化效率为 6%~15%。在运行过程中，大部分的太阳辐射被光伏板吸收转化为自身热能或者被反射到空气中。热量无法排出会使光伏板升温，而光伏板长期在高温下工作会迅速老化，从而缩短使用寿命。因此光伏幕墙整体设计阶段应为光伏板的通风散热预留空间及路径，从而控制光伏板温度的升高。

（3）太阳能光伏构件与建筑结合方式 太阳能光伏构件与建筑结合的方式包括竖直立面结合、倾斜立面结合、水平向锯齿状墙面、竖直向锯齿状墙面、弧形立面结合、水平遮阳和竖向遮阳等方式，如图 7-6 所示。

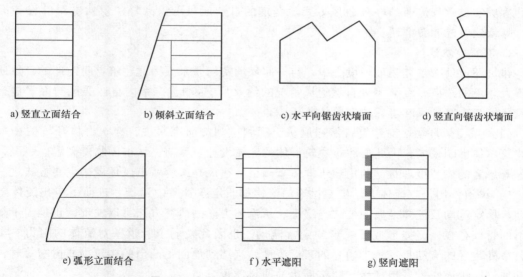

a) 竖直立面结合　　b) 倾斜立面结合　　c) 水平向锯齿状墙面　　d) 竖直向锯齿状墙面

e) 弧形立面结合　　f) 水平遮阳　　g) 竖向遮阳

图 7-6　太阳能光伏构件与建筑的结合方式

1）竖直立面结合。竖直立面是光伏构件与幕墙常见的结合部位，设计时需要注意安装部位，避免阴影遮挡，以达到最佳的发电效率。

2）倾斜立面结合。为了充分利用太阳能资源，可将建筑的主要采光面设计为倾斜式幕墙。幕墙的倾角和方位角可根据基址的经纬度和基地情况综合考虑。山东德州的皇明太阳谷"日月坛"就采用了大面积倾斜式光伏幕墙。

3）水平向锯齿状墙面。根据采光、功能或者景观设计的需要，幕墙可设计成水平向锯齿状，打破单调的建筑形象，形成丰富的光影效果。设计时可结合自然条件来确定锯齿形墙面的角度，以充分获得太阳辐射。

4）竖直向锯齿状墙面。为使光伏构件获得更多的太阳辐射，并丰富立面设计效果，可采用竖直向锯齿状墙面的设计方式。具体设计方法为：每层建筑幕墙的上半部分墙面倾斜向上，倾斜角度可参考当地最佳倾角，其上可布置光伏构件，兼有遮阳功能；下半部分的墙面倾斜向下，为窗和墙体，满足采光通风需求。从剖面上看，建筑每层锯齿状凸出，开阔景观视线并解决遮阳问题。

5）弧形立面结合。弧形立面通常是建筑造型的重要元素。它将立面与屋顶连为一体，形成更加流畅的建筑形象。在光伏材质的选择上，要注意弧形光伏立面与采光玻璃的材质相协调。

6）光伏遮阳。夏季降低建筑能耗的有效方式便是减少太阳辐射对建筑室内热环境的影响。遮阳便是一种有效的建筑手段，运用相应的材料和构成，与日照光线成某一有利角度，遮挡影响室内热性的日照且不减弱采光的手段和措施。充足的太阳辐射、灵活的安装角度、良好的通风条件使遮阳板在与光伏模板结合时具有无可比拟的优势，但应确定合适的遮阳板尺寸间距，以达到遮阳、采光和光伏发电功率之间的平衡。

7.2.2 建筑自然通风

自然通风是指不依靠机械设备，依靠合理的建筑朝向、形体、布局、空间、开口设置等设计方法实现空气流通的一种通风方式。合理的自然通风可以减轻建筑对空调等设备的依赖，降低建筑的能源消耗。

1. 室外自然通风

建筑环境处于整体物理环境之中，与外部环境密切联系，因此建筑自身内部的自然通风受到大环境的约束（受到室外自然通风情况的约束）。影响建筑室内自然通风的因素包括城市风环境、建筑群风环境、建筑单体风环境。

（1）城市风环境 对建筑自然通风从宏观到微观的研究来说，建筑群体环境的小气候对建筑单体影响较大，因此要注重建筑群体的区域设计。目前，城市面临着高温、高湿、低风速等恶劣的热环境现状，利用建筑群体布局引导通风是改善城市风环境的主要方式之一。

1）风道作用。在流体力学中，讨论的流体都假定在管道中运行，进而引申出流体定常流动、稳定流动及流体经典的公式与定理。从流体力学的研究方法可以发现，正是由于平整光滑的管壁存在，流体形成了稳定的定常流动，也因此减弱了管道壁对流体的阻力。实际上，室外空气的流动是一个无边界的紊流流动，当遇到地面上凸出的构筑物或树木等时，则流动加剧，进而影响城市环境、建筑周边的通风质量。

在城市区域设计和建筑单体设计时应关注以下因素：

① 巷道连续性。保证巷道两侧建筑单体的连续和延伸，避免出现较大的开口空间。

② 巷道平整性。尽量保证巷道两侧建筑平整，避免紊乱空气流动（图 7-7）。

③ 巷道方向性。应保证导风巷与夏季主导风向一致，以加强夏季室外自然通风效果。

④ 巷道汇合性。为了适应室外气流方向的不确定性，可将巷道设计成东南和西南两个主导向，最后在城市热岛区汇合。由于热岛区气温较高，在热压作用下可以引导风继续向上流动，提高巷道的导风效率（图 7-8）。

2）漏斗作用。在城市建筑密集区域内，由于建筑交通工具及电器等设备排热高度相对更接近地表一侧，根据热压通风的定义：空气的密度与温度成反比，温度越高空气的密度越低，导致地表的热量较城市空间上部更为密集，温度也更高。根据热力学第二定律，利用漏

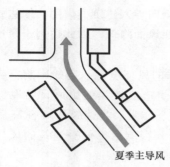

图 7-7 导风巷构成

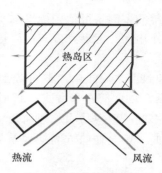

图 7-8 解决热量堆积

斗空间可以形成上疏下密的空间特征，促使上半部热密度降低、气压降低，进而加强空间内的自然通风，使热量向上扩散、稀释，避免热量堆积。因此在建筑群之间，结合建筑设计，使其外部空间形成有利于热量散失的"漏斗"形状，是一种改善城市热环境、风环境的有效措施。同时，在设计时应注意避免高空出挑，因为出挑部分会削弱漏斗作用，乃至形成反向漏斗，导致空气流动和热量散失减缓。

3）开放作用。在夏季主导风向的迎风侧留出一定开放空间，可以比较显著地减少建筑对风速的影响，提升自然通风效果，同时可减轻城市的热岛效应。

4）散点作用。空气流动过程中遇到散点障碍物或片状障碍物，空气对前者的穿透能力更强，所受阻力更小，对通风质量的影响较小，可在一定程度上保证室外气流流畅。因此，宜将城市密集区的高层建筑呈散点方式布局。

（2）建筑群风环境　建筑单体处于建筑群的小环境中。即使城市环境的自然通风条件相同，建筑单体在建筑群中所处的风环境与独立的建筑单体所处的风环境也是不同的。因此，为了获得良好的建筑单体风环境，必须考虑建筑物相互之间的关系对风环境的影响。

1）建筑风影区。风向投射角是指建筑物迎风面法线与风向之间的夹角。当风向垂直于建筑的纵轴时，在该建筑的背后会产生较大的风影区，造成后幢建筑自然通风效果减弱。因此，为了解决后幢建筑通风的需求，同时保证建筑用地高效，常采用将建筑朝向偏转一定角度，使风向对建筑物产生 30°～45°的风向投射角的做法。这样，既保证了用地效率，也有效缩短了由前排建筑产生的风影区，保证后幢建筑有较好的通风条件。除了风向投射角，建筑单体体型也会对风影区产生一定影响。总的来说，增加建筑的高度和长度，会导致建筑物后的风影区增大；增加建筑的深度，则可以缩小风影区范围。

2）建筑群平面布局。一般居住区建筑群的平面布局有行列式、错列式、斜列式、周边式及与地形结合的自由式等（图 7-9）。不同的平面布局方式对建筑群的风环境产生的影响也会不同。通常，行列式相比于错列式或斜列式的平面布局有更好的场地内自然通风。当采用行列式平面布局时，场地内的自然通风条件与风向投射角密切相关。错列式与斜列式虽然

a) 行列式　　　　b) 错列式　　　　c) 斜列式　　　d) 周边式

图 7-9 建筑群平面布局

也受投射角的影响，但依赖程度低于行列式，可以将风斜向导入建筑群内部。周边式平布局对风阻挡作用大，但这种方式可以避免室内温度因冬季寒风而降低，因此适用于寒冷、严寒地区。

3）建筑群空间布局。不同高度建筑的组合对建筑群的风环境有一定的影响。当建筑按"前低后高"的空间布局方式布置时，会在前方建筑之间造成较强的旋风，场地内风速增大、风向多变，更容易吹起地面灰尘等污染物，影响空气质量。当建筑按"前高后低"的方式布置时，则会在前方高层建筑后形成较大的风影区，影响后部低矮建筑的风环境质量（图7-10）。

常见的解决方式包括将建筑按"前低后高"的方式布局，并在后幢高层建筑的下方开口，增大近地处风速。同样，在两栋高层建筑之间也存在因建筑阻挡气流而产生的负压区，使得该处风速增大而形成风槽（图7-11）。这种方式有利于夏季通风降温，但会产生风速过大、影响行人行走等问题，因此在设计时应该结合当地风环境，综合考虑，合理安排。

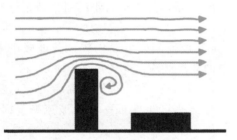

图7-10　"前高后低"布局形成风影区

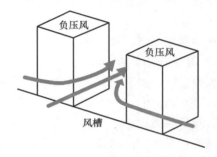

图7-11　风槽的形成

2. 室内自然通风

良好的自然通风可以使绿色建筑的空调能耗大大降低。其中最有效的方法就是直接让室外空气穿过室内，通俗来讲就是让室内产生穿堂风。穿堂风是一种主要依靠风压的自然通风方式。这种通风方式很大程度依赖建筑的设计结构，如建筑布局方式、建筑高度和气流进出口位置等。为了使其达到良好的通风效果，应当尽量减少空气进出口的阻碍，并且使室内空气通路尽量减少曲折。前排建筑物的阻挡会使自然通风效率大大缩减，因此在建筑施工前应当选择合理的建筑间距，同时选用适当的建筑群布局方式，提高土地利用效率。

高层建筑有着较强的风压和热压，因此对于室内自然通风比较有利，但在高层建筑周围会形成涡流区；同时，由于周边建筑使得气流通道变窄，风速增大，对周边低层建筑稳定性产生不利影响。气流进出口的方位设置会使室内出现不同方式的气流。教室、阅览室多将出风口设立在侧墙的上部，以减小气流在室内的流速，同时在前后设立门窗来增加通风量。大型写字楼、高层住宅多会用天井（通风井）或开设天窗的方式，其有两种通风情况：①当外部气流流速较快时，天井的文丘里效应（图7-12a）明显，使天井处于负压来引导室内空气从天井流向外部，外部新鲜空气由气流进口处源源不断流入室内；②当外部气温高于天井内部温度时，会出现烟囱效应（图7-12b），由于空气密度差异会使天井上方产生负压区，使天井和室内的空气从天井上方流出，外部新鲜空气流入室内。两种方式原理不同，但都是使房间产生负压从外部"吸入"新鲜空气来实现自然通风的方式。设置天井的方式不仅满足了通风需求，还解决了一些建筑中部采光不足的问题。

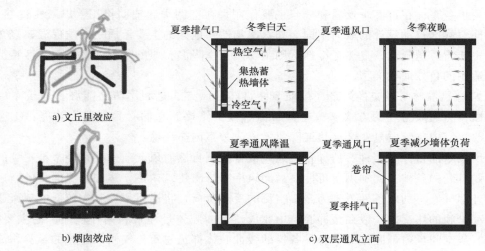

图 7-12　室内自然通风

　　双层通风立面的设计（图 7-12c）可以使建筑自身具备调节内部空气质量和热舒适度的能力。双层通风立面可以近似地看作将天井融入建筑本身，其在本身的建筑立面外再加一层玻璃等透光材料组成的表皮，使建筑立面与"表皮"间形成空腔，这是一种对"风压热压共同作用下自然通风"的高效运用。其一般情况进风口设立在建筑底部，出风口在建筑顶层，同时在建筑内表面各层设置窗户。这些空腔利用热压和风压将室内空气吸引到空腔内再由顶部出风口排出，底部进风口将室外新鲜空气引入室内。这些空腔既能在夏季将室内污浊湿热的空气排出建筑，也可以在冬季气温低时关闭上下出风口形成保温层防止室内热量散失，还可以为建筑提供良好的隔声效果。

　　现代建筑会使用多种通风方式来达到通风需求，往往采用风压与热压相结合的通风方式，同时加入机械辅助式通风来应对一些大型建筑内流动阻力较大的情况。这相较于依靠空调调节室内热舒适度的多数传统大型建筑，极大地降低了建筑能耗。

　　3. 自然通风的被动节能途径

　　在日常生活中，当气温过高时，即使室内存在自然通风，体感温度也不会降低，反而会有所提高。这是因为风流的温度较高，难以给人带来舒适的体验。因此，在我国南方地区的夏季，为了保证室内热环境的稳定，通常避免开窗，以减少自然通风；而在北方地区的冬季，为了维持室内温度，也会减少开窗频率，并在设计时提高门窗的气密性。封闭的室内环境会对使用者的身心健康造成一定的影响。为同时满足室内热舒适和自然通风量的要求，可以利用被动的设计手法，使风流在进入室内前改变温度。这样既能提升室内的热环境质量，增加自然通风量，保障室内活动人员的健康与体验感，又能减少建筑能耗，保护自然环境。

　　自然通风的被动节能策略包括两方面。一方面可以通过设计加强建筑内部通风换气，从而改善内部空气质量并带走余热。建筑开口的位置、大小、相互之间的关系及建筑部件位置等，都是影响建筑内部气流分布的因素。科学利用风压或热压，可以最大限度利用自然通风。另一方面，可以用被动系统对空气进行预热或者预冷处理，从而改善建筑内部热环境。被动预热型主要适用寒冷和夏热冬冷地区；被动预冷型主要适用夏热冬暖、夏热冬冷地区；加强自然通风型在没有强风的地区都适用，在夏季某些时段也适用。被动节能自然通风策略可以适用于各季，在过渡季及温和季起主要作用，在空调季起辅助作用，以减少冷热负荷。一般不同气候区被动设计的取向不同。如寒冷和严寒地区的主要矛盾是冬季保温，夏热冬暖地区的主要矛盾是降温，夏热冬冷地区则主要是夏季降温，兼顾冬季保温。气候区特征决定了主要适用的自然通风类型。

（1）通风策略与热交换策略　被动节能自然通风方式是利用清洁能源和建筑本身的特殊设计以自然通风为主的方式来改善建筑微气候的策略。它同时具有两大功能：①通风换气，以改善室内空气质量；②得热或降温，以改善室内热环境。

通风策略的目标有两种：诱导自然通风或者控制自然通风。前一种是经常被提到的，在外部气候有利的条件下，利用尽可能高的通风率来排出建筑内热，达到降温的目的；后一种则是在外部气候不利的条件下，为减小空调的冷热负荷，将通风率控制在较低的健康通风水平。被动措施的热交换一般在缓冲腔体中完成，缓冲腔体是建筑利用环境能源的主要场所，如天井、灰空间、内部腔体等。各种各样的缓冲腔体都是建筑与气候相适应的经验积淀，传统民居中以天井、灰空间、冷巷、街巷等缓冲腔体来调节气候。在今天，这种策略又成为一种自觉行为，并且发展出了新的类型。传统建筑的经验及当代地方建筑的实践为我们提供了最好的参考，从中可归纳出很多气候缓冲腔体的原型。缓冲腔体与环境能源结合，具有得热、降温和通风的多重作用。外部腔体与通风腔体多用于加强自然通风型，附加的降温或得热腔体用于被动预冷或预热型（表7-1）。

表7-1　通风与热交换策略

腔体类型	设置部位	作用	适用类型	通风类型
外部腔体	街巷缓冲	遮阳、诱导通风	适用于加强自然通风型	诱导自然通风
	灰空间	遮阳降温		
通风腔体	贯通廊道	与外表皮连通的内廊、弄堂，利用风压通风		
	天井和中庭	利用风压、热压通风		
	通风塔	利用烟囱效应拔风		
降温腔体	蒸发降温腔体	水蒸发结合通风塔	适用于被动遇冷型	控制自然通风
	蓄冷通风腔体	重质墙、板，白天蓄热，夜间通风		
	地下腔体	地道、地下室，利用土壤的蓄热特性		
得热腔体	太阳能立面腔体	双重幕墙、特朗伯墙、附加温室，利用太阳能	适用于被动预热型	控制自然通风
	太阳能屋顶腔体	屋顶温室，利用太阳能		
	地下腔体	地道、地下室，利用土壤的蓄热特性		

（2）加强自然通风型——诱导自然通风+缓冲腔体　诱导自然通风可分为诱导风压通风与诱导热压通风。

风压通风在通风效率上有较大优势，但是受外部风环境制约较大，不是很稳定，需要以热压通风为辅助。风压通风优先考虑的是穿堂风。进深较小的建筑一般只要有开口就能组织穿堂风。体量较大的建筑则是难点，可以通过设置内部贯穿腔体来获得穿堂风。贯穿建筑的横向腔体（如廊道）最易获得穿堂风。有时横向腔体和竖向腔体（如天井）结合，更能充分利用风压通风，传统民居建筑中普遍采取这种方式，内部弄堂与天井连通。房间通风是依靠表皮开口与面向内部腔体开口之间的压力差获得。根据文丘里现象，气流通道变小时，气流速度增加，压力变小，该区域产生负压，有"捕风"的效果，利用这一原理，内部腔体截面的变化有利于加强通风。济南交通学院图书馆（图7-13，见书前彩图）就采用这一策略来加强中庭的自然通风。风压通风其次要考虑的是单侧通风。单个房间开窗两个以上，而且拉开距离时，较容易获得风压差。单个窗口结合平开窗或者导风板也能有引风效果。杨经文设计的 MenaraUmno 商厦（图7-14）在建筑立面上设置一块巨大的导风板，从而将气流导入建筑内部。

图 7-14　MenaraUmno 商厦

诱导热压通风是在设计中利用垂直腔体与温度分布，让建筑特定开口之间产生适当热压差，以促进建筑通风。热压通风的效率与高度差及温度差成正比。高大空间或者竖向腔体可以产生烟囱效应，这是利用了高度差；加热出风口处的空气，也可以加强通风效果，这是利用了温度差。在大体量建筑中，热压通风的利用方式比风压通风更加灵活，天井、中庭、通风塔、楼梯间等都可以作为竖向腔体被加以利用。单个房间也可以利用上下开口来获得热压差，一般房间内都存在热源（人员、设备、电器等），热气上升排出，新鲜空气从低处补充。

加强自然通风型如图7-15所示。诱导自然通风的缓冲腔体多为外部腔体和通风腔体。外部缓冲大多有遮阳效果，起降温作用。其次，环境中的水体、植物等利用蒸发作用也可降

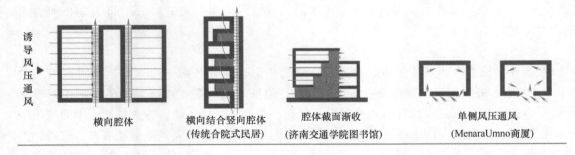

诱导风压通风 ▶

| 横向腔体 | 横向结合竖向腔体
（传统合院式民居） | 腔体截面渐收
（济南交通学院图书馆） | 单侧风压通风
（MenaraUmno商厦） |

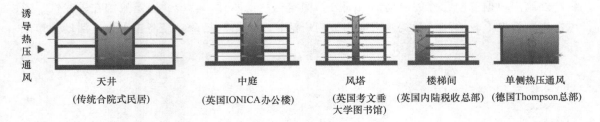

诱导热压通风 ▶

| 天井
（传统合院式民居） | 中庭
（英国IONICA办公楼） | 风塔
（英国考文垂大学图书馆） | 楼梯间
（英国内陆税收总部） | 单侧热压通风
（德国Thompson总部） |

▦横向腔体 ▮竖向腔体 ▮温度梯度

图 7-15　加强自然通风型

温。此类缓冲腔体一般为开放式，在群体设计的层次上予以考虑。通风腔体如果充分与大地相连，利用大地的蓄热作用也能起到降温作用，如民居中的窄天井和冷巷。

总之，自然通风是一种可以不利用传统能源，通过对建筑周边环境的合理认识和建筑本体的恰当设计，改善建筑内部微气候的方式。合理的建筑通风设计可以提升建筑室内空气质量，改善室内热环境。

7.2.3 建筑遮阳设计

遮阳是指采用相应的材料和构造，在不削弱采光条件的情况下遮挡阳光的一种方法和措施，目的是改善室内的热环境，提高热舒适性。

1. 遮阳的作用

建筑遮阳主要有以下六个方面的作用：

1）遮挡太阳辐射，在冬季不影响太阳辐射。

2）降低室内气温，减小室内温度波动，提高人体舒适度，减少建筑制冷能耗。

3）晴天阻挡直射光，减少眩光。

4）兼做挡雨构件，减少雨水对建筑的侵蚀。

5）对自然风进行引导。

6）作为建筑立面装饰。

建筑遮阳系统不仅能阻挡紫外线和热辐射进入室内，还能营造良好的室内光环境，防止室内眩光。同时，合理设置遮阳系统也可以起到导风作用，可以有效降低室内温度，从而降低空调的能耗，在提高室内热舒适性的同时达到节能的目的。因此，建筑围护结构的首要节能措施是遮阳。而遮阳设计的重点是窗户，据统计，通过无遮阳设计的窗户进入室内的太阳辐射占空调能耗的 23%~40%。当建筑满足以下条件的 1~2 项时应进行遮阳设计：①室内气温大于 29℃；②太阳辐射强度过大；③夏季阳光直射室内深度大于 0.5m；④夏季阳光直射室内时间超过 1h。

2. 遮阳的分类

按照遮阳设施和建筑外窗的位置关系，建筑遮阳包括外遮阳、内遮阳、中间遮阳（图7-16）。其中，外遮阳是把遮阳设施应用到室外，阻隔阳光照射。内遮阳指的是把遮阳设施设计在室内，把射入室内的直射光分散为漫射光，提升室内热环境，防止眩光。中间遮阳指的是把遮阳设施安装在两层玻璃窗之间，有助于调控，不容易污染，但是经济投入较高。外遮阳分为水平式、垂直式、综合式、挡板式。随着光照角度的变化，遮阳装置也将随之改变。外遮阳根据遮阳组件的活动形式划分为固定与活动两种。其中，固定遮阳在采光性、通风性体验效果上较差。活动式遮阳应用较为广泛，不过结构复杂、经济投入大。活动外遮阳

a) 水平式　　　　b) 垂直式　　　　c) 综合式　　　　d) 挡板式　　　　e) 百叶式

图 7-16　各种遮阳形式

分为遮阳板、卷帘、百叶。机翼型遮阳板分为水平与垂直两种，符合遮阳要求又具备装饰效果。平板式遮阳板可以遮挡一扇窗户的阳光，为保持正常采光与通风需要实时调控。可以在外墙上安装导轨，不管是平板还是折叠，应符合遮阳要求。铝合金遮阳卷帘能够在叶片内填充绝热材料，还具有保温隔热、防盗性。百叶式遮阳收放自如，还能够结合太阳的光照强度调整。玻璃中庭除了在屋顶上设计大檐口遮阳板，还可以在玻璃顶内部选择遮阳格栅与帘布。随着光线的变化，格栅生成不同的光影与光斑。

3. 遮阳材料与技术

（1）按材料划分　随着科学技术的发展，建筑遮阳功能也在趋向复合化，具体表现为：遮阳形式的表皮化、功能的多样化、遮阳和建筑的一体化。材料对建筑主体影响较大。遮阳组件材料种类较多，包括混凝土、木材、金属、玻璃、织物等，各材料在使用中容易产生功能性矛盾，如高性能隔热与热反射玻璃遮阳板协调采光和遮阳矛盾。钢格网遮阳材料有着较高的结构强度，能够满足人们活动与通风要求。高性能的隔热与热反射玻璃制成的玻璃遮阳板，根据光电-光热形式转换。

（2）按技术划分　按技术划分，建筑遮阳分为低技术遮阳、中技术遮阳、高技术遮阳。

1）低技术遮阳。低技术遮阳主要包括建筑自遮阳、植物遮阳和固定外遮阳等。建筑自遮阳是利用建筑形体或构件的变化对建筑自身的遮挡，使建筑的局部墙体、屋顶或窗口置于阴影区之中，主要形式有：体型凹凸变化，前后错动产生相互遮挡；屋顶挑檐、出挑外廊、阳台、雨篷等产生阴影区；凸出墙面的装饰构件和局部加厚的墙体等形成阴影；窗洞口采用凹窗，如西班牙巴塞罗那的 Endesa Pavilion（图 7-17，见书前彩图）。

绿化遮阳可采用攀缘植物和屋顶绿化进行遮阳，具有隔热和改善室外热环境的双重功能，体现了很高的生态价值。屋顶绿化也是植物遮阳的一种方式。屋顶花园具有显著的保温隔热效果，同时对建筑立面的美化起积极的作用。如 Semiahmoo 图书馆的绿化处理非常特殊（图 7-18），由于墙体绿化没有结构的限制，设计者在外墙上种植了 1 万多株植物，在垂直面上运用了平面上建造景观绿地的方法，创造了丰富多彩的植物墙。

2）中技术遮阳。中技术遮阳主要采用可人工调节的遮阳设施（如遮阳板、百叶、帘幕等）或选择透光性材料遮阳（如光电玻璃、遮阳型 LOW-E 玻璃）。根据各地区不同日照角度、日照时间、环境条件等来调节遮阳角度和长度，以便控制光线，在夏季将阳光挡在室外，降低制冷能耗；在冬季使温暖的阳光进入室内，减少采暖负荷。

图 7-18　Semiahmoo 图书馆

3）高技术遮阳。高技术遮阳（智能遮阳）可根据室外阳光的入射角度和照度，以及室内对光线的不同需求，由计算机自动控制和调节遮阳构件，具备高效、节能、环保的优势。其遮阳控制系统主要包括时间电机控制系统和气候电机控制系统。

由让·努维尔设计的阿拉伯世界文化研究中心的"光圈"遮阳表皮已经成为阿拉伯世界文化研究中心的标志（图 7-19，见书前彩图）。最富特色的南立面玻璃幕墙上面安装了上百个大小和形状都一样的金属方格，称为感光光圈窗格。每一个光圈上面都以图案的形式安排了大大小小的孔洞，而每一个孔洞都像一个照相机的光圈，孔洞的大小随着外界的自然光线强弱而变化，室内的自然采光也就得到了控制，立面也随之变得活跃，寓意万花筒般神秘的阿拉伯世界。

4. 遮阳技术未来发展

第一，智能化发展趋势。气候、温度具有不确定性，进行遮阳组件调节达到遮阳效果具有一定难度。伴随着科学技术的进步与智能技术的应用，建筑遮阳智能化有效解决了这一问题，达到遮阳的最佳效果体现。建筑遮阳智能化作为建筑智能化系统重要组成部分，在今后的建筑中将得到广泛应用。第二，多功能性。遮阳设计是随着社会的进步与技术发展而提升，遮阳组件兼容其他功能已经趋于普遍，如导光、挡雨、导风、太阳能利用等。第三，遮阳材料与工艺。现如今，常见遮阳材料为金属，可塑性较强，遮阳组件形式多样。

总之，建筑遮阳作为一种重要的技术方案，需要严格根据建筑节能设计标准，降低太阳辐射与室内温度、空调消耗，给人以舒适的生活和办公环境。同时，结合地理位置、气候特点、建筑种类、建筑功能选择适合的遮阳形式，建议采用外遮阳形式。建筑遮阳设计兼容采光、隔热、通风、散热功能，不会影响冬季光照。

7.3 绿色建筑评价

7.3.1 绿色建筑评价体系

"绿色"是一个涵盖范围非常广泛的概念，对"绿色建筑"进行的评估包括许多技术性的指标和非量化的评判，如何将这些错综复杂且相互影响和联系的数据进行梳理和总结，是一个科学的绿色建筑评价标准应该解决的主要问题。标准要力求凸显重要因素，弱化不重要因素，得出与被评价建筑本身节能环保方面的特征相符的结论。

绿色建筑评价标准要有很强的地区适应性。不同的国家和地区绿色建筑业发展程度的不同、资源蕴含量和优势的不同、经济水平的差异、人们对于绿色建筑的观念差别等因素决定了绿色建筑评价标准不能是一个放之四海而皆准的标准，要有很强的针对性和适用性。

1. 绿色建筑评价关注的内容

（1）资源消耗　据统计，人类从自然界获得的50%以上的物质原料用来建造各类建筑及其附属设备。这些建筑在建造和使用过程中又消耗了全球能量的50%左右，绿色建筑评价的重要目标就是通过对相关分解指标的综合评价，确定和衡量被评估建筑在控制资源消耗方面的水平。

（2）环境负荷　建设项目从设计、生产到运营维护、更新改造乃至废弃、回收、处理的整个生命周期都对环境造成了不同程度的影响和负荷。绿色建筑评价标准要求项目在建设过程中选用清洁的原材料，采用对环境影响较小的施工工艺，力求将建筑在全生命周期中对环境的影响降到最低。

（3）室内外环境质量　建筑项目建设的目的就是为人类创造舒适、高效的生活和使用空间，对建筑物室内外环境质量的要求同样是评价标准关注的重要内容，包括良好的采光条件、空气洁净清新、低辐射和噪声污染等方面。

（4）经济投入　绿色建筑在其建造、使用等过程中时时刻刻都与经济发生密切的联系。

人们在关注资源消耗、环境负荷、环境品质等方面的同时，经济是实现上述目标的基础。一幢建设费用和使用费用都居高不下的环保节能建筑无法得到业主和使用者的青睐，将之推广发展更是难上加难。

2. 可持续绿色建筑评价原则

可持续绿色建筑评价是综合分析建筑设计的特点和生态环境，两者相互作用的一个复杂过程，必须遵守以下原则：

（1）可持续原则　评价必须考虑目前和以后世界的一种差异和平等，把对资源是否已经充分利用，是否会过度消耗，资源遵循可持续发展的原则，保证立足于保护人类赖以生存的生态系统和自然资源。

（2）科学性原则　在评价时，遵循要科学思考，对可持续绿色建筑的途径和可能方向进行系统的可行改善。

（3）地域性原则　不但要考虑国内外已有的研究成果，还要因地制宜，综合考虑不同区域的优缺点。

（4）开放性原则　评价体系及进程应当具有开放性，评价的方法及数据对公众开放，开放性能得到人们的督促。

3. 绿色建筑评价体系的分类

根据用途的不同，现行的国外绿色建筑评价体系可分为三类：

1）对建筑材料和构配件的绿色性能评价与选用系统，以 BEES 和 Athena 为代表。

2）对建筑某一方面的性能进行绿色评价的系统，以 Energy Plus、Energy 10 和 Radiance 为代表。

3）绿色建筑性能的综合评价系统，以英国的 BREEAM、美国的 LEED、日本的 CAS-BEE 和多国 GBTool 为代表。

绿色建筑性能的综合性能评价系统是以前两类体系为基础，随着各国对绿色建筑评价理论和方法研究的深入，综合评价系统得到了较快的发展。

7.3.2　我国的绿色建筑评价指标体系

为了引导绿色建筑的发展，规范绿色建筑的评价，2006 年 3 月，建设部颁布了《绿色建筑评价标准》（以下简称《标准》）。这是我国第一部对绿色建筑进行评价的国家标准，适用于住宅建筑和公共建筑中的办公建筑、商场建筑和旅馆建筑。2006 版《标准》首次正式给出了绿色建筑的定义，即"在建筑的全寿命周期内，最大限度地节约资源（节能、节地、节水、节材）、保护环境和减少污染，为人们提供健康、适用和高效的使用空间，与自然和谐共生的建筑"。相应的，2006 版《标准》的指标体系由节地与室外环境、节能与能源利用、节水与水资源利用、节材与材料资源利用、室内环境质量及运营管理六大类指标组成。每类指标包括控制项、一般项与优选项。控制项是必须满足的项目，而优选项是指实现难度较高的项目。在满足所有控制项这个先决条件后，根据满足一般项和优选项的程度，将绿色建筑按星数划分为一星级、二星级、三星级 3 个等级。

在总结了 2006 版《标准》的应用情况之后，GB/T 50378—2014《绿色建筑评价标准》（以下简称 2014 版《标准》）于 2015 年 1 月 1 日起正式实施，替代了 2006 版《标准》，将适用范围由住宅建筑和公共建筑中的办公建筑、商场建筑和旅馆建筑，扩展至各类民用建筑。

2019 年 8 月 1 日，GB/T 50378—2019《绿色建筑评价标准》（简称 2019 版《标准》）进行了第三次修订，重新构建了绿色建筑评价技术指标体系，调整了绿色建筑的评价时间节点，增加了绿色建筑等级，拓展了绿色建筑内涵，引入了安全、耐久、健康、舒适、便利、宜居等理念。这项重大转变基于贯彻"以人民为中心"的理念，将增进民生福祉作为目的，从人民视角设计新的评价指标体系。

除了将"以人民为中心"理念引入各项新指标外，2019 版《标准》强调了新技术和新理念的应用，在多个方面体现了新时代绿色建筑发展的趋势：①建筑部件的标准化和高效利用，减少污染和浪费；②建筑信息模型（BIM）技术应用于规划设计、施工建造和运营维护阶段；③提出了绿色金融的概念，鼓励绿色金融支持绿色建筑发展，引入工程质量保险制度，利用市场化的手段倒逼企业提升工程质量，保障用户权益；④在关注建筑能耗的基础上提出了建筑碳排放的指标，与国家"2030 年碳达峰，2060 年碳中和"整体目标相契合（表 7-2）。

表 7-2　绿色建筑的评价指标体系（2019 版《标准》）

评价指标	控制项	评分项	
安全耐久	• 选址避免危险地带和威胁结构 • 安全、维护结构安全耐久 • 外部设施统一设计施工 • 内部设施安全 • 外门窗安全卫浴防水防潮 • 应急疏散、救护通畅 • 安全警示和标识	安全	• 抗震（10 分） • 人员安全防护设计（15 分） • 安全防护产品应用（10 分） • 防滑措施（10 分） • 人车分流（8 分）
		耐久	• 提升建筑适变性（18 分） • 提升部件耐久性（10 分） • 提升结构材料耐久性（10 分） • 采用耐久装饰材料（9 分）
健康舒适	• 空气污染物符合国家标准 • 禁烟 • 避免污染物串通 • 给排水符合国家标准 • 噪声符合国家标准 • 照明符合国家标准 • 室内热环境符合国家标准 • 维护结构热工性能符合国家标准 • 独立控制开关 • 一氧化碳监测	室内空气品质	• 空气污染物浓度低（12 分） • 装饰装修材料有害物质限量（8 分）
		水质	• 各类用水水质（8 分） • 储水设施（9 分） • 给排水管道设备（8 分）
		声环境与光环境	• 噪声等级低（8 分） • 隔声性能好（10 分） • 充分利用天然光（12 分）
		室内湿热环境	• 良好的室内湿热环境（8 分） • 自然通风（8 分） • 可调节遮阳（9 分）
生活便利	• 无障碍步行系统 • 公交接驳 • 电动车充电桩 • 自行车停车场 • 设备自动监控 • 信息网络系统	出行无障碍	• 公共交通站点联系便捷（8 分） • 室内外公共区域全龄化设计（8 分）
		服务设施	• 便利的公共服务（10 分） • 步行可达的城市空间（5 分） • 合理设置健身场地（10 分）
		智慧运行	• 能耗监测、传输、分析（8 分） • 空气监测系统（5 分） • 用水和水质监测（7 分） • 智能化服务系统（9 分）

（续）

评价指标	控制项	评分项	
生活便利	• 无障碍步行系统 • 公交接驳 • 电动车充电桩 • 自行车停车场 • 设备自动监控 • 信息网络系统	物业管理	• 完善绿色操作流程和预案(5分) • 节水标准(5分) • 定期运营效果评估(12分) • 绿色宣传(8分)
资源节约	• 建筑体形、布局节能设计 • 降低负荷及供暖空调能耗 • 分区设置温度 • 照明功率低且可控制 • 能耗分表计量 • 采用电梯节能措施 • 制定水资源利用方案 • 不采用严重不规则结构 • 造型简约、减少装饰 • 建筑材料就近获取	节地与土地利用	• 集约利用土地(20分) • 合理开发地下空间(12分) • 采用机械式停车(8分)
		节能与能源利用	• 优化维护结构热工性能(15分) • 供暖空调系统机组能效(10分) • 供暖空调系统输配系统能效(5分) • 节能型电气设备(10分) • 降低建筑能耗(10分) • 利用可再生能源(10分) • 利用节水卫生器具(15分) • 绿化灌溉和空调冷却水节水(12分) • 景观水体利用雨水(8分) • 使用非传统水源(15分)
		节材与绿色建材	• 一体化设计(8分) • 合理选用结构材料和构件(10分) • 选用工业化内装部品(8分) • 选用循环或利废材料(12分) • 选用绿色建材(12分)
环境宜居	• 满足日照标准 • 满足室外热环境标准 • 合理选择绿化 • 合理的竖向设计 • 良好的标识系统 • 无超标污染源 • 生活垃圾分类	场地生态与景观	• 保护或修复场地生态环境(10分) • 雨水排放规划(10分) • 充分设置绿化(16分) • 合理设置吸烟区(9分) • 绿色雨水基础设施(15分)
		室外物理环境	• 环境噪声优于国标(10分) • 避免光污染(10分) • 减低热岛强度(10分) • 使用非传统水源(15分)
		节材与绿色建材	• 一体化设计(8分) • 合理选用结构材料和构件(10分) • 选用工业化内装部品(8分) • 选用循环或利废材料(12分) • 选用绿色建材(12分)
提高与创新			• 进一步降低供暖空调能耗(30分) • 地域性设计(20分) • 利用废弃场地或旧建筑(8分) • 提升绿化容积率(5分) • 工业化结构和建筑构件(10分) • 应用BIM(15分) • 碳排放分析和减排措施(12分) • 绿色施工(20分) • 采用工程质量保险产品(20分) • 其他创新(40分)

7.3.3 评价得分与星级

2014 版《标准》之前，中国绿色建筑以达标的条文数量来评定星级。2014 版《标准》之后开始以总得分来确定星级，对获得高星级的建筑要求更高，三星级难度提高较为明显。从 2019 版《标准》开始，引入了"基本级"，将等级增加为 4 级，与国际上主流的绿色建筑标准等级接轨，其中达到基本级要求的绿色建筑满足全部控制项要求，而获得不同星级则分别对应不同的总分和技术要求，且要求每一级指标最低得分不得低于本指标满分的 30%。获得不同星级的绿色建筑首先要满足控制项的要求，避免了仅按总得分来确定等级可能导致的绿色建筑在某一方面性能过低的情况（表 7-3）。

表 7-3　绿色建筑的评分和技术要求

评价指标	控制级	一星级	二星级	三星级
总得分	满足所有控制项	≥60	≥70	≥85
围护结构热工性能提高比例，或供暖和空调负荷降低比例	—	热工性能提高 5%，或负荷降低 5%	热工性能提高 10%，或负荷降低 10%	热工性能提高 20%，或负荷降低 15%
严寒和寒冷地区住宅建筑外窗传热系数降低比例	—	5%	10%	20%
节水器具用水效率等级	—	3 级	2 级	2 级
住宅建筑隔声性能	—	—	达到低限标准限值和高要求标准限值的平均值	达到高要求标准限值
室内空气污染物浓度降低比例	—	10%	20%	20%
外窗气密性	符合国家现行相关节能设计标准的规定，且外窗洞口与外窗本体的结合部位应严密			

7.3.4 评价流程和标识

绿色建筑评价是指对申请进行绿色建筑等级评定的建筑物，依据国家标准、专项标准、地方标准及相关细则，按照"绿色建筑评价管理办法"确定的程序和要求，确认其等级的一种活动。获得"绿色建筑评价标识"的建筑和单位可获颁发绿色建筑评价标识证书。

根据 2014 版《标准》，中国的绿色建筑认证分为设计评价标识和运营评价标识，申报"绿色建筑设计评价标识"的建筑应当完成施工图设计并通过施工图审查，取得施工许可，符合国家基本建设程序和管理规定；申报"绿色建筑运营评价标识"的建筑则需要通过工程验收并投入使用 1 年以上。绿色建筑申报首先从住房和城乡建设部网站上下载绿色建筑评价标识申报书，按要求准备申报材料；通过形式审查后，由住房和城乡建设部组织评审专家组进行评审，对通过的项目进行 30 天的公示，若无异议，则颁发绿色建筑标识。

中国绿色建筑评价标识管理逐渐下放到了各省级主管部门，实行属地管理制度。各省级住房和城乡建设主管部门负责本行政区域内绿色建筑评价标识工作的组织实施和监督管理。绿色建筑的评定推行第三方评价制度，各省级住房和城乡建设主管部门可制定本地区评价机构能力条件，由具有评价能力和独立法人资格的第三方机构依据国家和地方发布的绿色建筑评价标准实施评价，出具技术评价报告，确定绿色建筑性能等级，供绿色建筑评价标识申请单位参考。住房和城乡建设部负责制定完善绿色建筑标识制度，指导监督地方绿色建筑标识工作，认定三星级绿色建筑并授予标识。省级住房和城乡建设部门负责本地区绿色建筑标识工作，认定二星级绿色建筑并授予标识，组织地市级住房和城乡建设部门开展本地区一星级绿色建筑认定和标识授予工作。

2019版《标准》要求绿色建筑的评价应在建筑竣工后进行，可在建筑工程施工图设计完成后进行预评价。绿色建筑标识申报必须已通过建设工程竣工验收并完成备案，申报应由项目建设单位、运营单位或业主单位提出，鼓励设计、施工和咨询等相关单位共同参与申报。申请评价方需要对建筑规划、设计、施工、运行阶段的全过程进行控制，提交技术和经济分析。此后由评价机构对申请评价方提交的材料进行审查，出具评价报告，确定等级。

住房和城乡建设部除了对申报推荐绿色建筑标识项目进行形式审查，也负责建立完善绿色建筑标识管理信息系统，三星级绿色建筑项目应通过系统申报、推荐和审查。省级和地级市住房和城乡建设部门可依据管理权限登录绿色建筑标识管理信息系统，并开展绿色建筑标识认定工作。另一方面，获得绿色建筑标识的项目运营单位或业主，应强化绿色建筑运行管理，加强运行指标与申报绿色建筑星级指标比对，每年将年度运行主要指标上报绿色建筑标识管理信息系统。

7.3.5　绿色建筑评价体系的应用和发展

中国绿色建筑认证从2006版《标准》发布以来经历了一个缓慢的爬坡期。2008—2012年，绿色建筑评价标识项目数量增长比较缓慢。从2013年开始，项目数量增长比较迅速，2015年达到1533个。截至2016年9月，全国绿色建筑标识项目数量累计达到4515个，总建筑面积达到52317万 m^2。绿色建筑评价的推广应用在不同省市差距较大，前十名主要是直辖市和沿海经济较发达的省份，其中，江苏省独占鳌头，遥遥领先于其他地区，共有905个绿色建筑标识项目。可见绿色建筑的发展与地区的经济水平有密切的联系。绿色建筑评价项目中，一星级和二星级绿色建筑分别占41%和40%。由于三星级的难度较高，成功申请的项目也相应较少。在参评并获认证的所有建筑中，公共建筑和居住建筑是主要的组成部分，分别占52%和46%。

"十三五"期间，绿色建筑得到极大发展。福建省"十三五"期间累计获得绿色建筑标识项目408个，标识面积5321万 m^2，仅2020年就执行绿色建筑标准项目2907个，建筑面积11900万 m^2，城镇新建建筑执行节能强制性标准基本达到100%，竣工节能建筑面积7018万 m^2，其中绿色建筑达77.78%。广西壮族自治区2019年新增绿色建筑面积2538.06万 m^2，绿色建筑面积占新建建筑比例面积达到49.15%，同比提高了28%；2020年底，全区城镇绿色建筑面积占新建建筑面积比例达到50%。湖北省"十三五"期间新增节能建筑面积2.42亿 m^2，获得绿色建筑评价标识项目建筑面积4773万 m^2。河北省实现市县级绿色建筑专项规划全覆盖，2020年，全省城镇绿色建筑竣工5262万 m^2，占新建建筑面积的93.44%。山西省自2020年12月1日起，城镇新建建筑全部按照绿色建筑标准设计，至少达到基本级。

为控制城乡建设领域碳排放量增长，切实做好城乡建设领域碳达峰工作，住房和城乡建设部、国家发展改革委发布的《城乡建设领域碳达峰实施方案》（建标〔2022〕53号）提出，要持续开展绿色建筑创建行动，到2025年，城镇新建建筑全面执行绿色建筑标准，星级绿色建筑占比达到30%以上，新建政府投资公益性公共建筑和大型公共建筑全部达到一星级以上。2030年前严寒、寒冷地区新建居住建筑本体达到83%节能要求，夏热冬冷、夏热冬暖、温和地区新建居住建筑本体达到75%节能要求，新建公共建筑本体达到78%节能要求。

7.4 绿色建筑管理与维护

一座绿色建筑的整个生命周期内，运营管理是保障绿色建筑性能，实现节能、节水、节材与保护环境的重要环节，我们应该处理好住户、建筑和自然三者之间的关系，它既要为住户创造一个安全、舒适的空间环境，又要保护好周围的自然环境，做到节能、节水、节材及绿化等工作，实现绿色建筑各项设计指标。因此，对绿色建筑的运营管理工作应该体现在建筑的整个运营过程中并引起高度的重视，尤其是对绿色建筑设备的运行管理与维护在整个生命周期内起到了至关重要的作用，即根据绿色建筑的形式、功能等要求，要对建筑内的室内环境、建筑设备、门窗等因素进行动态控制，使绿色建筑在整个使用周期内有一个良性的运行，保证其"绿色"运行。

7.4.1 建筑管理

根据建筑及建筑设备运行管理的原则和2005年建设部、科技部印发的《绿色建筑技术导则》中提到的绿色建筑运行管理的技术要点，绿色建筑管理的内容包括室内环境参数管理、建筑门窗管理和建筑设备运行管理。

1. 室内环境参数管理

（1）合理确定室内温、湿度和风速 假设空调室外计算参数为定值，夏季空调室内空气计算温度和湿度越低，房间的计算冷负荷就越大，系统耗能也越大。研究表明，在不降低室内舒适度标准的前提下，合理组合室内空气设计参数可以收到明显的节能效果。

1）室内温度。随室内温度的变化，节能率呈线性规律变化，室内设计温度每提高1℃，中央空调系统将减少能耗约6%。当相对湿度大于50%时，节能率随相对湿度呈线性规律变化。通常认为20℃左右是人们最佳的工作温度；25℃以上人体开始出现一些状况的变化（皮肤温度出现升高，接下来就出汗，体力下降及消化系统等发生变化）；30℃左右时，开始心慌、烦闷；50℃的环境里人体只能忍受1h。随着节能技术的应用，在采暖期通常把室内温度控制在16℃左右；制冷时期，由于人们的生活习惯，当室内温度超过26℃时，并不一定就要开空调，通常人们有一个容忍限度，即在29℃时，人们才开空调，所以在运行期间通常把室内空调温度控制在29℃。

2）室内湿度。空气湿度对人体的热平衡和湿热感觉有重大的作用。通常在高温高湿的情况下，人体散热困难，会感到透不过气，若湿度降低，会感到凉爽。低温高湿环境下虽说人们感觉更加阴凉，如果降低湿度，会感觉到加温。所以根据室内相对湿度标准，在国家《室内空气质量标准》的基础上做了适度调整，采暖期一般应保证在30%以上，制冷期应控制在70%以下。

3）室内风速。室内风速对人体的舒适感影响很大。当气温高于人体皮肤温度时，增加风速可以提高人体的舒适度，但是如果风速过大，会有吹风感。在寒冷的冬季，增加风速使人感觉更冷，但是风速不能太小，如果风速过小，人们会产生沉闷的感觉。因此，采纳国家《室内空气质量标准》的规定，采暖期在 0.2m/s 以下，制冷期在 0.3m/s 以下。

（2）合理控制新风量 根据卫生要求建筑内每人都必须保证有一定的新风量。但新风量取得过多，将增加新风耗能量。所以新风量应该根据室内允许 CO_2 浓度、季节季候及时间的变化、空气的污染情况控制新风量，以保证室内空气的新鲜度。一般根据气候的分区不同，在夏热冬暖地区主要考虑的是通风问题，换气次数控制在 0.5 次/h，在夏热冬冷地区则控制在 0.3 次/h，寒冷地区和严寒地区则应控制在 0.2 次/h。通常根据建筑的类型、用途、室内外环境参数等对新风量进行动态控制。

（3）合理控制室内污染物 控制室内污染物的具体措施有：采用回风的空调室内应严格禁烟；采用污染物散发量小或者无污染的"绿色"建筑装饰材料、家具、设备等；养成良好的个人卫生习惯，定期清洁系统设备，及时清洗或更换过滤器等监控室外空气状况，对室外引入的新风系统应进行清洁过滤处理；提高过滤效果，超标时能及时对其进行控制；对复印机室和打字室、餐厅、厨房、卫生间等产生污染源的地方进行处理，避免建筑物内的交叉污染，必要时在这些地方进行强制通风换气。

2. 建筑门窗管理

为实现绿色建筑的真正节能，通常利用建筑自身和天然能源来保障室内环境品质。基本思路是使日光、热、空气仅在有益时进入建筑，其目的是控制阳光和空气于恰当的时间进入建筑，以及储存和分配热空气和冷空气以备需要。手段则是通过建筑门窗的管理，实现绿色效果。

（1）利用门窗控制室内热量、采光 通过窗口进入室内的阳光一方面增加了进入室内的太阳辐射，可以充分利用昼光照明，减少电气照明的能耗，也减少照明引起的夏季空调冷负荷，减少冬季采暖负荷；另一方面，进入室内的太阳辐射的增加又会引起空调日射冷负荷的增加。针对此问题所采取的具体措施有：

1）建筑外遮阳。为了取得遮阳效果的最大化，遮阳构件有可调性增强、便于操作及智能化控制的趋向。有的可以根据气候或天气情况调节遮阳角度；有的可以根据居住者的使用情况（在或不在）自动开关，达到最有效的节能。具体形式有遮阳卷帘、遮阳百叶、遮阳篷、遮阳纱幕等。以自动卷帘遮阳篷的运作模式为例（图 7-20），它在解决节能、热舒适性和室内自然采光的同时，还可以解决因夏季室内过热而增加室内空调能耗的问题，根据季

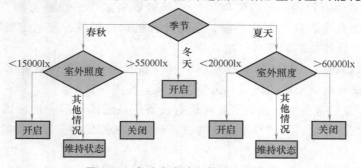

图 7-20 自动卷帘遮阳篷的运作模式

节、日照、气温的变化实现灵活控制。在夏季完全伸展时，可遮挡大部分太阳辐射和光线，减少眩光的同时能够引入足够的内部光线；冬季时可以完全打开，使阳光进入建筑空间，既提高了内部温度，也提高了照明水平；在过渡季节，则根据室外日照变化自动控制中庭遮阳篷的运行模式。其中，夏季室外照度大于 60000lx 时定义为晴天，低于 20000lx 时定义为阴天；春秋季节室外照度高于 55000lx 时定义为晴天，低于 15000lx 时定义为阴天。因此，夏季室外照度低于 20000lx（阴天）遮阳篷打开，大于 60000lx（晴天）时关闭；春秋季节室外照度低于 15000lx 时遮阳篷打开，高于 55000lx 时关闭。

2）窗口内遮阳。相比外遮阳，窗帘遮阳更灵活，更利于用户根据季节天气变化来调节适合的开启方式，不易受外界破坏。内遮阳的形式有百叶窗帘、百叶窗、拉帘、卷帘等。材料则多种多样，有布料、塑料、金属、竹、木等。

3）玻璃自遮阳。玻璃自遮阳利用窗户玻璃自身的遮阳性能，阻断部分阳光进入室内。玻璃自身的遮阳性能对节能的影响很大，应该选择遮阳系数小的玻璃。遮阳性能好的玻璃常见的有吸热玻璃、热反射玻璃、低辐射玻璃。这几种玻璃的遮阳系数低，具有良好的遮阳效果。值得注意的是，前两种玻璃对采光有不同程度的影响，而低辐射玻璃的透光性能良好。此外，利用玻璃进行遮阳时，必须是关闭窗户的，会给房间的自然通风造成一定的影响，使滞留在室内的部分热量无法散发出去。

4）采用通风窗技术。将空调回风引入双层窗夹层空间，带走由日射引起的中间层百叶温度升高的对流热量。中间层百叶在光电控制下自动改变角度，遮挡直射阳光，透过散射可见光。

（2）利用门窗有组织地控制自然通风　在建筑设计中自然通风涉及建筑形式、热压、风压、室外空气的热湿状态和污染情况等因素。自然通风可以在过渡季节提供新鲜空气和降温，也可以在空调供冷季节利用夜间通风，降低围护结构和家具的蓄热量，减少第二天空调的启动负荷。实验表明，充分的夜间通风可使白天室温低 2~4℃。日本松下电器情报大楼、高崎市政府大楼等都利用了有组织的自然通风对中庭或办公室通风，过渡季节不开空调。在外窗不能开启和有双层或三层玻璃幕墙的建筑中，还可以利用间接自然通风，即将室外空气引入玻璃间层内，再排到室外。这种结构不同于一般玻璃幕墙，双层玻璃之间留有较大的空间，被称为"会呼吸的皮肤"。冬季，双层玻璃间层形成阳光温室，提高建筑围护结构表面温度。夏季，利用烟囱效应在间层内通风，将间层内热空气带走。自然通风在生态建筑上的应用目的就是尽量减少传统空调制冷系统的使用，从而减少能耗，降低污染。

3. 建筑设备管理

（1）做好设备运行管理的基础资料工作　基础资料工作是设备管理工作的根本依据，基础资料必须正确齐全。利用现代手段，运用计算机进行管理，使基础资料电子化、网络化，活化其作用。设备的基础资料包括：

1）设备的原始档案。包括基本技术参数和设备价格，质量合格证书，使用安装说明书，验收资料，安装调试及验收记录，出厂、安装、使用的日期。

2）设备卡片及设备台账。设备卡片将所有设备按系统或部门、场所编号。按编号将设备卡片汇集进行统一登记，形成一本企业的设备台账，从而反映全部设备的基本情况，给设备管理工作提供方便。

3）设备技术登记簿。在登记簿上记录设备从开始使用到报废的全过程，包括规划、设计、制造、购置、安装、调试、使用、维修、改造、更新及报废，都要进行比较详细的记载。每台设备建立一本设备技术登记簿，做到登记及时、准确齐全，反映该台设备的真实情况，用于指导实际工作。

4）设备系统资料。建筑的物业设备都是组成系统才发挥作用的。如中央空调系统由冷水机组、冷却泵、冷冻泵、空调末端设备、冷却塔、管道、阀门、电控设备及监控调节装置等一系列设备组成，任何一种设备或传导设施发生故障，系统都不能正常制冷。因此，除了设备单机资料的管理，对设备系统资料的管理也必须加以重视。设备系统资料包括竣工图及系统图。在设备安装、改进施工时，原则上应该按施工图施工，但在实际施工时往往会碰到许多具体问题需要变动，把变动的地方在施工图上随时标注或记录下来，施工结束后再把施工中变动的地方全部用图重新表示出来，绘制成竣工图，交资料室及管理设备部门保管。竣工图是整个物业或整个层面的布置图，在竣工图上各类管线密密麻麻，纵横交错，非常复杂，不熟悉的人员一时也很难查阅清楚，系统图就是把各系统分割成若干子系统（也称分系统），子系统中可以用文字对系统的结构原理、运作过程及一些重要部件的具体位置等做比较详细的说明，表示方法灵活直观、图文并茂，使人一目了然。

（2）合理匹配设备，实现经济运行　合理匹配设备是建筑节能关键。否则，匹配不合理，"大马拉小车"，不仅运行效率低下，而且设备损失和浪费都很大。合理匹配设备应注意的事项如下：

1）在满足安全运行、启动、制动和调速等方面的情况下，选择额定功率恰当的电动机，避免选择功率过大而造成浪费和功率过小使电动机动过载运行，导致电动机寿命缩短。

2）合理选择变压器容量。由于使用变压器的固定费用较高且按容量计算，而且在启用变压器时也要根据变压器的容量大小向电力部门交纳增容费。因此，合理选择变压器的容量也至关重要。选得太小，过负荷运行变压器会因过热而烧坏；选得太大，不仅增加了设备投资和电力增容等费用，也增大了耗损，使变压器运行效率低，能量损失大。

3）按照前后工序的需要，合理匹配各工序各工段的主辅机设备，使上下工序达到优化配置和合理衔接，实现前后工序能力和规模的和谐一致，避免因某一工序匹配过大或过小而造成资源和能源浪费的现象。

4）合理配置办公、生活设施。如根据房间面积去选择合适的空调型号和性能，避免功率过大造成浪费，功率过小又达不到效果。

（3）动态更新设备，最大限度发挥设备能力　设备技术和工艺落后，往往是产生性能差、消耗高、运行成本高、污染大的一个重要原因，同时对安全管理等方面也有很大影响。因此要实现节能减排，必须尽快淘汰能耗高、污染大的落后设备和工艺。在此过程中，应注意以下事项：

1）根据实际情况对设备实行梯级利用和调节使用，逐步把节能型设备从开动率高的环节向使用率低的环节动态更新。把节能型设备用在开动率高的环节上，更换下的高能耗的设备用在开动率低的环节上，这样换下来的设备虽然能耗大、效率低，但由于开动的次数少，反而比投入新设备的成本低。

2）对闲置设备按照节能减排的要求进行革新和改造，尽量盘活并使用这些设备。

3）从单体设备节能向系统优化节能转变，全面考虑工艺配套，使工艺设备不仅在技术设备上高起点，而且在节能上高起点。

（4）合理利用和管理设备，实现能量的优化利用　节能减排的效率和水平很大程度上取决于设备管理水平的高低。加强设备管理是不需要投资或少投资就能收到节能减排效果的措施。在设备管理上，应注意以下事项：

1）把设备管理纳入经济责任制严格考核，对重点设备指定专人操作和管理。

2）注意削峰填谷。例如，针对建筑的性质、用途及建筑冷负荷的变化和分配规律来确定蓄冷空调的动态控制，完善峰谷分时电价，分季电价，尽量安排利用低谷电。特别是大容量的设备要尽量放在夜间运行。

3）在不影响使用效果的情况下科学合理使用设备。根据用电设备的性能和特点，因时因地因物制宜，做到能不用的尽量不用，能少用的尽量少用，在开机次数、开机时间等方面灵活掌握，严格执行"主机停则辅机停"的管理制度。例如，一台115匹分体式空调机如果温度调高1℃，按运行10h计算能节省电0.5kW·h，而调高1℃，人能感到的舒适度并不会降低。

4）摸清建筑节电潜力和存在的问题，有针对性地采取切实可行的措施挖潜降耗，坚决杜绝白昼灯、长明灯、长流水等浪费能源的现象发生，提高节能减排的精细化管理水平。

（5）养成良好的习惯，减少待机设备　待机设备是指设备连接到电源上且处于等待状态的耗电设备。在企业的生产和生活中，许多设备大多有待机功能，在电源开关未关闭的情况下，用电设备内部的部分电路处于待机状态，照样会耗能。例如：计算机主机关后不关显示器、打印机电源；企业生产中有许多不是连续使用的设备和辅助设备，操作工人为了使用上的便利，在这些设备暂不使用时将其处于待机通电状态。诸如此类的待机功耗等于在做无功损耗，这样不仅耗费了可观的电能，造成了大量电能的隐性浪费，而且释放出的二氧化碳对环境会造成不同程度的影响。

7.4.2　物业管理

物业管理是绿色建筑运营管理的重要组成部分，国外这种工作模式已趋于成熟。近年来，我国一直在规范物业管理工作，采取各种措施，积极推进物业管理市场化的进程。但是，对绿色建筑的运营管理相对显得滞后。早期物业受其建筑功能低端的影响，对物业管理的目标、服务内容等处于低级水平。许多人认为物业管理是一种低技能、低水平的劳动密集型工作，重建设、轻管理的意识普遍存在，造成物业管理始终处于一种建造功能与实际使用功能相背离的不正常状态。物业管理不仅要提供公共性的专业服务，还要提供非公共性的社区服务，因此也需要有社会科学的基础知识。

绿色建筑物业管理的内容需要体现出管理科学规范、服务优质高效的特点。绿色建筑的物业管理不但包括传统意义上的物业管理中的服务内容，还应包括对节能、节水、节材、保护环境与智能化系统的管理、维护和功能提升。

绿色建筑的物业管理需要很多现代科学技术支持，如生态技术、计算机技术、网络技术、信息技术、空调技术等，需要物业管理人员拥有相应的专业知识，能够科学地运行、维修、保养环境、房屋、设备和设施。

绿色建筑的物业管理应采用智能化物业管理。智能化物业管理与传统物业管理在根本目的上没有区别，都是为建筑物的使用者提供高效优质的服务。它是在传统物业管理服务内容上的提升，主要表现在以下几个方面：

1）对节能、节水、节材与保护环境的管理。

2）安保、消防、停车管理采用智能技术。

3）管理服务网络化、信息化。

4）应用信息系统进行定量化管理，达到设计目标值。

发挥绿色建筑的应有功能，应重视绿色建筑的物业管理，实现绿色建筑建设与绿色建筑物业管理两者同步发展。管理是运行节能的重要手段，绿色建筑的运行管理要求物业在保证建筑的使用性能要求及投诉率低于规定值的前提下，实现物业的经济效益与建筑用能系统的耗能状况、用水等情况的直接挂钩。

7.4.3 建筑合同能源管理

1. 建筑合同能源管理的分类

建筑合同能源管理（contract energy management，CEM）是一种以减少的能源费用来支付节能项目全部成本的节能投资方式。能源管理合同（energy management contract，EMC）在实施节能项目的建筑投资方（业主）与专门的节能服务公司之间签订。节能服务公司（energy service companies，ESCO）是一种基于合同能源管理机制、以赢利为直接目的的专业化公司。ESCO与愿意进行节能改造的用户签订节能服务合同，为用户的节能项目进行投资或融资，向用户提供节能技术服务，通过与用户分享项目实施后产生的节能效益来赢利，实现滚动发展。传统的节能投资方式表现为节能项目的所有风险和赢利都由实施节能投资的建筑投资方（业主）承担；而采用合同能源管理方式投资，通常不需要建筑投资方（业主）自身对节能项目进行大笔投资。建筑合同能源管理根据合同双方的合作方式的不同，可以分为三种类型：

（1）确保节能效益型 这种合同的实质内容是ESCO向建筑投资方（业主）保证一定的节能量，或者是保证将用户能源费用降低或维持在某一水平上。其特点是节能量超过保证值的部分，其分配情况要根据合同的具体规定，要么用于偿清ESCO的投资，要么属建筑投资方所有。

（2）效益共享型 效益共享合同的核心内容是ESCO与建筑投资方（业主）按合同规定的分成方式分享节能效益，其特点是在合同执行的头几年，大部分节能效益归属ESCO，从而补偿其投资及其他成本。

（3）设备租赁型 设备租赁合同采用租赁方式购买设备，在一定时期（租赁期）内，设备的所有权属于ESCO，收回项目改造的投资及利息后，设备再属建筑投资方（业主）所有，设备维护和运行时间可以根据合同延长到租赁期以后。其特点是设备生产商也通过ES-CO这种租赁购买设备的方式，促进其设备获得广泛应用。

一般讲，确保节能效益型相对安全可靠，效益共享型是较常使用的一种合同，设备租赁型在设备贬值并不十分突出的情况获得广泛应用。建筑投资方（业主）选择哪类合同要依据自身情况而定。

2. 建筑合同能源管理的内容

建筑合同能源管理的内容包括实施条件和运行模式两部分。

（1）实施条件 实施条件一方面是管理基础，另一方面是合作空间。管理基础通常有较系统、完整的能源基础管理数据和管理体系，能源计量的检测率、配备率和器具完好率较高；有良好的能源计量管理基础，能源计量标准器具和能源计量器具的周检合格率高；有多年的内部动力（能源）产品的经济核算的市场运作基础，通过较小的投资可以满足各种动力与能源的核算与审计工作要求，能够取得较准确的合同能源管理需求数据，对节能措施项目进行综合评价。合作空间则是企业供能与用能的效率要有较大的提高空间，形成 ESCO 实施节能项目的内在动力。具体可在以下方面合作：

1）供用电方面。低压系统的节电、电机节电、滤波节电，低效风机更新、水泵更新改造，低压功率因素补偿等。

2）生产设备方面。主要生产工艺设备采用微机控制；开展天然气熔炼炉、还原炉、干燥箱等高效能、低成本的加热设备研发与合作。

3）制氢系统。采用天然气制氢项目，与目前的电解水制氢相比，可大幅降低制氢生产成本。

4）空调制冷系统。蓄冰制冷设备和模块化水冷冷水机组的技术更新改造，提高用冷系统运行效率，降低制冷运行成本。

5）供热与采暖。实施燃煤集中供汽为分散天然气小锅炉供汽，以满足工艺加热温度的灵活选择，提高生产效率；实现蒸汽使用闭路循环节能技术；合理控制生产岗位采暖温度、澡堂水箱加温，提高用能效率。

6）供水系统。应用新型全封闭式水循环复用装置，防水箱溢流的自动控制与恒压供水装置，有效节水与节电。与监测机构合作开展用水审计，提高水费回收率来偿还管网改造费用，减少跑、冒、滴、漏；采用微阻缓闭止回阀减少能源损耗。

（2）运行模式　ESCO 是一种比较特殊的公司，其特殊性在于它销售的不是某一种具体的产品或技术，而是一系列的节能"服务"，也就是为客户提供节能项目，这种项目的实质是 ESCO 为客户提供节能量。ESCO 的业务活动主要包括以下内容：

1）能源审计。ESCO 针对客户的具体情况，对各种节能措施进行评价。测定建筑当前用能量，并对各种可供选择的节能措施的节能量进行预测。

2）节能项目设计。根据能源审计的结果，ESCO 向客户提出利用成熟的技术来改进能源利用效率、降低能源成本的方案和建议。如果客户有意向接受 ESCO 提出的方案和建议，ESCO 就为客户进行项目设计。

3）节能服务合同的谈判与签署。ESCO 与客户协商，就准备实施的节能项目签订节能服务合同。在某些情况下，如果客户不同意与 ESCO 签订节能服务合同，ESCO 将向客户收取能源审计和节能项目设计费用。

4）节能项目融资。ESCO 向客户的节能项目投资或提供融资服务，ESCO 用于节能项目的资金来源有资金、银行商业贷款或者其他融资渠道。

5）原材料和设备采购、施工、安装及调试。由 ESCO 负责节能项目的原材料和设备采购，以及施工、安装和调试工作，实行"交钥匙工程"。

6）运行、保养和维护。ESCO 为客户培训设备运行人员，并负责所安装的设备/系统的保养和维护。

7）节能效益保证。ESCO 为客户提供节能项目的节能量保证，并与客户共同监测和确认节能项目在项目合同期内的节能效果。

8）ESCO 与客户分享节能效益。在项目合同期内，ESCO 对与项目有关的投入（包括土建、原材料、设备、技术等）拥有所有权，并与客户分享项目产生的节能效益。在 ESCO 的项目资金、运行成本、所承担的风险及合理的利润得到补偿之后（合同期结束），设备的所有权一般将转让给客户。客户最终将获得高能效设备和节约能源成本，并享受全部节能效益。

拓展阅读

"双碳"战略与建筑节能

2020 年 9 月 22 日，国家主席习近平在第七十五届联合国大会一般性辩论上发表重要讲话时指出，中国将提高国家自主贡献力度，采取更加有力的政策和措施，二氧化碳排放力争于 2030 年前达到峰值，努力争取 2060 年前实现碳中和。同时，国家发展改革委、国家能源局发布的《能源生产和消费革命战略（2016—2030)》提，到 2030 年，我国能源消费总量要控制在 60 亿 t 标准煤以内。

"双碳"战略的提出，向世界宣告了我国绿色转型的决心和雄心，也标志着工业革命以来形成的发展模式开始落幕，新的发展范式的兴起，将创造人类新的现代化模式，为中国和世界带来可持续的绿色繁荣。以碳达峰碳中和来驱动国家技术创新和发展转型，是经济社会高质量发展的内在要求，也是生态环境高水平保护的必然要求，又是缩小与主要发达国家发展水平差距的历史机遇。同时，作为世界上最大的发展中国家，我国实施积极的应对气候变化国家战略和碳达峰碳中和行动，将对保护人类的地球家园做出重要贡献。

党的二十大报告提出，"积极稳妥推进碳达峰碳中和，立足我国能源资源禀赋，坚持先立后破，有计划分步骤实施碳达峰行动……积极参与应对气候变化全球治理。"我国推动"双碳"战略，是顺应时代潮流，实现推动经济社会高质量发展、可持续发展的必由之路。积极应对气候变化，已经成为全球共识，正在深刻影响着全球的价值体系，正像习近平总书记所说，实现"双碳"目标，不是别人让我们做，而是我们自己必须要做。

我国作为能源消耗与碳排放大国，节能减排工作尤显重要。相对于发达国家，我国居民生活水平还存在较大提升空间，经济发展也有着较大增长需求，因此，我国绿色低碳发展路径存在较大的特殊性，需要结合我国实际开展研究。

从能源使用部门来看，一般将能源消耗分为工业用能、交通用能与建筑用能。其中，建筑用能占总用能量的 20% 以上，建筑领域的节能减排工作对于全球的节能减排工作具有重要意义。我国正处在城镇化的快速发展时期，居民生活水平迅速提升，建筑总量持续增长，能源消耗量也不断增加。

建筑领域是实施能源消费、碳排放总量和强度"双控"的重要领域。近年来，我国建筑用能和碳排放总量增长迅猛。研究表明，2018 年我国建筑用能总量为 9.93 亿 t 标准煤、碳排放总量为 21.26 亿 t，比 2009 年分别增长了 76.7% 和 57%。

随着经济发展和人们生活水平的提升，我国人民群众改善生活居住条件的需求也进一步凸显，城镇住宅和农村住宅的用能需求不断增长。对于城镇住宅，改善冬夏室内环境的需求不断提升，夏热冬冷地区供暖、空调、生活热水的用能需求快速增长；对于农村住宅，随着农村生活水平的提升，各项终端用能需求快速增长。同时，随着我国经济结构快速转型升级，服务业快速发展，公共服务建筑，如学校、医院、体育场馆等的规模将有所增加，大量新建高能耗强度的商业办公楼、商业综合体，将导致公共建筑用能需求大幅增长。未来随着我国经济发展和人们生活水平不断提高，以及新型城镇化建设的深入推进，建筑用能和碳排放总量还将进一步增加，建筑领域节能减排形势十分严峻。

建筑节能对缓解我国资源、环境、碳排放压力，促进国民经济发展和社会全面进步具有极其重要的意义，是我国国民经济发展的一项长期战略任务，也是实现可持续发展的必然选择。开展建筑节能工作，是我国能源及环境的严峻形势所决定的，也是我国节能减排的重点工作之一。

建筑节能工作包括政策法规体系设计、技术路径规划、标准规范制定、运行管理完善、财税金融激励和市场机制引导等内容，涉及住房和城乡建设、发展改革、能源、财政、金融等诸多主管部门及房地产开发商、设备厂商、设计单位、施工单位、运行管理者、业主和使用者等诸多利益相关者，需要全面系统考虑。

思　考　题

1. 查阅相关资料，总结我国传统建筑的遮阳方式及代表建筑。
2. 查阅相关资料，思考建筑遮阳对建筑外部形态的作用。
3. 查阅相关资料，思考城市更新和旧建筑改造中的绿色策略和方法。

参 考 文 献

[1] 张文忠. 公共建筑设计原理 [M]. 5 版. 北京：中国建筑工业出版社，2020.

[2] 彭一刚. 建筑空间组合论 [M]. 3 版. 北京：中国建筑工业出版社，2008.

[3] 鲍家声. 建筑设计教程 [M]. 北京：中国建筑工业出版社，2009.

[4] 艾学明. 公共建筑设计 [M]. 3 版. 南京：东南大学出版社，2019.

[5] 董莉莉，魏晓. 建筑设计原理 [M]. 武汉：华中科技大学出版社，2017.

[6] 刘云月. 公共建筑设计原理 [M]. 2 版. 北京：中国建筑工业出版社，2021.

[7] 伍孝波. 建筑设计常用规范速查手册 [M]. 4 版. 北京：化学工业出版社，2019.

[8] 李延龄. 建筑设计原理 [M]. 北京：中国建筑工业出版社，2011.

[9] 沈福煦. 建筑美学 [M]. 2 版. 北京：中国建筑工业出版社，2012.

[10] 卫大可，刘德明，郭春燕. 建筑形态的结构逻辑 [M]. 北京：中国建筑工业出版社，2013.

[11] 周燕珉. 养老设施建筑设计详解 1 [M]. 北京：中国建筑工业出版社，2018.

[12] 周燕珉. 养老设施建筑设计详解 2 [M]. 北京：中国建筑工业出版社，2018.

[13] 刘加平，董靓，孙世钧. 绿色建筑概论 [M]. 北京：中国建筑工业出版社，2010.

[14] 宋德萱，朱丹. 绿色建筑设计概论 [M]. 武汉：华中科技大学出版社，2022.

[15] 《建筑设计资料集》编委会. 建筑设计资料集 [M]. 2 版. 北京：中国建筑工业出版社，1994.

[16] 骆宗岳，徐友岳. 建筑设计原理与建筑设计 [M]. 北京：中国建筑工业出版社，1999.

[17] 刘先觉. 现代建筑理论 [M]. 2 版. 北京：中国建筑工业出版社，2008.

[18] 王受之. 世界现代建筑史 [M]. 2 版. 北京：中国建筑工业出版社，2012.

[19] 赫茨伯格. 建筑学教程1：设计原理 [M]. 仲德崑，译. 天津：天津大学出版社，2008.

[20] 朱瑾. 建筑设计原理与方法 [M]. 上海：东华大学出版社，2009.

[21] 邢双军. 建筑设计原理 [M]. 北京：机械工业出版社，2012.

[22] 奥赫达，帕什尼克. 建筑元素 [M]. 杨翔麟，杨芸，译. 北京：中国建筑工业出版社，2005.

[23] 褚智勇. 建筑设计的材料语言 [M]. 北京：中国电力出版社，2006.

[24] 马进，杨靖. 当代建筑构造的建构解析 [M]. 南京：东南大学出版社，2005.

[25] 丁沃沃，张雷，冯金龙. 欧洲现代建筑解析：形式的逻辑 [M]. 南京：江苏科学技术出版社，1998.

[26] 小林克弘. 建筑元素 [M]. 陈志华，王小盾，译. 北京：中国建筑工业出版社，2004.

[27] 北田静男，周伊. 公共建筑设计原理 [M]. 上海：上海人民美术出版社，2016.

[28] 尹青. 建筑设计构思与创意 [M]. 天津：天津大学出版社，2002.

[29] 住房和城乡建设部科技与产业化发展中心（住房和城乡建设部住宅产业化促进中心）. 建筑领域碳达峰碳中和实施路径研究 [M]. 北京：中国建筑工业出版社，2021.

[30] 孙祥明，史意勤. 空间构成 [M]. 上海：学林出版社，2005.

[31] 劳森. 空间的语言 [M]. 北京：中国建筑工业出版社，2003.

[32] 郑小东. 传统材料当代建构 [M]. 北京：清华大学出版社，2014.

[33] 赛维. 现代建筑语言 [M]. 席云平，王虹，译. 北京：中国建筑工业出版社，2004.

[34] 中华人民共和国住房和城乡建设部. 民用建筑设计统一标准 GB 50352—2019 [S]. 北京：中国建筑工业出版社，2019.

[35] 中华人民共和国住房和城乡建设部. 无障碍设计规范：GB 50763—2012 [S]. 北京：中国建筑工业出版社，2012.

[36] 中华人民共和国住房和城乡建设部. 建筑设计防火规范（2018 年版）：GB 50016—2014 [S]. 北京：中国计划出版社，2018.